「地震」と「火山」の国に
暮らすあなたに贈る
大人のための
地学
の
教室

京都大学名誉教授
鎌田浩毅
著

ダイヤモンド社

知識は力なり

Nam et ipsa scientia potestas est.

── フランシス・
ベーコン
（哲学者）

『随筆集』1597年

はじめに

現在は千年ぶりの「大地変動の時代」です。日本列島は二〇一一年三月十一日にマグニチュード9の東日本大震災に見舞われました。実は、このクラスの巨大地震が起きたのは平安時代以来の千年ぶりのことでした。

東日本大震災を境に、日本列島は突如として地震と噴火が頻発する時代に入ってしまいました。本文で述べるように何枚ものプレート（岩板と言います）が接する日本は、世界屈指の大変動地域にあります。地震が頻繁に起きるだけでなく、噴火や気象災害も世界的に多いのです。

たとえば、二〇三〇年代には南海トラフ巨大地震の発生が予測されています。これは被害総額が二二〇兆円に達する激甚災害で、必ず襲ってくると考えられています。さらにその後には活火山である富士山の噴火が誘発される可能性もあり、日本中でこれらの防災対策が急ピッチで進められています。

そもそも日本にやってきた外国人が一番驚くのがこの地震と噴火です。彼らから見れば一億二五〇〇万人が住んでいること自体を不思議に思うほどの地理的条件にあります。実は、なぜそのような場所に日本列島が変化したのかを読み解くのが「地学」です。

地学を学ぶ重要性

地学（地球科学）は地球を研究対象とした自然科学の一分野です。日本では高校の科目名や大学の学科名として「地学」という呼び名が一般的に用いられてきました。ちなみに、高校の地学は物理・化学・生物という理科三教科と比べるとマイナーな扱いでした。

理系科目としては地味ですが、地球や宇宙、海洋、気象、地震や火山の災害など身近な題材には事欠きません。我々の生活基盤の秘密にも迫ることから、老若男女を問わず興味の対象になりやすい学問でもあります。

特に東日本大震災以後、地学の必要性が認識されるようになりました。防災・減災《げんさい》の視点からも「地学をもっと身近に」と、地学の普及が日本中で求められているのです。

そもそも複数のプレートがひしめく日本で生き延びるには、地学の知識が不可欠です。

にもかかわらず、これまで我が国では高校地学の履修率は五パーセントと極めて低い状態が続いてきました。つまり大多数の日本人の「地学リテラシー」は中学レベルで止まったままだったのです。

私はこれまで定年までの二十四年間、京都大学で地学の基礎研究を続けてきました。同時に学生や大学院生の教育の一環として、近未来の日本に必要な防災・減災の基礎知識を補充する仕事を続けてきました。二〇二一年に退官し名誉教授となった後は、京都大学経営管理大学院客員教授や龍谷大学客員教授を兼務し、引き続き地震や噴火災害を軽減する活動を続けています。

また一般市民に向けて「科学の伝道師」として、専門である地学の「面白いツボ」「ためになるところ」をテレビ・ラジオ、書籍・雑誌、講演会を通じて幅広く伝えてきました。こうした活動はアウトリーチ（outreach、啓発・教育活動）と呼ばれますが、本書はそのエッセンスを一冊に凝縮した本です。

地球の成り立ちや歴史などを自力で学ぶことができる入門書として、学校で地学を学習する機会がなかった人、自然は好きだがどう学べば良いか迷っていた人に向けて、授業形式で徹底的にわかりやすく解説しました。

地球はどのようにできたのか？

ここで地学とはなにか、どのような学問かについて、説明しておきましょう。地学の内容を大まかにわけると「固体地球」「岩石・鉱物」「地質・歴史」「大気・海洋」「宇宙」の五分野になります。これらはいずれも人類の居場所である地球と密接に関連するのです。

そもそもいま私たちがこうやってここに居られるのは、地球という「居場所」があるからです。ここでいくつかの疑問が生じます。

人類のふるさと、地球がどうやってできたのでしょうか？

いつまで私たちはここに居られるのでしょうか？

そこで地球を少し遠くから眺めてみましょう。地球は太陽系の一部です。八つの惑星を持つ太陽系が誕生したのは、いまから五十億年も大昔のことでした。宇宙空間に漂《ただよ》っていた岩石や氷、塵《ちり》が集まって太陽となり、その周囲に地球が回りはじめました。今から四十六億年前の大昔の出来事です。

太陽系に水星、金星、火星、木星など惑星ができるなか、地球にとって幸運だったのは、大量の水があったことです。水は生命を育むうえで不可欠の物質です。

水は〇度で凍り、一〇〇度で沸騰《ふっとう》する性質を持っています。そして水が液体の状態でいられるためには、温度がセッ氏〇度と一〇〇度の間でなければなりません。太陽に近い金星は熱すぎて、水がすべて蒸発してしまいました。

その反対に、太陽から遠い火星は寒すぎて、凍り付いてしまったのです。すなわち、地球は偶然、太陽からほどよい距離にあったため、水が液体の状態で残りました。今から四十億年も前からずっと、地表には海が大量の水をたたえてきたのです。

そのおかげで地球にはある温度範囲の安定した環境が生まれ、生命を宿すことができました。生命誕生という今から三十八億年も大昔の事件です。

最初に出現した生物はバクテリアのような単細胞でした。ここから多細胞生物へと進化し、さらに体から手足が出てきて脳ができ、やがて人類にまで進化しました。

ここまで厳しい宇宙空間で特異的な環境が三十八億年間も守られてきたのです。実は生命が生まれて、一度も途絶えなかったのは、僥倖《ぎょうこう》と言っても過言ではありません。というのは、地球上の生物は何度も絶滅の危機を乗り越え現在まで生き延びてきたからです。そして地学はこうした壮大な歴史の上に成り立つ学問なのです。

生命の歴史と絶滅

もう一つ地学で大事な考え方があります。それは地球には生命があると言うことです。地球は途中で生命を育《はぐく》み、人類にまで連綿とつながってきたのです。

ところで、「古生代」「中生代」「新生代」という言葉を理科の授業で習ったことがあるでしょうか。いずれも地球の歴史を区切る言葉ですが、「生」は生物、「代」は時代を表します。

ここで「生物の時代」と表現するのは、地球の歴史は生物の種類がガラッと変わることで決められたからです。なぜ変わったかというと、その境目で生物が大量に絶滅したからです。

たとえば、六億年前にはじまった古生代の末期、二億五千万年前に生物の九五パーセントが死滅する大惨事が起きました。現在見られる火山の数千万倍の規模の「超巨大噴火」によって、地球環境が激変してしまったのです。

ここで生き残ったわずか五パーセントの生物が次代の覇者となって進化していったのです。古生代の次に来る中生代が恐竜の時代であったことは有名です。絶滅を生き延びたものが次代の覇者になったのです。

その恐竜も今から六千五百万年前に、巨大隕石が地球に落ちて絶滅しました。衝撃によって生じた高さ三〇〇メートルの大津波が陸を襲うとともに、大爆発によって飛散した塵が日光を遮《さえぎ》って極度の寒冷化に向かったのです。直径一〇キロメートルのたった一個の隕石衝突の影響で、生物の大量絶滅が起きたのです。

その過酷な条件下で生き延びたのが哺乳類《ほにゅうるい》で、次の新生代の覇者となって現在に至ります。人類が地球上で繁栄したのは、恐竜が滅びたからでもあるのです。

こうした現象をひとことで言うと「地球の歴史は想定外の繰り返し」です。恐竜にとってはとんでもない想定外、しかし哺乳類にとっては千載一遇《せんざいいちぐう》のチャンスでした。生物は絶滅するが、全部は死なない。必ず生き残る者がいて、それが次代をつくっていきます。地球の歴史はそれを繰り返してきたのです。

したがって、地球上で生物が完全に絶滅したら人類はここに存在しない。だから、現存する生物はみな三十八億年の連続性を持っているのです。言い換えると、我々は全員三十八億歳と考えられます。

もし二十歳の学生ならば三十八億歳プラス二十歳、六十歳で還暦を迎えた人は三十八億歳プラス六十歳なのです。こうした見方が人類が地球という居場所に存在する意味であり、それを教えてくれるのがまさに地学なのです。

地震と噴火のリスクが高まっている

近年ひっきりなしに起きている地震や噴火も、地学の重要な現象です。私の元にその問い合わせが相変わらず多いのですが、最近の地震と噴火は東日本大震災（いわゆる「3・11」）に誘発された変動の一つと読み解くことができます。

東日本を襲ったマグニチュード9の地震は、我が国の観測史上において最大規模だけでなく、過去千年に一回発生するかどうかの非常にまれな巨大地震でした。本文でも詳しく説明しますが、歴史を振り返ると日本の九世紀（平安時代）は地震と噴火が特に多い時代であり、「3・11」を境として突然のように日本列島は千年ぶりの「大地変動の時代」に突入したのです。

こうした超弩級《ちょうどきゅう》の地震が起きると、活火山の噴火を誘発することが経験的に知られています。地盤にかかっている力が変化した結果、地下にあるマグマの動きを活発化させるのです。今後数十年、日本列島では引き続いて地震と噴火に見舞われる可能性が高いと私は予測しています。

ちなみに、地学には「過去は未来を解くカギ」というフレーズがあります。過去に発生した現象を詳しく解析することによって、確度の高い将来予測を行うのです。たとえば、過去の震災について書かれた古文書や、地質堆積物《ちしつたいせきぶつ》として地層中に残された巨大津波などの痕跡から、今後起こりうる災害の規模と時期を推定します。

そして現在私が最も心配しているのは、西日本の太平洋沿岸で起きる「南海トラフ巨大地震」です。実は、「東日本大震災」は専門家のなかで、起きる可能性はあっても、よもや自分たちが生きている間にマグニチュード9という巨大地震が発生するとは予想もしていませんでした。

こうした自然が引き起こす巨大災害を、人が完全に防ぐことはほとんど不可能です。よって、科学的にもまた予算的にも、災害をできるかぎり減らすこと、すなわち「減《げん》災《さい》」しかできないのです。

では、千年ぶりの「大地変動の時代」に遭遇した日本人は、効果的な「減災」を実現するためになにをすればよいのでしょうか。結論から言えば、「地学の知識」が身を守ると私は考えます。

「減災」を支えるキーフレーズは、「人や組織に頼らず自分ができることをいまはじめる」です。すなわち、誰かの指示を待って行動する受身の姿勢でなく、自らが動ける能動的な体勢を今のうちから準備することです。そのため本書で述べる最新の地学の知識習得から取りかかっていただきたいと思います。

この本を書いた理由

さて、本書を執筆した経緯についても述べておきましょう。京都大学では「地球科学入門」という全学向けの教養講義を二十四年間行ってきました。幸い学生のファンがたくさん付いて、自分で言うのもナンですが「京大人気No.1教授」と呼ばれるようにもなり、他大学から「集中講義」や高校中学の「出前講義」の依頼を受けました。

四年前の定年退官後を含めて計二十八年間ほど、市民向けに地球科学の講演会を日本全国で行ってきました。本書はそうした経験をもとに「ライブ感」を出しながら地学のエッセンスを親しみやすく伝えるため、語りかけるような口調にしています。

また随所に質問コーナーを設けて解説した内容の補足を行いました。こうした質問は京大の講義と市民向けの講演会で出たとても的を射たもので、内容をアレンジして各章の間に挟む構成にしてあります。

各章の内容紹介もしておきましょう。一章では変化し続けている地球の四十六億年にわたる歴史、二章では地球内部のダイナミックな動きと構造、三章では地球をトータルで理解するプレート・テクトニクス理論、四章では火山をもたらすマグマの不思議な活動、五章では噴火が引き起こす災害と予知、六章では巨大地震と津波のメカニズム、七章では地学から学ぶ「長尺《ちょうじゃく》の目」について、それぞれ扱っています。

火山の大地を歩く

京大の講義でも市民講演会でも、私がなぜ地学の研究者になろうと思ったかは、頻繁に尋ねられる質問です。ここで答えておきましょう。私は東京大学理学部を卒業して就職した職場が、たまたま地学の研究所でした。その最初の仕事で九州に出かけたときの経験が、地球科学者を志《こころざ》すきっかけとなりました。火山がつくった広大な大地で「地球の息吹《いぶき》」を肌で感じたのです。

研究の事始めは、火砕流《かさいりゅう》に関するものでした。火砕流とは火山が大噴火して莫大な量のマグマを四方八方へまき散らす現象です。私は過去の火砕流が大地に残した地層を観察して、それがどの方向へ流れたのかを明らかにしました。

地質学ではインブリケーション（覆瓦《ふくが》構造、imbrication）と呼ばれる堆積構造があります。岩石が規則正しく斜めに傾いて並んでいるもので、河原に敷き詰められた岩石（礫《れき》といいます）でよく見られます。私はこの堆積構造が高温の火砕流による堆積物にもあることをくわしく記述して、火砕流の流れる方向を決定したのです。

その手法は地質学に特有のものでした。まず、最初に野山をてくてくと歩き、地層をていねいに観察しながら野帳《やちょう》にその方向を記録していきます。野帳とは地学フィールドノートのことで、野外用のペンと一二色の色鉛筆を用いて雨が降っても記録できる専門の手帳です。

その結果、大分県の周辺地域から七万年前に噴出した飯田《はんだ》火砕流が、どこから来て、どこへ流れくだったのかを突きとめました。実際にフィールドに出て研究図をつくることによって、大昔の各地点での流動方向が、まるで見てきたかのようにわかってきたのです。

結論としては、火砕流は九重《くじゅう》山の中岳《なかだけ》や星生山《ほっしょうざん》のあたりから噴出したことが判明しました。九重山は現在でも噴気のたなびく活火山ですが、噴火当時ははるかに大きな火砕流噴火をしていたことがわかったのです。その距離、なんと二〇キロメートル！

この仕事は私のはじめての火山研究で、その年に日本火山学会で発表し、そのあと国際火山学会で海外の研究者にも議論してもらい、英文の国際学術雑誌に発表しました。私にとって最初に書いた、懐かしい論文です。こうして九重山は、私の「マイ火山」となりました。

この研究で私が一番惹《ひ》かれたのは、火山の野外調査、すなわち「フィールドワーク」でした。科学は実験室などの屋内でするものだと思っていたのですが、屋外に出て自然界に触れてはじめて、その不思議が明らかになることの魅力を知ったのです。

山道を歩き、体を動かしていると、頭が活性化し、新たなアイデアがふつふつと湧《わ》き上がってくるのを感じました。広々とした九州の火山の大地で、風を感じ、土の匂いを嗅ぎ、気温変化を直接肌で感じながら、山をひたすら歩いたのです。

そのあいだ、室内で立てた仮説が、フィールドワークから実証されるプロセスは、やってみれば誰もが夢中になる知的生産です。五感のすべてを使いながら、考えをめぐらすのです。

そこにはほかのどんな仕事にも代え難い心地よさがあり、私は次第に地学のフィールドワークそのものに惹かれていきました。二十五歳の駆け出し研究者のころ、地学を一生続けていきたいと思った瞬間のエピソードです。

地学の研究で驚いたこと

地学ではフィールドワークという野外調査を行いますが、ここはいつも驚きに満ちています。そしてフィールドワークは室内の研究とも深く結びついています。研究ではまず、それまで知られている事実に基づいて、論理的な思考を駆使して緻密に仮説を組み立てます。研究室で頭をとことんまで使い、これ以上は新しい発想が出なくなったあとで、私はフィールドに出るのです。

　私は国土地理院が発行する五万分の一の地形図の一枚分、つまり東西一五キロメートル、南北一〇キロメートルくらいの土地を毎日歩いて観察しながら調査をしていました。そして地質調査所の研究室に帰ってくると、今度は室内での研究に没頭します。

　このようなプロセスを経て、驚くべき事実がわかったことがありました。私が三十歳になろうかという頃のことです。前述した九重山でのフィールドワークが、ニュージーランドやアフリカなど、世界の火山現象と結びついたのです。

　九重山の火砕流を研究したあと、私は九重山や阿蘇火山を含む「豊肥《ほうひ》火山地域」という巨大な火山地域の研究を開始しました。

　そこには、世界でも珍しい「火山構造性陥没地」という火山特有の地形がありました。しかしそれまで、研究はほとんど手つかずの状態でした。たとえば、古いタイプの地質学の記述、すなわち、どこにどのような岩石があり、どの順番で積もっているかなどは研究されていたのですが、いったいなぜここに、このような巨大な火山地帯が誕生したのかが、皆目わかっていなかったのです。

　折しもこの地域で、通商産業省（現・経済産業省）による地熱開発の国家プロジェクトがはじまりました。私は地質調査所の職員としてこの仕事に関わり、ボーリング（掘削）

データ、年代測定、化学分析、重力構造など、多種類のデータを解析することになりました。

その結果、六百万年間という長期間にわたっての、この地域における活動史が明らかになり、従来とはまったく異なる地学上の描像をつくりあげることに成功しました。具体的には火山地質学に新しくテクトニクス（地球変動学）という手法を持ち込んで博士論文としてまとめたのです。

それだけでも研究者としては十分に満足する仕事だったのですが、二〇一六年に驚くべきことが起きました。まさに私が研究してきた豊肥火山地域で、大変動、すなわち熊本地震が起きたのです。しかも、その発生メカニズムは、私が三十年前に研究した内容そのものだったのです。私はとても驚きました。

そもそも四十六億年もの長い時間を経てきた地球を扱う地学では、研究対象が自分の人生のなかで「実際に動く」ということはまず経験できません。ところが、豊肥火山地域では直下型地震は一向に止むことがなく、一年以上にもわたって地震が頻発しています。

こうしたプロセスをリアルタイムで観察することができるいま、地学研究者としてはまさに、毎日が驚きの連続なのです。

地球の現象には、私が経験したような「想定外」に溢《あふ》れています。そうした想定外の事態を生き延びるためには、地学の知識が必要不可欠です。地学を知ることは、自分を守り大切な人を守るということに直結するからです。

本書は日本列島という地震と火山の国に暮らすすべての人へ贈る「大人のための地学の教室」という意図を持って書きました。そして地震や噴火や気象災害から世を守る防災的な観点だけにとどまらず、地学の学習には知的な感動や興奮も一緒にお伝えしたいと思います。

本書を活用して日本列島に暮らす多くの方々が地学の正しい知識を持ち、将来の人生設計を立て、「大地変動の時代」を乗り切っていただきたいと願っています。そしてなによりもまず、楽しみながら地学を身につけていただければ幸いです。

鎌田浩毅

目次

1章 地球は変化し続けている

2章 地球内部のマントル

3章 プレート・テクトニクスとはなにか

4章

マグマのしくみ

5章 巨大噴火のリスク

6章 今後必ず起きる超巨大地震

7章　これからを生きるために大切な「長尺の目」

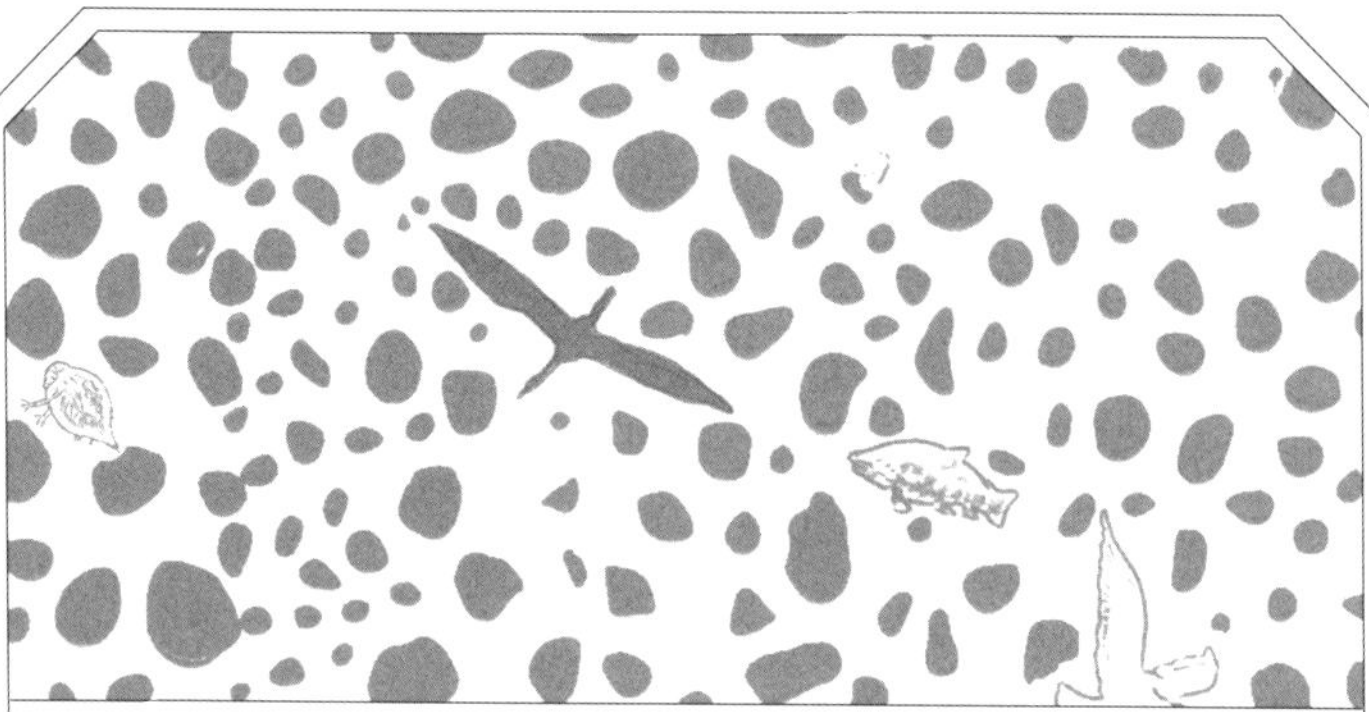

1章

地球は変化し続けている

地球は「火の玉」だった

みなさんは地球の今の姿や構造をご存じでしょうか？　そして、四十六億年前にできたばかりの地球とは、どのような状態だったと思いますか？

地球ができてから数十億年という、人間には実感できない膨大な時間のなか、地球はどのように変化し、現在の地球になったのでしょうか？　また植物や動物、さらには人間など地球上の生きものは、いつごろ地球上に現れたのでしょうか？

本章では、変化し続けている地球の姿を年代とともに追いかけていきたいと思います。

まず地球が誕生したのは四十六億年前です。なぜわかったかというと、岩石中に微量に含まれるウラン元素などから地球の年齢（放射年代）を調べる方法があるからです。

ウランとはみなさんもよくご存じのように、原子力発電所の燃料や核兵器の材料となる密度の大きい物質です。ウランの原子は、放射線を放出することで鉛へと変化していきますので、ウランのなかの鉛の割合を調べると、その岩石の歳がわかるのです。

そもそも「地球とはなにか」という話からいきましょう。

地球は最初は「火の玉」、すなわち巨大な火球でした。そこから紹介します。

地球の歴史を年代別に区切って概観してみましょう。地球上に多細胞生物が誕生したのは五億四千万年前という、割と最近のことです。それが古生代のはじまりで、二億五千万年前が古生代の最後、それ以降は中生代へとつながります。

古生代は生物が進化して、特徴のあるさまざまな生物が生まれました。その生物の違いによってカンブリア紀やオルドビス紀などの時代を決めることができます。どうやって時代を決めるかというと、一つは時代を示す化石を利用します。ちなみに、そのような化石を示準《しじゅん》化石（図１－１）といいます。

一方、その前（顕生代《けんせいだい》以前。顕生代とは、古生代から現在まで指します）は生物がいないので、地球の年齢を決めるもう一つの方法を使っています。岩石に含まれている「放射性元素」で決めるというものです。

放射線を出しながら別の元素に変化する元素を放射性元素といい、ウラニウム（ウラン２３８）もその一つです。鉱物のなかに残っているウラン２３８がどんどん減って、鉛に置き換わっていく事象があるんです（図１－２）。放射性物質が半分になるまでの時間を半減期といって、このウラン２３８の半減期は約四十五億年です。

このウランのなかの鉛の割合を調べる方法で、地球の年齢が求められます。さらに地球に落ちてきた最古の隕石と、月にある岩石の最古のものの年齢が四十五・五億年だったこと

	代	紀(億年間)	主要生物の盛衰	示準化石の例			
	中生代						
2.5億年前	古生代	ペルム紀 (0.45)	古生代型生物の絶滅	ロボク フウインボク フズリナ リンボク		四放サンゴ	三葉虫
		石炭紀 (0.73)	裸子植物、原始ハ虫類、昆虫類の出現 リンボク類の発達				
		デボン紀 (0.46)	両生類の出現 陸生植物の発達 (最初の森林形成)	ハチノス サンゴ			
		シルル紀 (0.31)	筆石類の衰退 三葉虫の衰退 陸地に植物出現 肺魚類の出現	クサリ サンゴ	筆石		
		オルドビス紀 (0.71)	カッチュウギョの出現 オウム貝類、筆石類の発達				
		カンブリア紀 (0.60)	有殻貝類の出現 三葉虫の発達	(多細胞生物の誕生)			
5.4億年前	原生代						

図1－1　主要な生物による示準化石と地質時代の区分
小島丈兒『新訂 地学図解』(第一学習社)を一部改変

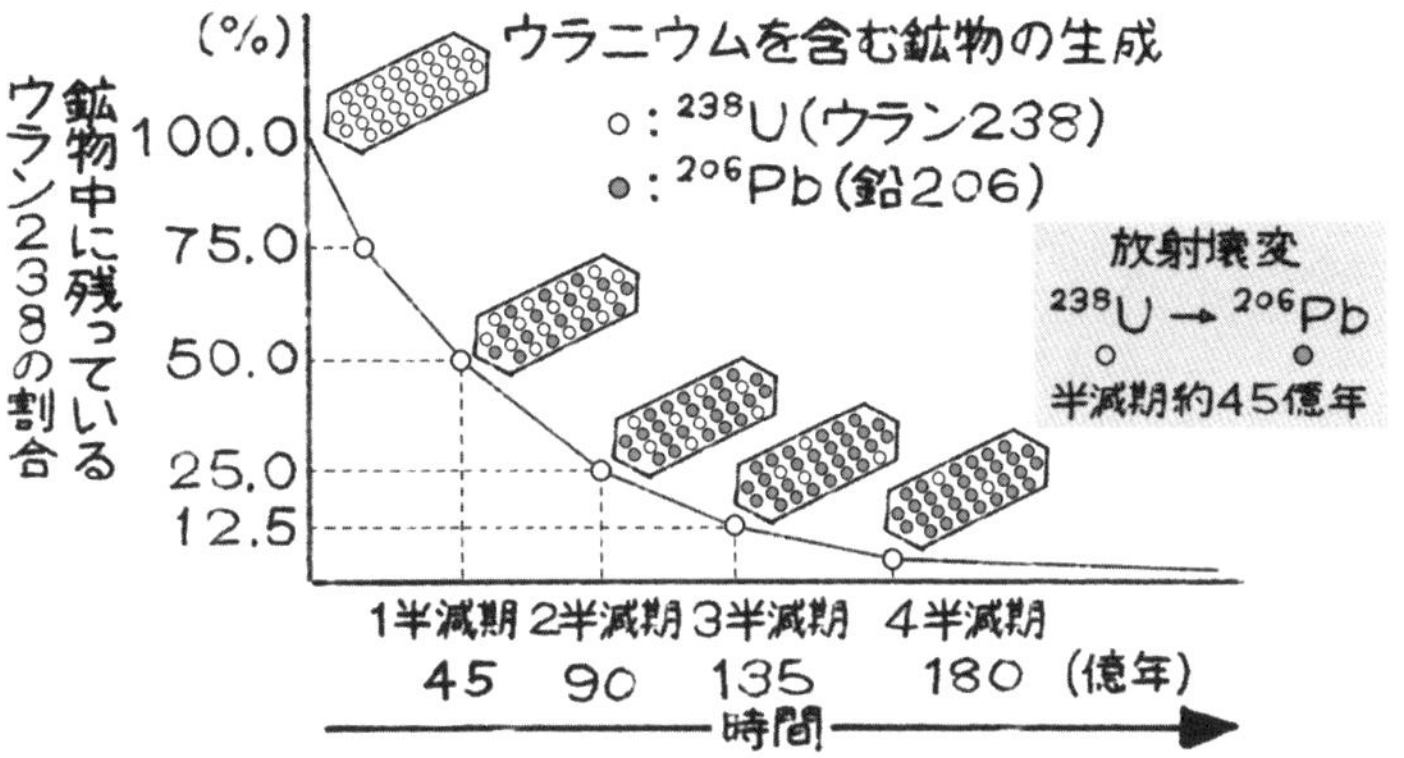

図１－２　ウラン-鉛法による放射年代測定と半減期

から、地球やほかの太陽系の惑星などは約四十六億年前に誕生したと考えられています。なお地球が誕生する少し前に月ができたのは、地球に超巨大な星が衝突してかけらが飛び出して月になったからです（ジャイアント・インパクト）。

ところでみなさんは星にも寿命があることをご存じですか？

地球も太陽も寿命があって、太陽系の寿命は約百億年と考えられています。太陽が誕生したのは五十億年ぐらい前で、およそ寿命の半分を経過したことになります。

最初に触れたけれど、地球が誕生したのは四十六億年ぐらい前で、最初は固体の火の玉でした。ただ、固体とはいっても、ざっと地下二〇〇〇キロメートルぐらいまでは、ドロ

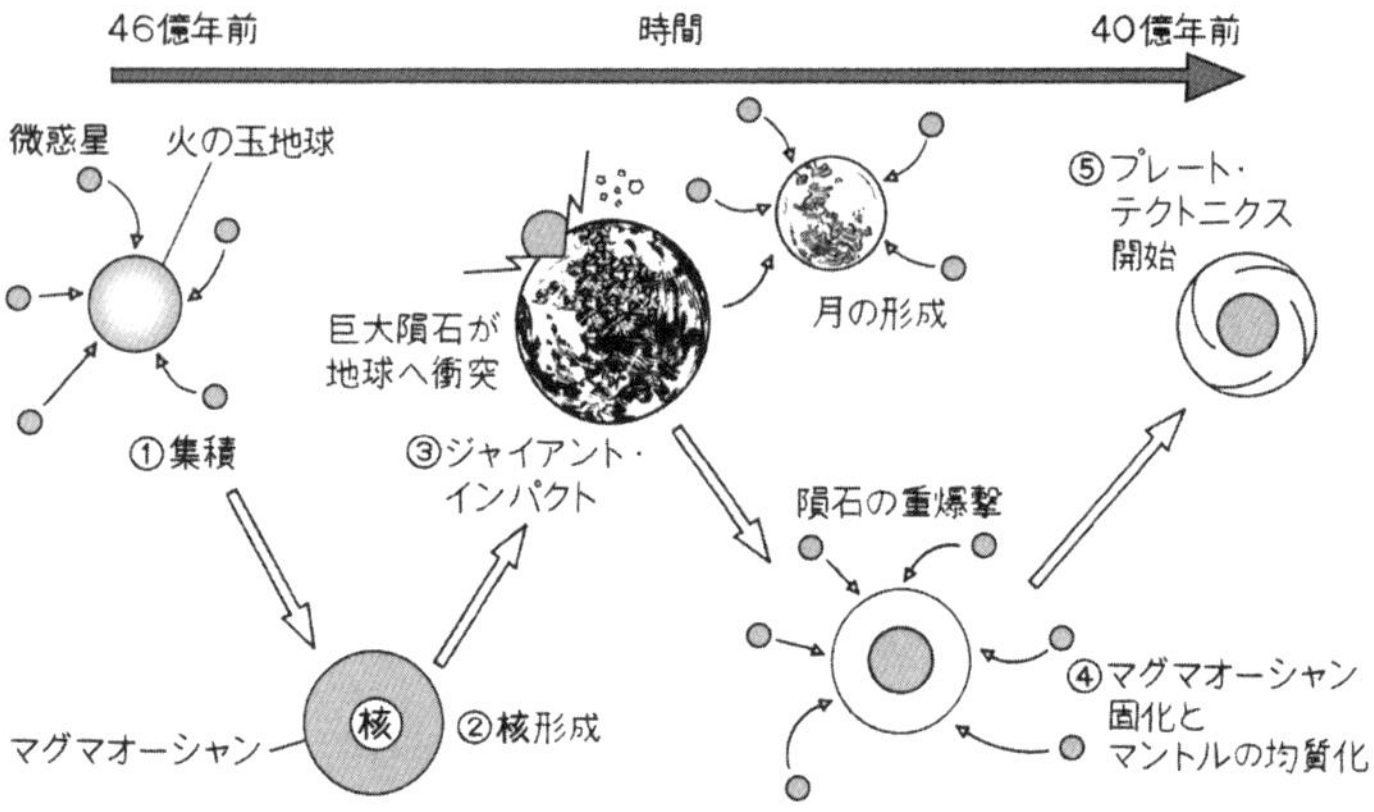

図1－3　46億年前に誕生した初期地球が変化していくプロセス
大川栄治氏と掛川武氏による図を一部改変

ドロに溶けている状態です。まだ冷えていなくて、その上に水蒸気や二酸化炭素、窒素が一〇〇キロメートルほどの厚さで覆っています。

そこから四十億年ぐらい前までは隕石がぶつかることが多く、まるで空から隕石の爆撃を受けているようなイメージです（図1－3）。

地球に隕石が衝突するということは、地球に物質が加わるということですが、それだけではなくて熱が加わるということでもあります。

時速が数千キロメートル、秒速にすると数百メートルというスピードで衝突したとすると、その運動エネルギーが地球に衝突することによって莫大な熱エネルギーになるんです。

ちなみに、運動エネルギーが熱エネルギー

に変わる仕組みは高校の物理で習います。一言で言うと、運動が大きくなるとより多くのエネルギーが生成され、このエネルギーが熱というかたちで置き換わるのです。

隕石は「汚れた雪だるま」

そして隕石という物質はなんでしょうか。結局のところ、岩石と氷です。よく「汚れた雪だるま」と表現されます。その「汚れた雪だるま」が地球にぶつかると、岩石の部分と氷の部分の両方が溶けます。

四章で詳しく説明しますが、ざっくりいうとマグマは高温でドロドロに溶けた物質です。それで衝突した隕石の岩石の部分はマグマになって、氷の部分は水蒸気になります。つまり隕石が衝突することによって、地球に岩石の物質と氷（水）が供給されたということです。

そして、地球はだんだん大きくなり、水蒸気も増えていきました。ということは質量が大きくなって、地球は四十億年ぐらい前まではどんどん太っていったということです。

五十億～四十億年ぐらい前は、太陽系のなかではいっぱい塵《ちり》が回っていたのですが、それを八つの惑星が引き寄せました。すると、やがて宇宙空間の塵は減り、自然の摂理のように隕石が降りそそぐ時代は終わりを迎えました。

地球を含めた太陽系にある惑星のコア（核）、中心の部分が大きかったから、それが塵を大量に引き寄せました。それは宇宙の掃除をしているようなもので、太陽系のなかには塵が浮いてない状況になっていきます。そうすると当然、どんどん隕石の数が減っていく。だいたい四十億年ぐらい前に隕石の衝突がほぼなくなり、現在のような地球表面が保たれるようになったと考えられています。

隕石の衝突がなくなった地球は、ゆっくりと冷えていきました。それでゆっくりと水がたくわえられていく。空気中の水蒸気が冷やされると雨になります。そのようなかたちで大雨が降って水がたまっていったのです。すなわち、海の誕生です。

すると今度はそのなかでプレート・テクトニクスがはじまって大陸ができるんです。プレート・テクトニクスがはじまるようになった理由は、地球の表面が冷えて厚い皮のようなものができたからです。その皮が水平方向に動き出し、それがプレートの運動、すなわちプレート・テクトニクス開始となりました。

プレート・テクトニクスとは、地球の表面に一〇枚ほどのプレート（岩板）があって、それが横に、水平に動くという仕組みのことですが、詳しくは三章で説明します。

いまは地球の表面上の約三割が陸地ですが、最初はその陸地の割合は非常に小さかった。いや、小さいというよりもまったく陸地はなかったのです。だから「水の惑星」というわけです。

ざっと地球のベースができるまでを紹介しましたが、こうしたストーリーは一九六〇年代に提唱されて、その後にたくさんの証拠が確認され、一九八〇〜一九九〇年ぐらいまでに実証されてきたんですね。

まるで卵のような構造

先ほどお話ししたように、地球は最初はドロドロの火の玉で、表面はマグマオーシャン（マグマの海）でした。当然、水はないし、生物もいなかった。それが、だんだんと表面から冷えてきて、地球を取り巻く水蒸気が凝結《ぎょうけつ》して雨になって降り、それまでのドロドロのマグマオーシャンが固まってきた。それが四十億年前です。

一度そのサイクルができると、雨が加速度的に地球を冷やしていきます。今度は水がマグマを冷やして、それが固まった岩石、溶岩がさらに分厚くなってくるんです。

ここで、いまの地球の構造を紹介しますね。

図１－４は地球科学の基本で、これらの名称はこれからたくさん出てくるから、はじめのうちに知っておいたほうがよいでしょう。現在の地球の地下の構造、つまり断面図です。

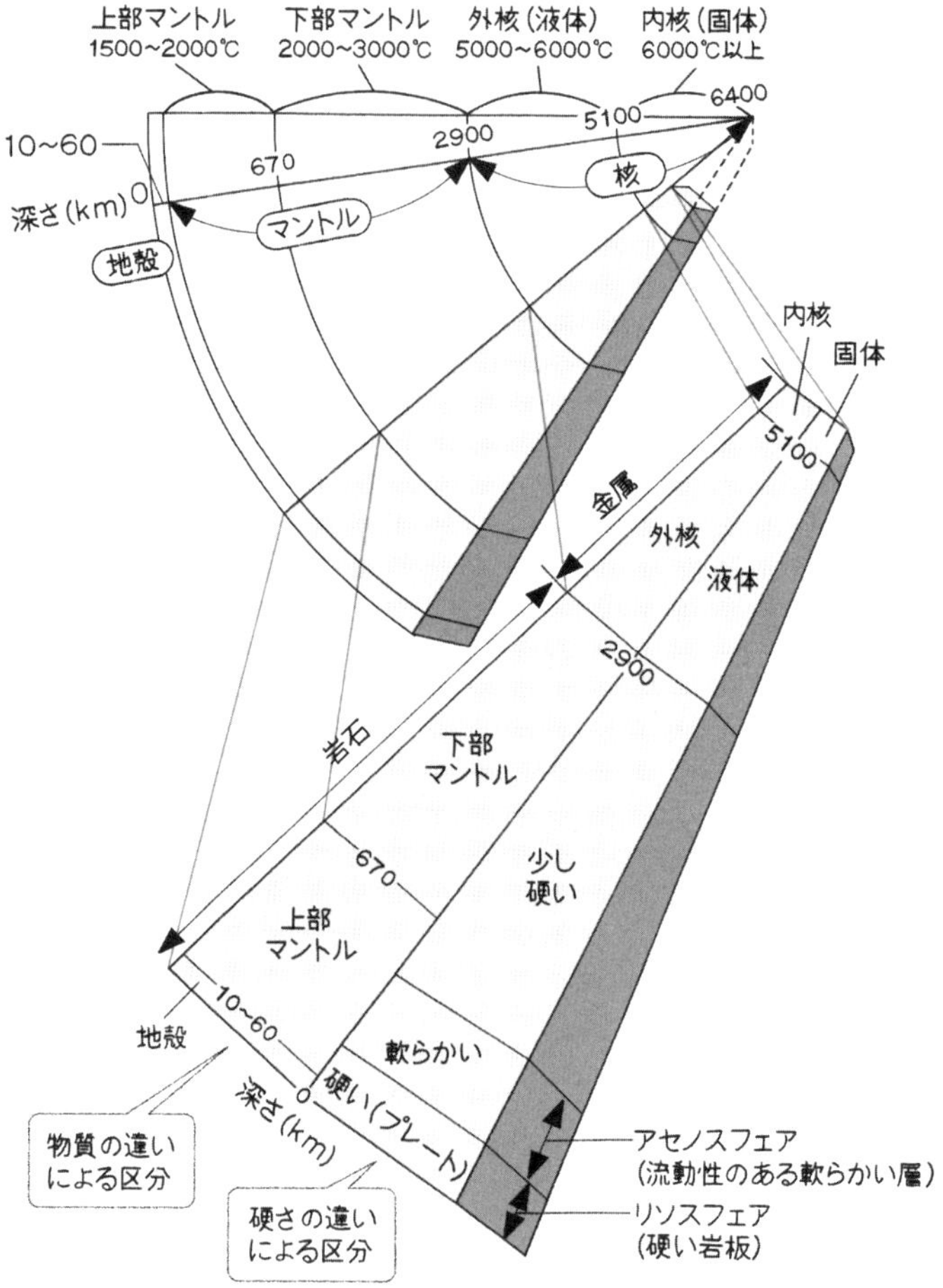

図１－４　地球の断面図

鎌田浩毅『地球とは何か』（サイエンス・アイ新書）より

地球の構造はちょうど卵のように考えるとわかりやすくて、卵の表面の殻に当たる部分が「地殻」、その殻の内側にある白身に該当するのが「マントル」で、卵の黄身に当たるのは「核（コア）」ですね。マントルはとても厚くて二九〇〇キロメートルぐらいあり、「上部マントル」と「下部マントル」の二つにわけられます。

マントルと同じように、核も「外核」と「内核」にわけられますね。そのほかには「プレート」という言葉もあるけれど、プレートは少し別のカテゴリーの言葉で、ここで紹介している要素でいうなら、プレートは地殻とマントルの一部から構成されています。

月は地球のかけら

ここで一つ、地球という星を語るうえで欠かせないものの話をしましょう。それは月です。月はどうやってできたかというと、たくさんの隕石が衝突している時代、地球に降りそそぐ隕石のなかにとても巨大なものがあった。およそ火星と同じぐらいのサイズと考えられています。それぐらい大きい。

そのサイズの隕石が衝突したところ、あまりにも大きいものだから、その衝突したときの爆発力で隕石の一部がばらばらになって地球の外に飛び出した。そして飛び出したものがど

アイザック・ニュートン

うなったかというと、ばらばらになったかけらがやがて一つにまとまり、地球の引力に従って地球の周りを回りはじめました。それが現在の月です。

こうした現象を支配しているのは、アイザック・ニュートン（一六四二～一七二七）が発見した「万有引力」で、宇宙空間を漂っている物質は、それぞれに微弱な引力が働いていて引きつけ合うんです。月がそうだし、そもそもの太陽もそう。だから万有引力は重要な役割を果たしているといえるんですね。

不思議なのは、大きな隕石がぶつかって、そのまま散り散りになったのではなく、ちょうどいいバランスでいまのような軌道に乗ったことです。しかも、互いに引きつけ合って月という一個の巨大な衛星になったんです。

そうそう、ここでちょっと言葉の整理をすると、惑星の周りを回る星を「衛星」といいます。太陽の周りを回るのが「惑星」で、その惑星の周りを回るのが衛星ですね。ちなみに木星には四つの大きな衛星があります。「天文学の父」と呼ばれるイタリアのガリレオ・ガリレイ（一五六四～一六四二）が望遠鏡を使って世界ではじめて発見しました。

ちなみに、木星の衛星は現在七九個が確認されていますが、ガリレオの見つけた四つの衛星からはじまりました。これらは「ガリレオ衛星」と呼ばれています。

それで話を戻すと、もう一回、同じようなことが起こったとして、いまの月や太陽系の八つの惑星のようなかたちになるかというと、僕はならないと思います。

地球科学は、ある意味、歴史学です。歴史に「ｉｆ（もしも）」はありません。それは日本史も世界史も、そして地球科学も同様です。

僕が思うには、きっとすべては偶然の産物なんです。もしこれまでに地球で起こったことを再現しようと実験しても二度と同じ結果にはならない……。

ガリレオ・ガリレイ

僕たちはこうやって生物として生きているけれど、三十八億年前に生命が誕生して以来、地球上の生物は一回も絶滅していません。絶滅した種はたくさんありますが、地球上の生命体全体を見ると、生命はなくならずに延々と現在まで続いています。

そのようなことも含めて、地球という存在はすべて偶然だし、どこかで掛け違いがあったら、いまの僕たちは存在しなかったかもしれない。これは本当に不思議な話で、ある意味ではたいへんありがたいことです。

地球の気候と月

ありがたいといえばいろいろあるけれど、月という存在も、最もありがたいものの一つとされています。もちろん僕もそう思っている。

それはなぜか？　一つは地球の安定した気候は、月がつくっているから。

もし、月がなかったら地球の一日はもっと短かったかもしれない。月は地球の自転の速さに関係していて、月があるおかげで地球の自転はゆっくりとなり、いまの「一日＝二十四時間」に落ち着いています。月ができる前は一日が八時間だったと考えられています。

つまり地球はもっと速いペースでぐるぐる回っていたということです。もし、そのままだったら、気候の変動が大きくて、とてもではないけれど、地球上の生物はゆっくりと進化できなかったでしょう。

それに月は直径が地球の四分の一という巨大な衛星だから、月の強い引力によって絶えず地球上の海水は引っぱられています。このように月の直径が地球の四分の一であるのは、ほかの衛星と惑星の関係と比較して巨大だと言えます。それで地球の海には潮の満ち引きがあるわけです。

さらにもう一つ月の大きな影響があって、月の誕生のとき地球の地軸は傾いているんです。地球は黄道《こうどう》（地球から見たときの太陽の軌道）から地軸が二三度ほど傾いていますが、これも月の誕生など地球初期に起きた大変動の影響なのです。それによって日本の四季のように「季節」ができた。実はこれも現在のような豊かな生物環境を支えている一つの要因です。

ということで、月の存在は我々生物にとって非常にありがたいものなのです。

ちなみに月について面白い話を紹介すると、月は白く見えます。なぜかというと、月の表面はレゴリスという軟らかい堆積層《たいせきそう》が覆っていて、それが光を反射するから。

また、月はいつも地球に対して同じ面を向いています。それは重いものは後ろ、軽いものが前ということで、そのようになっているのですが、それも偶然で、なぜそうなったかはわからないけれど、結果としてとても精妙な自然の摂理が働いているんですね。

四十六億年を一年のカレンダーで考える

続いて、地球の土台ができてからの歴史の話です。

地球は四十六億年前に誕生して、僕たちにつながる種族の人類の歴史は今から三十万年ほど前にはじまりました。ホモ・サピエンスの誕生です。

そして図1－5は「現在の地球環境ができるまで」で、地球の四十六億年の歴史をカレンダーにしたものです。カレンダーって一月一日の元旦から十二月三十一日の大晦日《おおみそか》まで記されているじゃないですか。それで、地球の歴史をそうやって割り振ったらどうなるかということです。

まず地球が生まれたのが四十六億年前で、四十六億～四十億年前を冥王代《めいおうだい》といいます。そこから二十五億年前までが太古代《たいこだい》。その次は原生代《げんせいだい》といって地球に酸素が増えてきた時代で、ここまでは地球上は二酸化炭素が多かったのです。

やがて生物が誕生して、その生物が光合成を行い、大気中に充満している二酸化炭素を酸素に変える。それで酸素が次第に増えていく。このようなことが起こったのが原生代です。

次が五・四億年前ぐらいから後の顕生代《けんせいだい》で、この時代に大型の生物が誕生しました。

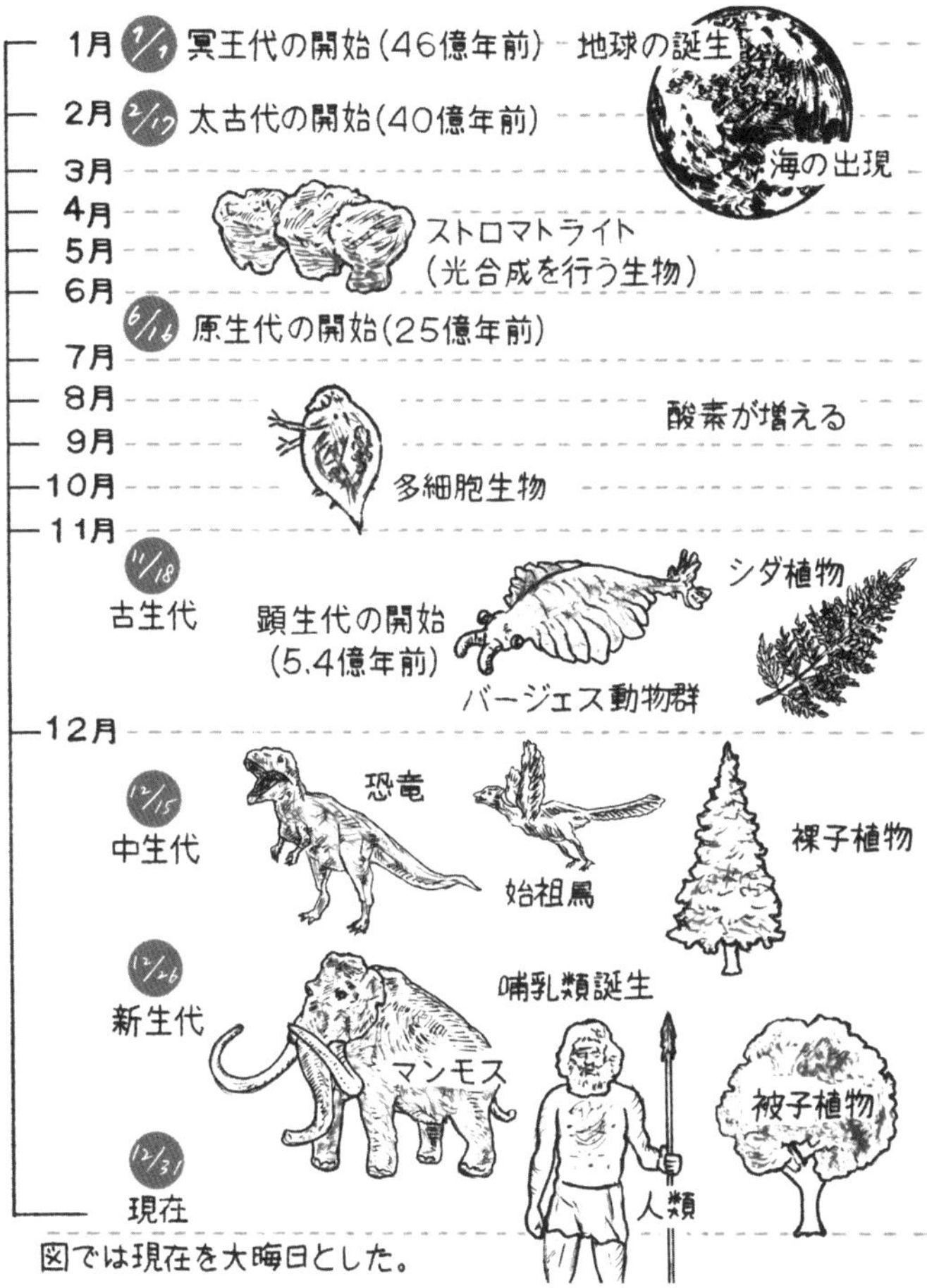

図１－５　冥王代から現在までを１年間として表したカレンダー
鎌田浩毅『地球とは何か』(サイエンス・アイ新書)を一部改変

四十億年前とか、二十五億年前とかいってもピンとこないけど、一年間で表すカレンダーで見たらわかりやすいでしょう。

図1－5を見ると、太古代は二月十七日、原生代が六月十六日です。原生代は酸素が増えてきた時代のはじまりで、現在の地上にもいろんな地層が残っている。それまでは地層もほとんどが削られて消えてしまい痕跡だけ残っているとか、非常にレアなケースでないと岩石が残っていない。

どういうことかというと、歴史的な書物を見てみると、最近のものはいっぱいあるけれど、それが鎌倉時代、平安時代と古くなればなるほど残っているのが少なくなっていくのと同じようなことです。

昔のものってどんどん失われるわけです。それは地球に関するものも一緒で、だから古いものほど情報がとても少ない。

さて、生物が活躍しはじめた顕生代は、大きく古生代、中生代、新生代の三つにわけられます。最初の古生代ではよく知られている三葉虫が、また次の中生代ではアンモナイトなどが登場します。

少し細かく見ると、シダ植物が誕生したのが古生代、マンモスなどの哺乳類《ほにゅうるい》が誕生したのが新生代というように、生息する植物や動物がどんどん変わっていくんです。逆に、それらを利用して時代の名前が付けられています。

生物について考えるとき、大事な要素があります。生物にはみな細胞があって、そのなかで一つの閉じたエリアを有しているのです。

たとえば人間は一人ひとりがそれぞれ体を持っている。もっと単純なアメーバだって、一つの細胞膜のなかにいろんなものが入っている。すなわち、一つの閉ざされた空間、入れ物をつくっています。

これは生命の維持にはすごく大切なことで、入れ物があるということは、中と外があるということで、その中と外でやりとりをしているのです。たとえば、外からなにかを取ってきてエネルギーを得て、後で外に排出するとか。

入れ物の中と外でエネルギーの差があるわけで、このような活動を「代謝《たいしゃ》」といいます。「代謝」の代表例は食べ物の循環で、その代謝は生殖活動つまり子孫を残すということにもつながるわけです。

この「入れ物がある」「代謝を行う」「子孫を残す」というのが、生命の三つの定義です。

四十億年前に海ができてから、たったの二億年で生命が誕生した。実はすごいことなんです。

哺乳類の歴史はずいぶん短い

なぜ、そのような生命が初期地球で誕生できたのか？　海には塩分を含んだ大量の水がたたえられている。水は温まりにくく、冷めにくいので、環境としては安定する。それは三つの定義を持つ生命が保存されるには、とてもいいんです。それで四十億年前にそういう環境が用意されてしまったから、なんかよくわからないけれど突然生命が生まれたんです。

地球の歴史の長さに比べると、海ができてからの二億年という年月は僕たち地球科学者にとっては「かなり短いな」という感じです。生命はもっとすごい時間がかかってできたのかと思ったら、そうではないからです。逆にいうと、生命は地球の歴史のなかでもすごい古株なんです。

その後、三葉虫やアンモナイトなどの複雑な生物の原型が誕生したのは、いまから五・四億年前です。五・三億年前には、バージェス動物群などの多様な動物群が一気に出現しました。これらは硬い殻や骨格を持っていて、化石が残りやすくなっています。それが、一年のカレンダーで考えると、なんと十一月十八日で、もう「秋深し」です。だから「そんなに最近なの⁉」となるわけです（図1－5）。

それから、地球科学随一の人気者である恐竜がいた中生代は十二月十五日で、もう十二月に入っているのですね。

哺乳類が誕生した新生代なんて十二月二十六日、もう仕事納めが近いじゃないですか。つまり僕たちの祖先はほとんど仕事納めの時期にやっと世の中に出てきたって感じなんですね。

こうやって見ると、長い地球の歴史のなかでは、僕たち哺乳類の歴史はずいぶん短いということがわかります。

ここで気になるのは、このような生物がいる環境をいったいなにがつくったか、ということです。これには、いろいろな説があります。

たとえば「パンスペルミア説」といって、宇宙から生命の「種」が飛んできたというもの。あとは「熱水起源説」というのもあります。これは海底には火山があるから熱、すなわちエネルギーの源がある。それに熱水のなかにはマグマ由来のいろいろな物質が入っていて、海底付近で循環している。そうすると、ほどよく化学反応が起きて生命ができるという説です。

このほかにもたくさん説があって、どれが正しいかはまだ決着していないけれど、とにかく水があって、物質があって、熱があるような状況だと、なぜか生物ができるんですね。

そして、生物はできちゃったら強い。だって生命は三十八億年も続いている。ちなみに本書で生物とは地球上で生息した実物の生き物、また生命とは生物のなかで連綿とつながっている機能、として少し使いわけていますが、これは私のちょっとした趣味でもあります。

さて、みなさんのお年はいくつですか？　仮に六十歳とすると、それは単に六十歳ではなくて三十八億プラス六十歳なんです。僕が教えていた学生たちは三十八億プラス二十歳。そうしてみると、二十歳も六十歳も、三十八億年からすればわずかな誤差みたいなものです。

地質図はすごい

地球の歴史を人類に教えてくれたのは化石や岩石です。そして、それらを地道に研究した数多くの先人達の功績により、地球に関するさまざまなことがわかってきました。

たとえばイギリス人のウィリアム・スミス（一七六九〜一八三九）が、地球科学に遺した功績は大きく、「地質学の父」と呼ばれています。なかでも広く知られているのが、世界ではじめての地質図をつくったことです（サイモン・ウィンチェスター著『世界を変えた地図　ウィリアム・スミスと地質学の誕生』早川書房を参照）。

スミスはイギリス中の川や山を歩いて、地面をハンマーで叩《たた》き、「どんな岩石があって、どういう順番で積もっているか」をよく観察して、まとめていきました。

スミスがつくった世界最初の地質図のコピーは、僕の研究室に貼ってありました。地質図は平面ですが、プロはこれを立体的に読み取れるんですね。岩石や地層の生い立ちは地面の下に隠されているんですが、それらが読み取れるように地質図には立体的な表現がされている。ここが地質図のすごいところです。

では、どうやって調査して地質図にまとめるのか。まず崖に露出している地層の筋に着目し、それがよく見えるところを探します。これは地質学では「露頭《ろとう》」といいます。ちなみに、阿蘇山の火山灰と軽石が九万年前に積もったところがありますが、その研究をまとめたのが熊本県と大分県にまたがる宮原《みやのはる》地域の地質図で、僕が十五年かけて仕上げました。

なぜこの地質図をつくったかというと、誰もやっていなかったからです。通産省の地質調査所は百二十年ぐらい歴史があるんです。つまり明治政府が工部省をつくったときに最初に国立機関として設けたんですね。英語では「geological survey」（ジオロジカル・サーベイ）といいます。

「geological」は「地質学」、「survey」は「探査」あるいは「調査」という意味です。だから日本語では地質調査所となります。実際は

ウィリアム・スミス

地球科学を専門とする研究所ですが、調査所という変わった名前が付けられています。その地質調査所は世界中にあって、とても大事な存在なんです。

なぜ大事かというと、その国の地質を知るということは、石油や石炭や天然ガス、銅、鉛、亜鉛、あるいは金銀やウランなどの鉱産資源の存在を知るということだからです。歴史を見ると、こうした鉱産資源が世界の産業をつくっていったことがわかります。

それに加えて、断層を調べると過去に起きた地震の記録がわかります。火山灰を調べれば、火山が噴火した履歴を知ることができるから、災害を起こす原因を探ることにもつながる。

だから、地質調査所は産業活動の維持と国土の保全のために、とても重要なんです。すなわち国家の重要な政策として「国益」に関わるんですね。地質調査所が最初にできたのはイギリスで、それからアメリカ、ドイツ、フランスなどの先進国にできた。日本も遅ればせながら明治にできたわけです。いまでは世界中のほとんどの国に地質調査所があります。

地下資源と火山の活動

ちょっと地下資源を詳しく見てみましょう。

図1－6は「地下資源」というものを、おおまかにわけたものです。地下資源は鉱産資源

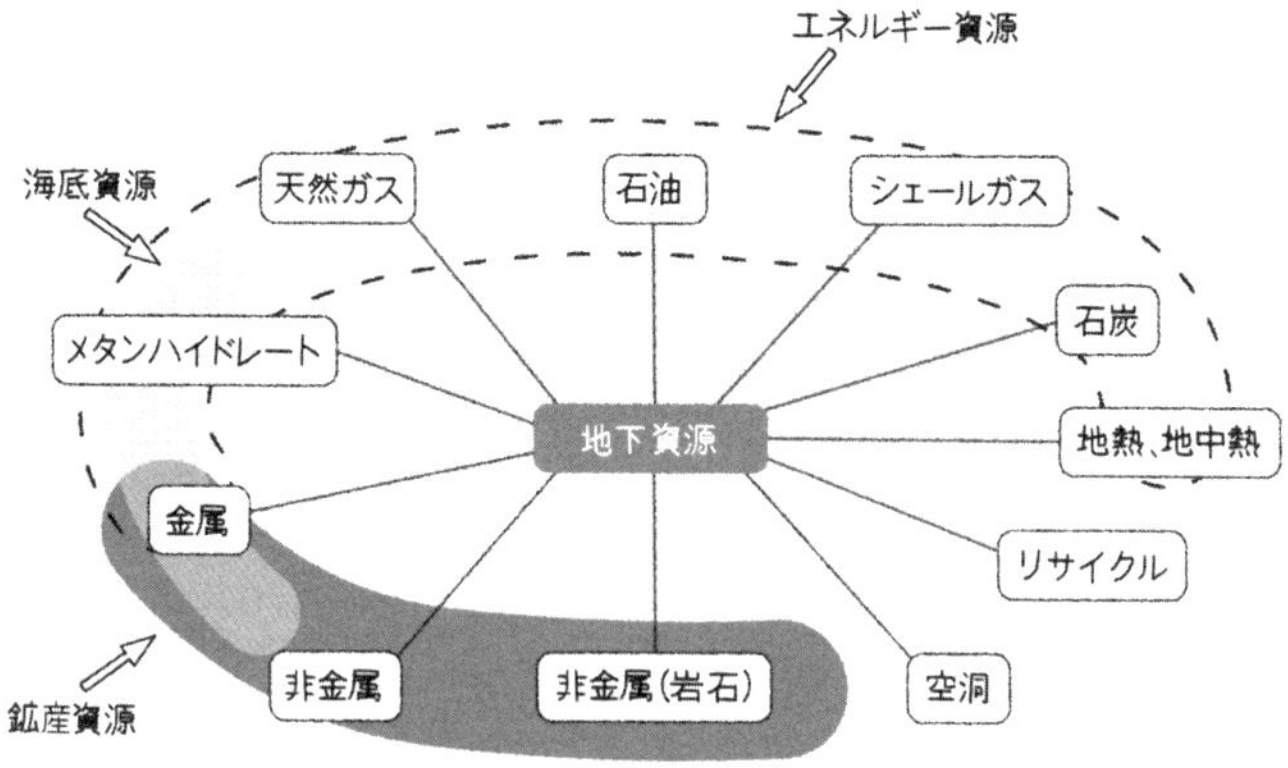

図1－6　地下資源は鉱産資源、海底資源、エネルギー資源からなる
西川有司『地下資源の科学』(日刊工業新聞社)の図を一部改変

とエネルギー資源と海底資源にわけられます。

そこで代表的な鉱産資源である金がどのようにできるかというと、火山が関係しています。図1－7は火山周辺の地中の様子を表した断面図ですね。火山はマグマという高温物質が噴き出してできたものですが、マグマは摂氏一〇〇〇度に近いため、地中でその近くにある地下水は熱水に変わります。

そして熱水は地中に含まれている多種の金属を溶かし、「鉱脈《こうみゃく》」をつくります。鉱脈とは岩石の割れ目が鉱石によって満たされたものですが、そこには金を含めて多種の金属が含まれています。

これはいまも活動している火山(活火山)に限った話ではありません。火山にも寿命があって、終わりに近づくと、噴火はしないけ

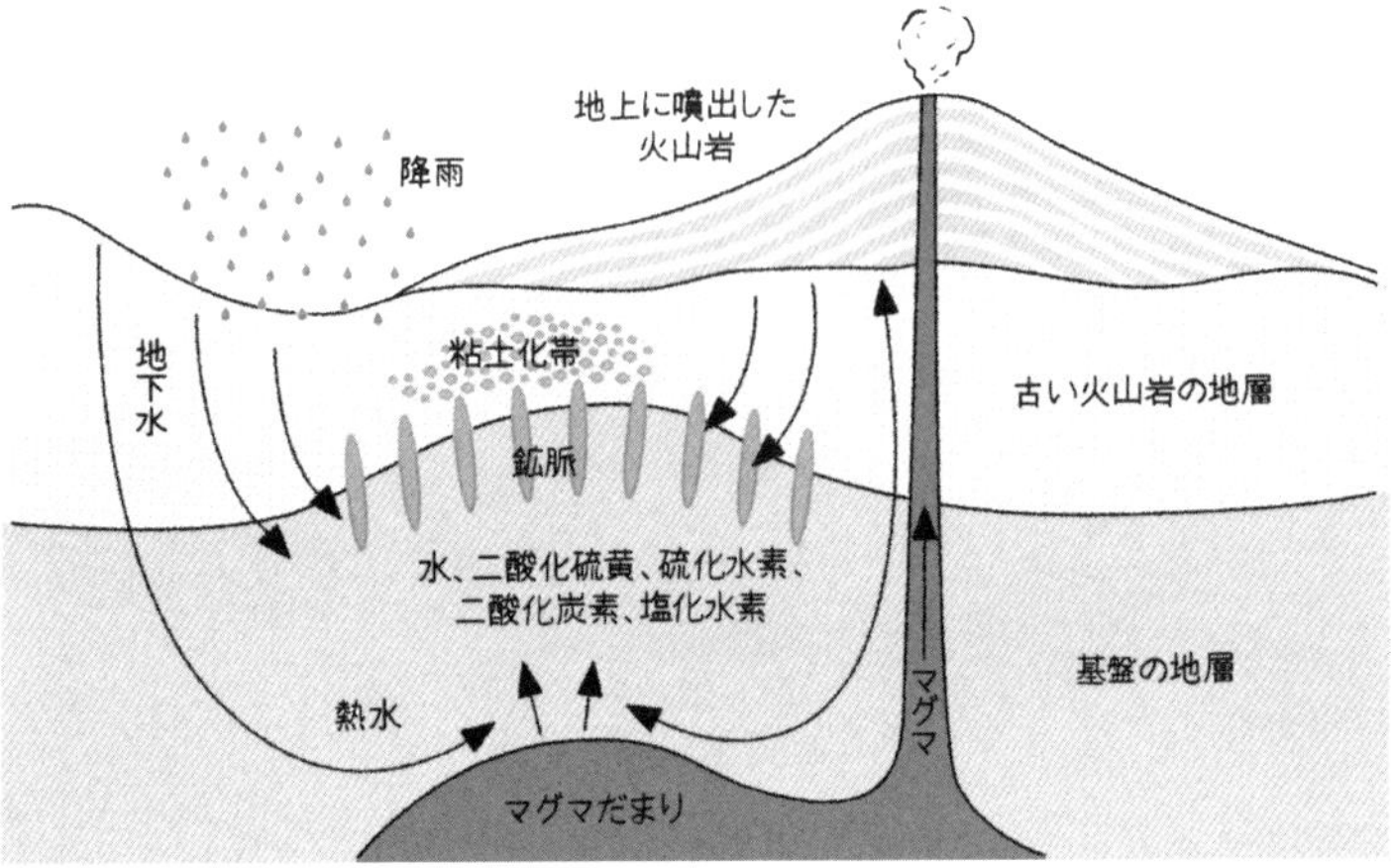

図1－7　火山の地下で金鉱床ができるメカニズム
鎌田浩毅『マグマの地球科学』（中公新書）を一部改変

れどマグマはまだ熱いという状態になります。すると、その熱が地下水を温め、その温まった地下水が上方にいく。すると、図1－7のように地中でゆっくりと循環するんです。

　このように、熱い地下水が鉱産資源となるような成分を溶かして、冷たいところでその成分を沈殿させる。この過程は精妙で、一定の物理条件下でしか起きない。その条件を研究するのが「鉱床《こうしょう》学」という学問です。いずれにせよ、結果として金、それに銀や銅、鉛、亜鉛などの多くの地下資源がこうしたメカニズムでできるわけです。

　なお、東北地方には銅、鉛、亜鉛などを含む黒鉱《くろこう》鉱床がありますが、それは日本海の海底でできました。二千万年前から千五百万年ぐらい前の日本海の海底では火山が連なっていて、それらが激しく噴火した歴史があります。

海底火山の地下で熱水がグルグルと回って、金属をある場所に濃集させた。やがて、その場所が隆起して現在の陸上になった。秋田県や山形県などの東北地方の日本海側にはそういう黒鉱鉱床がたくさんあるんです。

地下資源には、ガーネットやエメラルドのようにピカピカ光って宝石として扱われているものもあります。同じく火山由来の代表的なものとしてはダイヤモンドがあります。

ダイヤモンドは炭素だけで構成されていて、地下深くのものすごく圧力が高いところでつくられます。炭素でできているのに、なぜあのように透明で美しいのかというと、結晶に余計なものが混じっていなくて構造が緻密でしっかりしているからです。

さて、日本の地下資源を語る際に欠かせないのが石灰岩です。石灰岩は先ほどお話しした火山の活動でできるものとは違い、真珠と同様のでき方で生物が起源です。

ただ、火山がまったく関係ないかというとそんなことはなく、プレート運動が関わっています。石灰岩はサンゴ礁などが固まってできましたが、サンゴ礁がつくられたのは主としてハワイやトンガなど熱帯域の火山の周りにできた浅い海です。ちなみに、サンゴ礁は現在でも温かく浅い海に生息しているので、こうした性質から過去の環境が推定できるわけです。

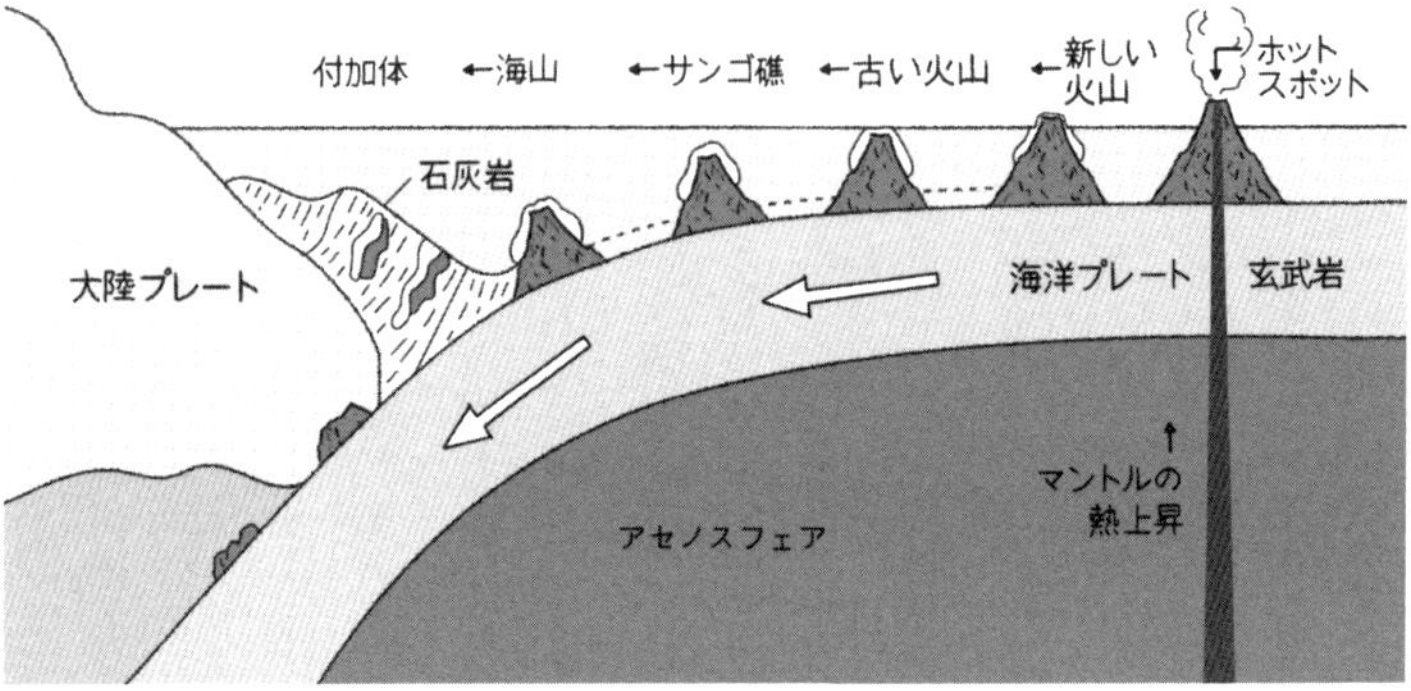

図1－8　石灰石が海洋プレートの移動により付加体になる仕組み
筆者作成

サンゴ礁に覆われた海洋島の火山は、図1－8のように海洋プレートの移動にともなって、だんだん海の底のほうへと没していきます。

　海洋プレートは、最終的には大陸プレートの下に潜《もぐ》り込みます。その際、石灰岩は海底にたまった砂や泥と一緒に大陸プレートに付け加えられます。このようなプロセスでできた地層を「付加体《ふかたい》」といいますが、これが日本の石灰岩の起源なんですね。

　面白いことにストーリーはこれだけではなく、日本列島は太平洋プレートとフィリピン海プレートが潜り込みながら押すことで、ゆっくりと隆起してきました。北アルプスや南アルプスなど、いずれも一億年前とか三億年前の古い岩石が隆起して高い山になっています。

そうすると、石灰岩が陸上でも採掘できる。このような歴史があって、日本では石灰岩をたくさん採ることができ、その自給率は一〇〇パーセントなんです。

いろいろな条件が重なって、日本にはたくさんの石灰岩があるわけですが、たとえば石油も世界のあちこちに偏在していますよね。中東とか、アメリカ南部とかね。それはなぜかというと、やはりそういう地学的な条件があってそこにたまったわけです。

そういうことを研究するために、石油地質学や石炭地質学があるんです。それらを総合的に研究するため、国立の地質調査所が世界中で設立されたわけですね。

話を石灰岩に戻すと、石灰岩はほとんど唯一といっていい、輸入せずにすむ鉱産資源です。石灰岩はセメントの材料、建築材料、建設材料で使うわけだから、日本はとても助かっています。

地球の磁場は反転する

地球科学からわかる「面白いこと」はたくさんあります。たとえば磁場の反転もその一つ。

みなさんはきっと北はS極、南はN極ということをご存じでしょう。方位磁針の赤いほうが北を向くのは北極にS極があるからです。反対の南極にはN極があります。

これからお話しすることは地層（それは泥や砂、火山灰などが層状に堆積したものですが）の研究でわかったことです。実は地球の磁場はいまから七十七万年前は、SとNが反対だった。驚くことに地球の磁場は反転するんです。

このことは、海底から流れ出る溶岩の温度が五八〇度ぐらいになると地球の磁場をパッとキャッチして記録するという性質があるおかげでわかりました。固まった溶岩にはそのような磁気を持つ「磁性鉱物」が含まれているのです。

ここは地学のちょっとややこしい説明が必要ですが、溶岩が固まるときになかに含まれる鉱物の性質が変わるのです。具体的には、それぞれの鉱物が持つ磁石の方向が、その溶岩の固まった温度に従って固定されるのです。

つまり、五八〇度まで温度が下がった当時の磁場が記録されているわけですね。そうすると逆に、溶岩を調べることで、固まった時期の地球の磁場の方向がわかります。

こうした地球の磁場の反転を発見したのは日本人で、京都帝国大学理学部の松山基範《まつやまもとのり》教授（一八八四〜一九五八）です。

兵庫県に玄武洞《げんぶどう》という国の天然記念物の洞窟があります。そこに玄武岩《げんぶがん》があって地球の磁場が記録されている。それが反対の向きで地磁気の逆転を表していたんです。僕たち地球科学者は簡単にリバース（reverse）と呼んでいます。その反対に現在と同じ地磁気の向きは、ノーマル（normal）と呼ぶんです。

松山先生は戦前の方で日本海軍にも所属し、潜水艦に乗って日本海溝の海底調査をした人です。京都帝国大学の教授だから国の依頼でいろいろ調査して、その一環として玄武洞で地層から磁場を調べたんです。そうしたら現在と逆だったわけ。

その事実を世界ではじめて見つけて、「地球の磁場がずっと逆転していた時期があったかもしれない」と言いだしたんです。その当時は地球の磁場が変わるだなんて誰も知らないから、当然学者たちには受け入れられなかった。

松山基範

ところがあとになって、結果として松山先生の考えは正しかったことが証明されました。いまは「マツヤマエポック」といって、地球の磁気の年表に「Matuyama」という文字が記されている。これはすごいことです。「Matuyama」は「Tsunami」（津波）などと同じように日本語が世界でそのまま通用します。

では、次の磁場の反転はどれぐらい先に起

ころかというと、これはわからない。わからないけれど、二千年以上は後だなという感じです。なぜ二千年かというと、磁場の反転シミュレーションから周期的におおよそそれくらいで予測ができるからです。そしてノーマルからリバースへの転換がどれぐらいの時間で起きるかというと、およそ二万年ぐらいかかると言われています。

これは地球の磁場が定常か非定常かという大きな問題です。定常とは一定の規則性があるもので、非定常は規則性がないものです。磁場の反転はとても長い時間軸の話で、たとえば一億年以上前のことはよくわからない。資料が十分に残されてないので、磁場の反転はそもそも定常か非定常かがわかってないんです。

これはほかの事象についてもそうなのですが、地球は宇宙で一個だけです。一個しかないものを研究すると、いろいろな偶然があるわけです。人間も一人の人間を研究したらいろんなことがあって予測がつきません。地球もまったく同じなんですね。それは人間も地球も大自然がつくった一種の「複雑系」だからです。

もし地球が一〇万個とか一〇〇万個とかほかにも同様の惑星としてあれば、もうちょっと一般的な方向性が見えてくるかもしれないけれど、一個しかないものを扱っていて、しかも一方向に流れるだけの不可逆な時間があったりすると、わからないことが途端に多くなってしまうのです。まぁ僕たちはそうしたなかでがんばって研究しているわけです。

固体地球と流体地球

それにしても岩石や化石はありがたいものです。地球を硬い岩盤としてとらえたものを「固体地球」というのですが、固体地球は固体の証拠があるから残された物質を使って歴史を編めるわけです。

それに対して「流体地球」という言葉もあって、こちらは地球を水や空気が流れている海洋と大気の面からとらえるものです。地球規模で見ると大気はものすごく薄いんです。地球を一メートルぐらいの地球儀で考えると、大気は一ミリメートルぐらいの厚さ。一ミリメートルなんてフッと息を吹きかけると、飛んでいってしまうような感じです。その状態が四十億年も続いている。これは大変すごいことですよね。

さて、いま固体地球と流体地球の話をしましたが、その二つの地球のとらえ方の違いは「速度」です。たとえば固体地球の場合、ストレスがかかって地層が褶曲《しゅうきょく》したり、プレートが移動したりする現象の速度はとてもゆっくりです。地球内部のマントルもゆっくり対流しますが、全部を一周するのにかかる時間はなんと一億年ですからね。

それに対して流体地球のペースは速いのです。たとえば海の水は北大西洋からアフリカの南端を通って太平洋へ、というように循環していますが、そのペースは二千年で一周です。二千年というと、人間的な目線ではゆっくりとしているイメージがありますが、マントルの対流は一億年で一周だから、それに比べればすごく速い。

いまは流体地球のなかでもいちばんスケールの大きなものとして海水の循環を紹介しましたが、大気の循環だともっと短くて、数週間とか数日のスケールになります。天気予報がそのいい例ですが、長くてもだいたい一週間ぐらいじゃないですか。台風がくると一時間とか三十分でどんどん移動しますよね。

ということで、固体地球と流体地球は時間軸がまったく違う。では昔の流体地球をどうやって調べるかというと、残っているものはほとんどないので、いまある海や大気などから考えるわけです。物理学を使って現在の温度、圧力、湿度、塩分濃度などのデータをもとに、その流れがどういうふうに変化するかを計算して過去を類推するわけです。

だから固体地球と流体地球では、研究の手法がちょっと違うんですね。僕のような固体地球科学者は、残された岩石と地層と化石をもとに歴史を編む。それで「過去は未来を解くカギ」という考え方で、未来を予測するというようなことをしています。

だけど、流体地球はそうではなくて、現在動いている状態から「外挿《がいそう》」してそのまま過去を考えることになります。外挿というのは、過去を詳細に観察してわかった事実をもとに、そこに働いている法則を読み取り、未来に向けて予測を行うことです。そういう意味では手段と研究の方向性が少し異なるんですね。

そして、地球全体のことを知るには、固体地球だけではダメです。固体地球と流体地球の両方を扱うことで、はじめて地球の姿がわかります。というのは、大気や海と岩石とは互いに物質をやりとりしているからです。具体的には地球を構成する様々な元素が、何千万年という時間に固体と液体と気体の水を媒介として、固体地球と流体地球の間で大循環を行っているのです。

僕たちは最終的には、たとえば地球温暖化はどうなるか、地震はどこで起きるか、火山はいつ噴火するかなど、未来をできるだけ正確に予測したいのです。そのためには固体地球だけではなく流体地球も一緒に研究することではじめて可能になる。地球科学はそうした「総合学際科学」の仕組みででき上がっています。

脱炭素と大規模な火山の噴火

ここまでお話ししてきたように、現代に至るまで地球は絶えず変化してきました。

みなさんの関心ごとの一つに地球温暖化があるでしょう。

いま、時代はカーボンニュートラル、脱炭素が世界中の合言葉です。温暖化の原因は二酸化炭素だから、大気中への二酸化炭素の排出をいろんな技術でゼロにしようということです。ゼロエミッションともいいます。脱炭素は世界中の大きな流れですが、そのためにはものすごい苦労をしないといけないわけです。

日本の製造業は大改革が必要で、産業によってはほとんどやり直しを強《し》いられるケースもあります。根本的なエネルギー不足問題を解決できないという意味でも大変なんです。

でもちょっと待ってほしいのですが、火山の大規模な噴火が起こると、それらの脱炭素の課題は全部根底から覆ってしまうのです。

まず全体の話として、地球温暖化は二酸化炭素が主な原因とされています。メタンなども含めて「温室効果ガス」とも呼ばれていますよね。

もともと空気中に含まれている二酸化炭素は〇・〇三パーセントぐらいの微量なんですが、温室効果ガスには太陽からの光エネルギーを吸収してため込み、外へ出さなくなる、そういう性質がある。だから温室効果ガスの増加が温暖化の原因だとされているのですが、これはかなり正しい。

かなり正しいものである一方、「絶対に正しい」ものではないのです。

結論を言うと、世界中で二酸化炭素が増えたから、この三十年ぐらいは地球の温暖化が進んでいるというのは観測事実としては正しいけれど、これがずっと続くかどうかはわからない。

脱炭素社会をつくることは、それはそれで環境にとって大事なことです。ただ、僕は地球科学者だから、その立場でいうと、大規模な火山の噴火が起きると、全部それが吹き飛ぶ場合があるんです。

どういうことかというと、もし火山が「カルデラ」をつくるような大噴火をすると、火山灰が拡散して大気中を漂うわけです（五章でくわしく解説します）。そうすると、それが太陽の光を空中で反射してしまい、太陽光が地上に届きにくくなります。

それまで太陽光で地面が温まって、食物も生物も生育してきたという活動が全部制限されます。しかもその期間は数年どころか数十年も続く可能性がある。

過去にも同様のことがあったんです。以下で詳しく述べますが、インドネシア・タンボラ火山の例など数多くの具体的な事例があります。そうすると、温暖化どころではなくて、むしろ気温が下がる寒冷化です。〇・五度ぐらいから、ひどければ三度、あるいは五度ということもあり得る。それが数年続くと、もう世界中で農作物は大凶作です。

いま、地球上に八〇億以上もの人がいて、全体としては食べられない人もたくさんいる。そういう人達に供給している食料も大幅に減るわけで、ということは餓死する人が何十億人も出るわけです。

実はここ五十年以上、二十世紀の後半だけを見ると火山の大噴火は特異的に少ないんです。一方、十九世紀は多いんです。たとえば、一八一五年にインドネシアのタンボラ火山が噴火して、大量の火山灰が空中を舞い、次の年は世界中で夏がこなかった。

その後の一八一六〜一八一七年は六月に北米大陸で雪が降ったとか、八月に港が凍ったとかいう事例もあるのです。アメリカではトウモロコシが大凶作になり、農民が西部に移動した。それが西部開拓につながったという話もあるぐらいです。

それぐらい、人間にとって寒冷化は大きな影響を与えることなのです。実は、温暖化より影響が激しいと言っても過言ではない。

でも幸い、二十世紀の後半は大きな噴火がとても少なかった。その理由はわかりません。それで、今後また大きな噴火があったら寒冷化が到来し、そのときに脱炭素政策はいったいどうなるんだろうか、というのが僕たち地球科学者の危惧です。

だから最近の三十年ではなく、数百年という長い時間を見ないとダメなのではないかということです。そもそも温暖化と寒冷化のどちらが人類にとってキツいかっていうと、寒冷化のほうなんです。というのは食糧がなくなってしまうから。

いま、脱炭素で産業構造を変えようとしているけれど、あまりやりすぎるのはどうなのかということも知ってほしい。もちろん地球温暖化対策の研究も必要だけれど、政治経済の数字だけで大きな政策を決めるのではなく、地球科学者がどれぐらい関与できるかも大事だなと思っています。だから脱炭素と聞くと僕がまっ先に頭に思い浮かべることは、大規模な火山の噴火です。

さらに温暖化が関係する要因としてもう一つ別の話があって、太陽黒点の変化も影響しているんです。これも地球科学の一部です。

太陽の表面にはシミやそばかすのような「黒点」があるんです。よく観察すると、それが増えたり減ったりしていることがわかるのですが、黒点が多いということは太陽の表面の爆発が大きいということだから、より多くのエネルギーが放射されて、それが地球などの惑星に降り注ぐことになる。実は、黒点の数と大きさは太陽表面の爆発状態を示すので、非常に大事な情報なのです。

つまり、黒点が多いと地球は温暖になるんです。反対に黒点が少なくなると寒冷になるわけです。地球の気温は、黒点が増えると上がり、減ると下がるというように、ちょうど対応しています。

特に一六〇〇年から一七〇〇年までは、近世以降でいちばん太陽の放射量が少なかった時期で、寒冷化になっています。平均気温が〇・五度ぐらい低かったわけです。

それで、現在はどうかというと、ちょうど黒点が増えている時期で、これから減ろうとしているんですよね。十一年周期で黒点は変化するのですが、そうすると火山の噴火だけじゃなくても、黒点の変化によっても急に寒冷化に向かう可能性があるんです。

それからもっと大きなレベルの話としては、地球は定期的に一万年周期で氷期があり、長期的に見ると現在は間氷期で、これから地球はゆっくりと氷期に向かうのです。ただ、これがどのように短期的な現象に影響しているかは、まだよくわかっていない。

まとめると、地球温暖化はたまたま火山の大噴火が少なくて、太陽が放射するエネルギーが大きく、間氷期だからということが重なっているのではないかと。

とすると、脱炭素を〝行け行けドンドン〟と世界中で推進しても大丈夫だろうか、という思いが頭をよぎるわけです。

十億年後に地球上の水はなくなる

それにしても、地球は不思議です。火星にも金星にもないものが地球にはあり、こんなにも美しい状態が四十六億年も続いていて、うまくいけばあと五十億年は続くことが予想されています。太陽系の寿命百億年の半分ぐらいですね。では、なぜそうなってきたのか。そう、その原因は水の存在なんですね。

しかし、その地球の寿命が尽きる前に大きな問題があります。十億年後に水がなくなると考えられているのです。これは太陽の活動が関係しています。太陽が徐々に巨大化するため今から一億年単位でその発する熱量はどんどん大きくなって、最後に惑星を含めた周りのものをすべて飲み込むといわれています。

その途中で地球はもちろん温暖化します。ただ、これは最近、世間で騒がれている二酸化炭素による地球温暖化のような小さな話ではなくて、地球全体が太陽の巨大化によってヒートアップするという話です。

そうすると地球上の水が全部蒸発してしまう。このような地球や太陽系のダイナミックな動きは一億年ぐらいの長さの軸で考えられていて、地球上の水については十億年ぐらいで干上がるということです。

だから、その前に人類は宇宙空間にある地球と同じような星を探しに行かなきゃいけない。まだ十億年もあってずっと先の話ですが、こうした未来は物理学によってすでにわかっていることです。

水がなくなると大変なことになるのは、容易に想像できますよね。それを地球科学の目で見ると、プレート・テクトニクスがはじまった四十億年前から、プレートと一緒に海の水はマントルに入っていくわけです。

ややわかりにくく感じるかもしれませんが、地学の目で見るとプレートと一緒に海の水がマントルに入ることが重要なのです。よって、十億年後にそもそも水がなくなってくると、マントルのなかで起きている対流も大きく変わるだろうといわれています。

固体地球では水が潤滑油のように働いているから、それがなくなると物質循環の構造も大きく変化すると予測されます。そうなると、本当に地球の環境すべてが変わってくるんですね。

でも地球がいまのかたちになってからの四十六億年にプラス十億年、五十億〜六十億年は、現在のままの姿でいくかなと思います。そして僕はその安定した姿、とりわけ地球表層に現在も残されている美しい多様性に驚嘆しています。

しかしよく考えると、地球科学でも予測がつかないことはたくさんあって、僕たちが知らない「想定外」に出くわす可能性は十分にある。いままではランダムだったから未来もおそらくランダムに違いない、とも思うわけですよね。

では、一章のしめくくりに、いくつかの質問に答えてみましょう。

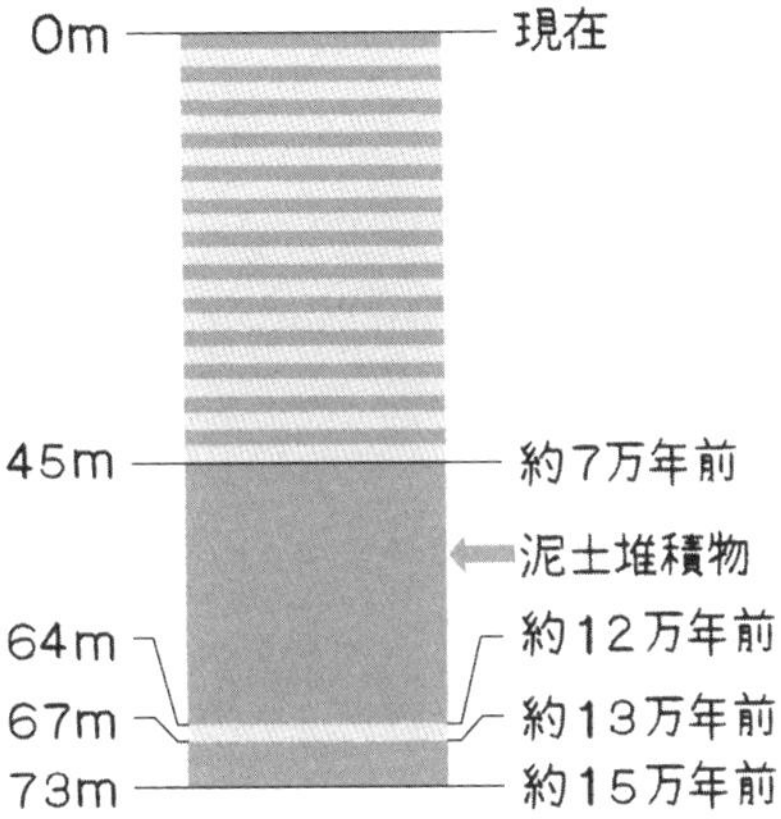

図1－9　水月湖の年縞のイメージ図

――鎌田先生が、自然科学や人類史の解明を促すとされる「水月湖《すいげつこ》」を意識されたのはなぜですか？

福井県の南西部にある水月湖はとても静かで美しい湖です。この湖は地球の年齢を知る「年縞《ねんこう》」の研究で有名になりました（図1－9）。

年縞とは、長い年月をかけて湖沼などに堆積した層が描く特徴的な縞模様のことです。一年ごとにたまった湖底堆積物に縞ができる。それで水月湖の底をドリルで掘削して、堆積物をていねいに分析したら、なんと「一年単位の時計」が見つかったという話です。

地球科学者がなぜ水月湖に着目したかというと、湖の外から水が入ってこないからです。ほとんど外部から遮断されたような静かな湖だから。砂や泥の堆積物のなかによく火山灰が挟まっているのですが、火山灰は年代を示すマーカーになる。たとえば七千三百年前に鹿児島県から降ってきた鬼界《きかい》アカホヤ火山灰の層があると、そこにピッと時間軸が入るのです。

あとは、水月湖は適度な深さを持つということです。もし一万メートルぐらいの深さの湖だと人間が掘れませんよね。ちょうどよい深さで固定された薄い地層に、地球環境を示すたくさんの情報が残されているんです。

先ほど、定常と非定常の話をしたけれど、僕たち地球科学者はやはり定常の情報がほしいわけです。定常があるから非定常が見えてくる。だから、不確定なものより先に、「これだけ知っていればいい」という法則性がある現象に早く到達したい。

水月湖の年縞はきれいな状態で、七万年前から現在までの情報が残されているんです。すると、それを定常の基準とすれば環境変遷の全体が見えてくる。堆積物の状態がよいから、時間の物差しとして利用できる、ということになるんですね。

――自然という漢字は、「シゼン」と読むこともあれば、「ジネン」と読むこともあるといいます。そうすると同じ字なのに意味が違ってきます。では地球の自然について、どのようにとらえたらいいのでしょうか?

とてもいい質問ですね。実はこれだけで一冊の本が書けてしまいます。「雲がやってきて自然に雨が降りました」ということと、「自然には宇宙の意思があって物理法則のままに動いている」ということです。言うなれば、「受動」と「能動」ということでもありますよね。うむ、さらに説明が難しくなってしまった（笑）。受動というのは風の吹くまま、宇宙の運命のままという感じかな。能動については、人間が意思を持って周囲をごくわずかだけれども改変できるようなことですね。

つまり、自然には二つの意味と動きがあるんです。人間でたとえると、自分の体に自然であることと、それを自力で自分らしく生きること。前者は自然体で生きること、後者は自立と自律といってもよい。

ジェームズ・ラブロック

では地球はどうかというと、たとえば生物は地球と相互に関係しあい、生存に適した環境をつくり上げていく。イギリスの科学者ジェームズ・ラブロック博士（一九一九～二〇二二）が唱えた「ガイア理論」というものがあります。

ガイア理論は人間がこしらえて地球に当てはめたものです。その見方は美しいし多くの方が信者になったけれど、それはちょっと違うとも思う。つまり、人間がつくった枠を超えるのが地球、自然だと思うからなんです。科学が進んで自然が説明できたように見えても、その説明をさらに超える現象が起きることが自然なんですよ。このことは火山を研究してきた僕が最も強く感じてきたことです。

ジェームズ・ラブロック博士は、自分の頭の中で地球を構成したけれど、ちょっと美しい話ばかりを組み上げて、地球の現実を冷静に判断していない気がする。彼はある意味、詩人なんですね。だから僕は彼に完全には同意しませんが、でも彼が唱えたアイデアはすごく素敵です。当時としてはきわめて斬新だし発想が豊かだし、最初に読んだときにはとても感動しました。

――地球科学のポイントは、ひと言で言うとなんですか?

これまたすごい質問だ。ポイントはひと言で言うと〝熱〟なんです。物理学の基本、熱力学で扱う熱ですね。地球内部のマントルは一億年という長い時間をかけて、冷えたり温められたりして「循環している」。

巨大な物質循環があるんですが、物質の前に熱の動きなんですよ。物質を動かす原動力としての熱があって、固体地球と流体地球を構成する物質が移動する。その結果として多様な世界、すなわち生命を三十八億年も継続させた地球環境をつくってきた。

次章からお話しするプレートの原動力を含めて、万物は熱の移動から生まれているのです。

これはとても興味深いことなので、じっくり説明しましょう。

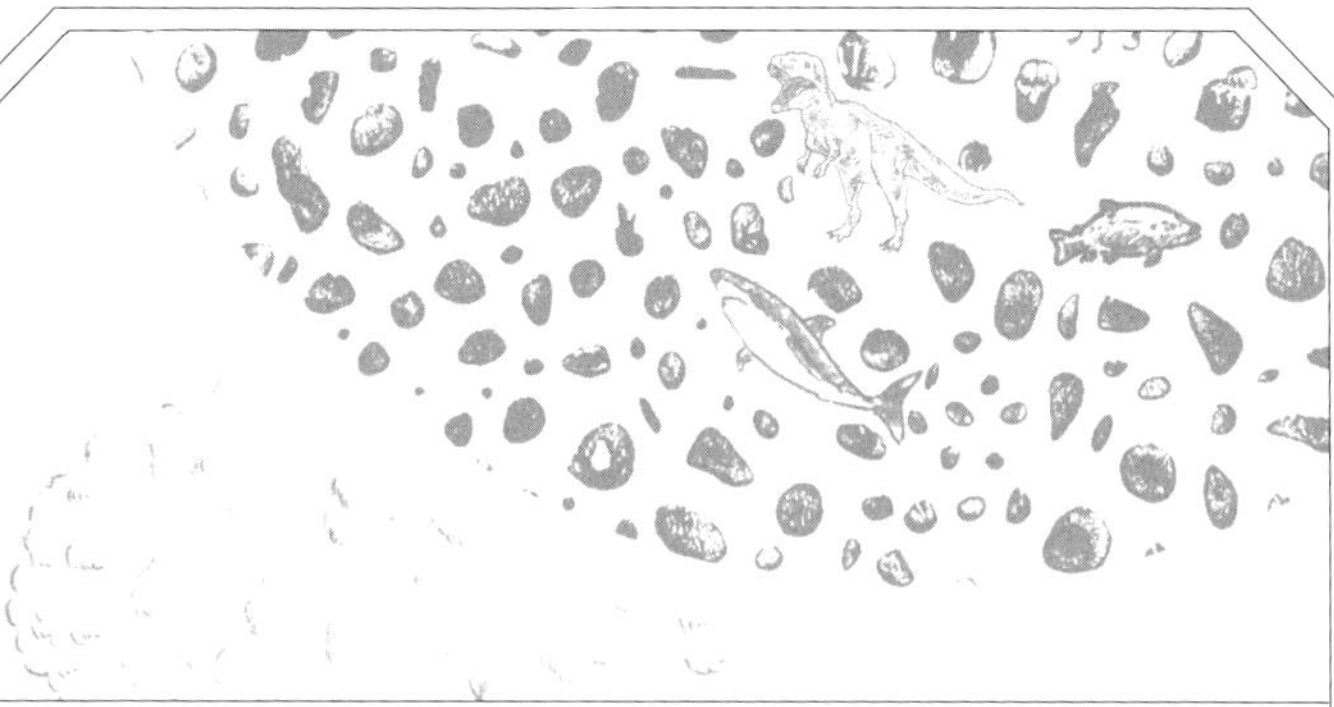

2章

地球内部のマントル

地球内部はどうなっているのか

この章では「地球の内部はどうなっているのか、どんな動きをしているのか」をテーマにします。それには、地球内部のマントルというものを説明するとわかりやすいのです。

一章で、地球は卵のような構造をしているというお話しをしました。それでは、卵でいうと白身の部分の「マントル」や黄身の部分である「核」は、どんなものでできていてどのような動きをしているのでしょうか。

ところで、地球の内部は熱いのでしょうか？　それとも冷たくなっているのでしょうか？　地球内部のマグマとか火山の活動から、熱そうだなと感じると思いますが、それでは、もっと深い地球の中心部分はどうなっていると思いますか？

そもそも「マントル」とはなんなのでしょう。

地球の内部は真ん中の中心となる部分に「核」があり、その外側に「マントル」、さらにその外側に「地殻」があります（図1－4、四二頁）。核とマントルでは構成している物質が違っています。核は金属、マントルはかんらん岩などの岩石でできています。ちなみにかんらん岩の主成分はケイ酸塩という化合物です。

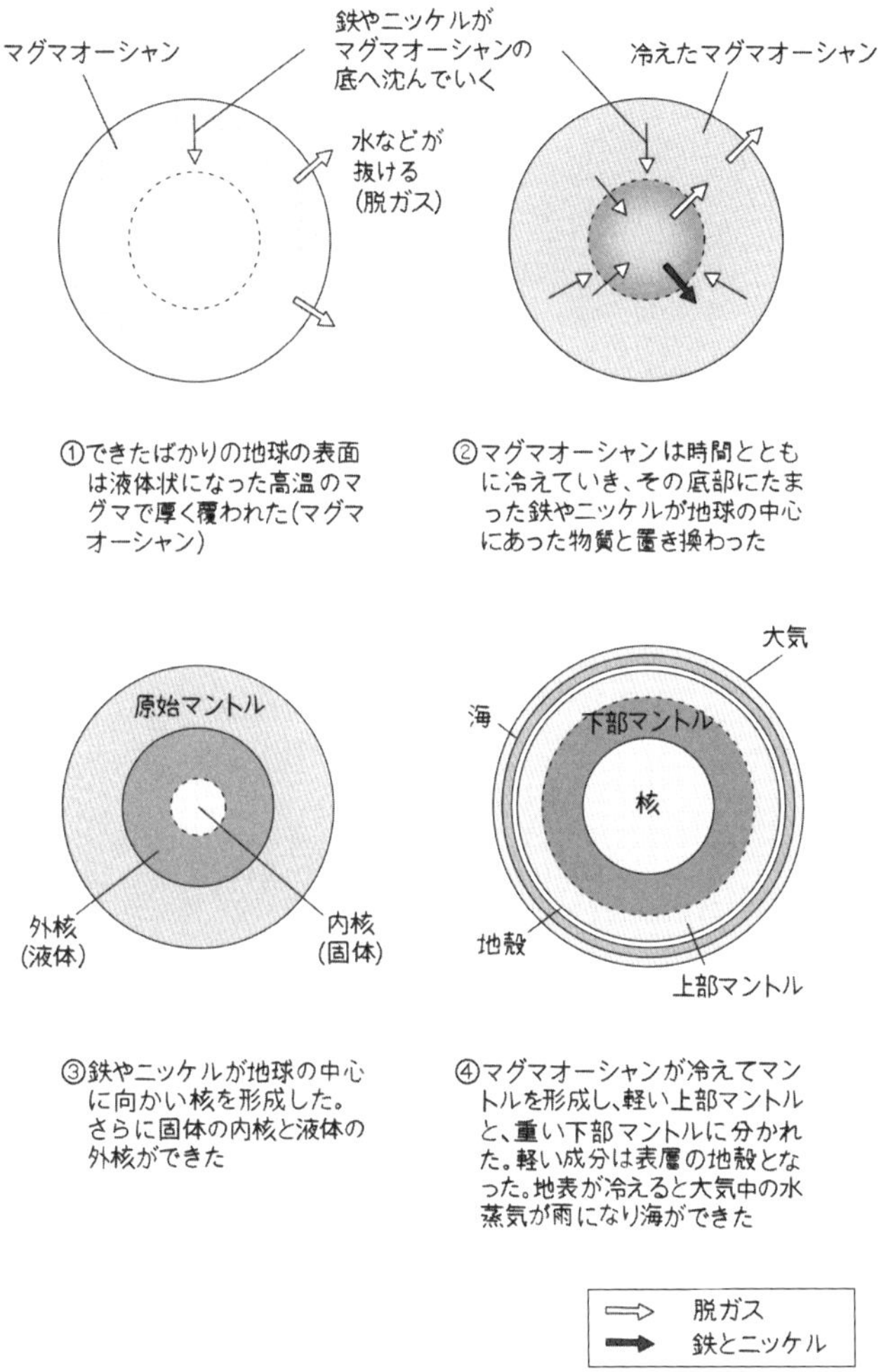
マグマオーシャン
鉄やニッケルがマグマオーシャンの底へ沈んでいく
水などが抜ける(脱ガス)
冷えたマグマオーシャン
①できたばかりの地球の表面は液体状になった高温のマグマで厚く覆われた(マグマオーシャン)
②マグマオーシャンは時間とともに冷えていき、その底部にたまった鉄やニッケルが地球の中心にあった物質と置き換わった
原始マントル
外核(液体)
内核(固体)
大気
海
下部マントル
核
地殻
上部マントル
③鉄やニッケルが地球の中心に向かい核を形成した。さらに固体の内核と液体の外核ができた
④マグマオーシャンが冷えてマントルを形成し、軽い上部マントルと、重い下部マントルに分かれた。軽い成分は表層の地殻となった。地表が冷えると大気中の水蒸気が雨になり海ができた
脱ガス
鉄とニッケル

図2－1　地球の地殻と大気と海が誕生するまで
筆者作成

マントルはとても厚くて、厚さが二九〇〇キロメートルぐらいあり、上部マントルと下部マントルの二つにわけられます。しかも、上部マントルと下部マントルとでは構成している物質が違い、密度も違うんです。上部マントルは密度が低くて、下部マントルは密度が高いという構造になっています。ちなみに核も外核と内核にわけられます。外核は液体、内核は固体です。

約四十六億年前、最初に地球がどうなっていたかというと、図2－1の①のような状態でした。それから②～④へと変化していき、現在の地球の基礎がつくられたのです。

ここからは、「熱」をキーワードに地球を考えていきます。

図2－2は地球誕生からいまのようなかたちになるまでを時系列で表したものです。図2－2にあるように、四十六億～四十億年前までは宇宙から微惑星が降ってきていた。それで地球はどんどん太っていくわけですが、同時に微惑星の衝突の運動エネルギーが熱エネルギーになり、地球の表面がドロドロに溶けたのです。

きっとみなさんもこれまでに耳にしたことがあるマグマは、とても高温でドロドロに溶けた物質なのですが、そのときの地球はマグマでできた高温の海、つまりマグマオーシャン(magma ocean)でした。

いまも地球の内部は熱いままで、熱は核にいちばん蓄えられています。核の温度は

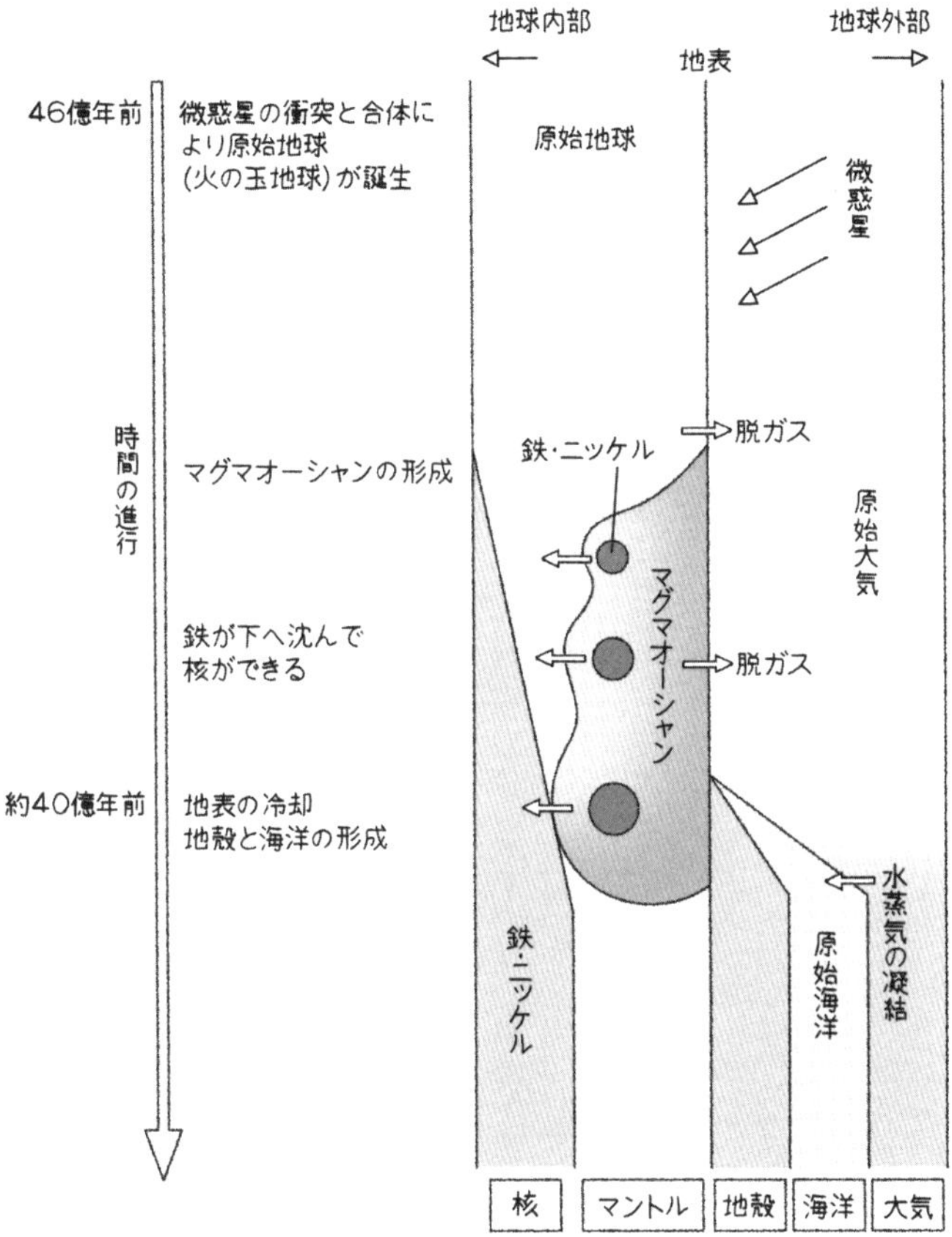

微惑星の衝突により地球に大量の水がもたらされた。その後水は原始大気と原始海洋にわかれる。地球の固体部分は、核、マントル、地殻に分化していく

図2－2　いまのかたちになるまでを時系列で表した地球
筆者作成

六〇〇〇度もあります。

そして、これは地球科学の最も大きなポイントの一つなのですが、地球は誕生以来、四十億年以上にわたって、ひたすら冷えていっているのです。

蓄えられている熱をゆっくりと宇宙空間に放出しているということですね。繰り返しになりますが、これは地球科学で欠かせない大きなポイントです。

それでは、いちばん熱を持っている核のなかはどうなっているかというと、冷えるために固体の内核の熱が液体の外核に与えられます。熱が与えられると、外核は高温で液体の金属だから、そのなかでぐるぐると対流します。「対流」とは、流体（日常では気体や液体）が移動することで熱を伝える方法で、身近な例でいうと鍋でお湯を沸かすときに見られます。

鍋でお湯を沸かすとき、鍋の底にガスの火や電熱器の熱があたって、なかの水はまず下から熱くなり、上のほうに向かいますよね。これは物理の法則で、物質は温かいものほど軽い、冷たいものほど重い、という性質があるから。

もう少し詳しく言うと、温かいということは分子が振動する、つまりはどんどん動いて密度が薄くなります。イメージとしては分子が動くから嵩《かさ》が増える。反対に冷たいということは分子がじっとしているから密度が高い。

だから鍋の底を熱すると鍋の底の水から分子運動がはじまって、その軽くなった水が上にいくのです。そうすると上の水は冷たくて重いから、下に降りてくるわけです。そうやって上の冷たい水と下の熱い水が入れ替わる。これが対流のメカニズムです。

話を外核の対流に戻すと、同じように熱が上に向かい、その熱がマントルに与えられるんですよ。

それでマントルも熱を与えられると、やはり熱いものが上に昇りたくなる。先ほどお話ししたようにこれもお湯を沸かすのと一緒です。それでマントルでも対流が起きます。

一章で地球の内部を卵にたとえたけれど、「マントルは白身」という表現が実にいい。白身ってなんとなくブヨブヨしている。僕たち地球科学者にしてみるとマントルは卵の白身のようにブヨブヨしているイメージになるんです。

実際は岩石ですが、岩石なのになぜブヨブヨというイメージになるかというと、長い時間をかけて対流して動いているからです。固い物質でも何千万年や何億年という長期間には、液体のように流れる性質が生まれるということですね。すなわち、マントルは岩石で固体でありながらも、非常に長い時間をかけると液体としてみなすことができるということです。

あとは核に関する情報として、内核は成長して徐々に大きくなっています。液体は冷えると固体になる。これは製氷機のなかで水が氷になるのと一緒で、液体の外核が冷やされると徐々に減って固体の内核が増えているのです。

地球内部が完全に冷える日

地球は大きくわけると核とマントルと地殻の三つから構成されている説明をしましたが、そのなかでどこから最初に冷えていくかというと地殻です。これはシンプルに、地殻が表面にあるからですね。地殻は冷えてすでに固まっています。

温度で見ると、核は六〇〇〇度、マントルは三〇〇〇度、地殻は日常的に地面に触れてわかるような低い温度からスタートして深くなるほど少しずつ高くなるけれど、それでも数百度ぐらいまでです。

ただ、循環する熱に目を向けると、表面に近づくほど値が大きくなります。

外核からマントルへと与えられるのが一〇テラワット（TW）で、この与えられた熱でマントルは対流を起こします（図2－3）。なお、テラワット（10^{12}ワット＝一〇億キロワット）のわかりやすいイメージとしては、全世界の発電電力が三テラワットくらいです。つまり、現在の地球にあるすべての発電所が一年間に発電するエネルギーの合計の三倍以上が、外核からマントルへ移動するのです。

ここで面白いのが、マントルは多成分の岩石でできていて、その岩石にはウランやラジウ

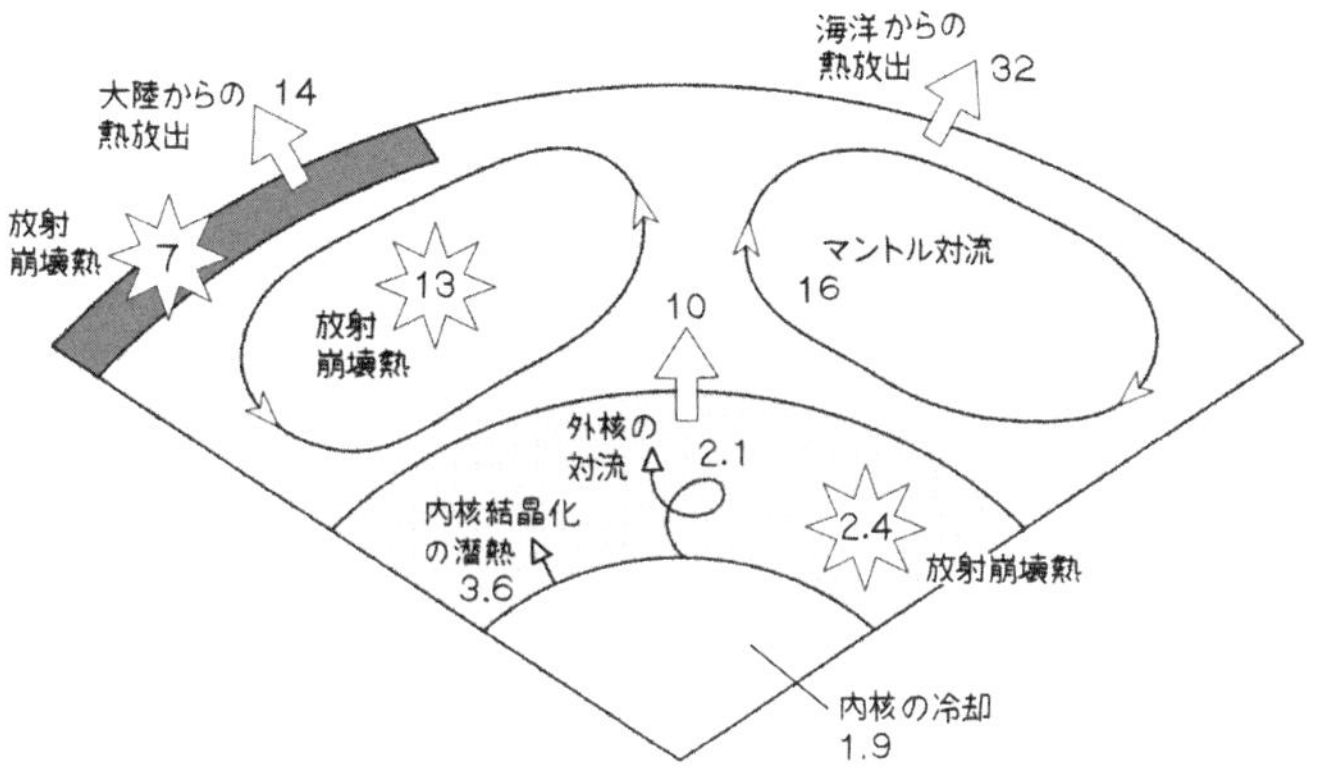

図2－3　地球内部を循環する熱（数字：TW）
巽好幸氏による図を一部改変

ムなどの放射性元素が含まれていることです。

放射性元素は原子力発電所や核爆弾の原料になっています。この放射性元素は壊れるとき、熱エネルギーを大量に放出します。このエネルギーは「壊変《かいへん》エネルギー」と呼ばれています。

難しい話は置いておいて、大切なことだけをいうと、四十億年も経つと岩石自体がたくさん熱を出す。それを「放射崩壊熱」といいます。

その熱がばかにならなくて、マントルのなかでは一三テラワットもあります。核から与えられた熱以上にマントルが自分で熱を生産するわけですね。地殻も同様に七テラワットの放射崩壊熱を発します。両方合わせて二〇テラワットです。

二〇テラワットということは、核から与えられる倍の熱を「内燃機関」のように出しているんです。すごいことですよね。地球は最初に隕石の絨毯《じゅうたん》爆撃で外（宇宙）から熱エネルギーをもらって、それを地球内部で冷まそうとしているのですが、マントルや地殻を構成している岩石が熱を生じるから実はなかなか冷えない、という話です。

ただ、そうはいっても最終的には大陸からの熱放出と海洋からの熱放出がそれぞれ一四テラワット、三二テラワットと大きく、結局はやはりどんどん冷えていっています。計算してみると、百億年ぐらいで冷えきってしまうわけですよね。地球が誕生して、いまはまだ四十六億年だから、太陽系の歴史のちょうど半分で、いまのちょうどよい環境になっている。そして長い目で見ると、これからさらにどんどん冷えていくわけです。

ただ、前にもお話ししましたが、地球が冷えるプロジェクトは最後まで完遂できないのです。ある時期から太陽がめちゃくちゃ大きくなって、太陽系を全部飲み込んで爆発してしまう。それは太陽系全体の星の歴史ということでまた違うストーリーがあるんですが、とりあえず地球のなかでは、こういう熱が主役となる歴史を歩んでいます。

プレート運動とマントル

核は金属、マントルは岩石と、構成している物質がかなり違います。核とマントルは、四十億年前頃に分離したわけですが、地球が冷えて固まるときに密度が高くて重い元素の金属が核に沈殿して、それが抜けてちょうどよいものがマントルとして残りました。マントルの対流は一億年ぐらいかけて地球を一周しています。しかしその組成が違っていたら、どうなっていたかわからない。やはり、これもすごい偶然なんです。

いずれにせよマントルが対流しているのは事実だし、そのマントルの対流が地球の表面を動かすことに密接に関係しています。

ただ、地殻は冷えて固くなっているから、対流は起こりません。ではどのように動くかというと、プレートというかたちで横方向に移動し、最後は斜め下に沈み込みます。この動きも、誰かが考えたのではないかというぐらい、偶然のようにうまくいっています。マントルが対流で基本的には「上下運動」なのに対して、プレートは「水平運動」をしています。このプレートの水平運動がよく耳にするプレート・テクトニクス理論ですが、テクトニクスとは変動学という意味です。

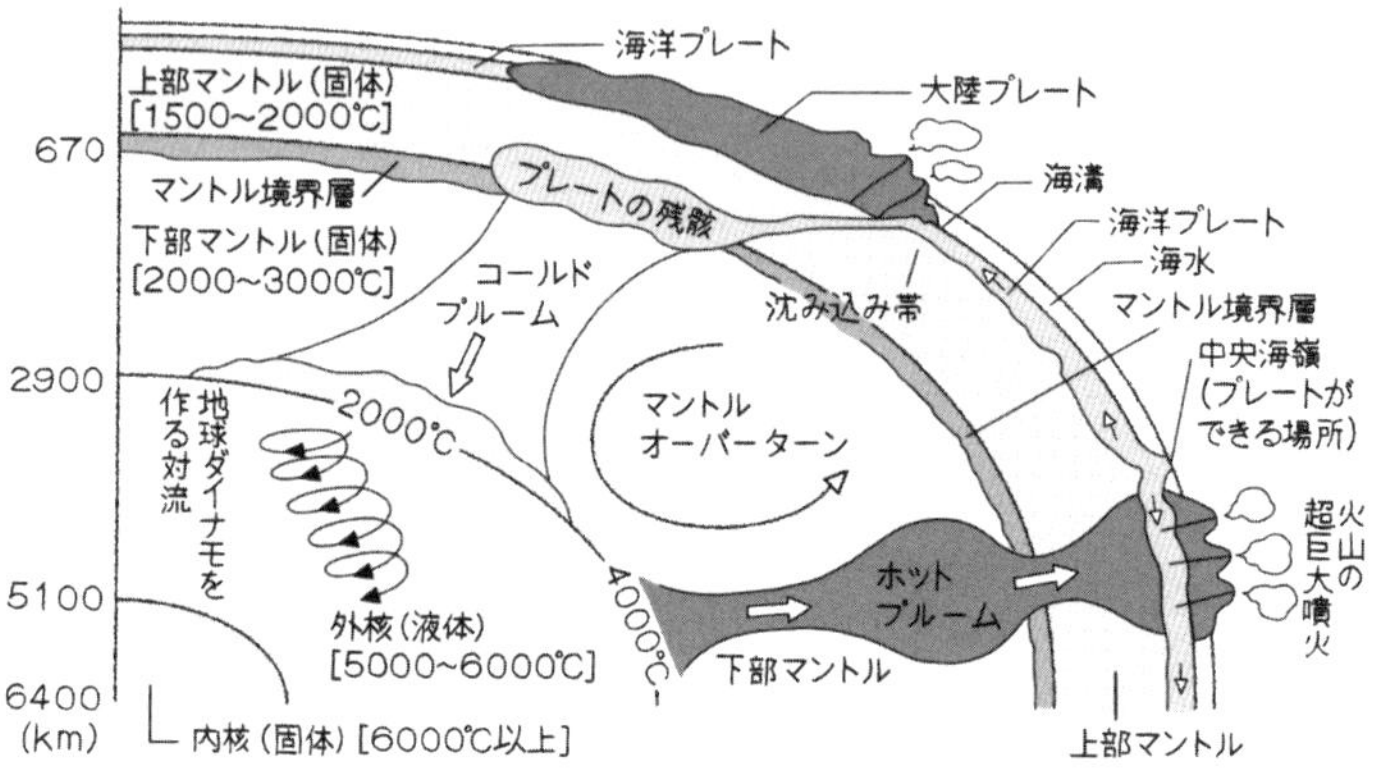

図２－４　マントルを中心とした地球内部の動き
丸山茂徳氏と磯崎行雄氏による図を一部改変

プレート・テクトニクスは三章で詳しく説明することにして、ここではマントルを中心に現在の地球の基本的な動きを紹介しましょう（図2－4）。

ポイントを挙げると、マントルが溶けて部分的に液体状になったものがマグマです。マグマは八〇〇～一三〇〇度の高温状態で、いわばプレートの原料です。マグマが地下から噴き出すところが「中央海嶺《かいれい》」で、マグマが海水と触れることで冷えて固まり「海洋プレート」が生産されます。

その海洋プレートはマントルの対流に乗るかたちで、横へと水平運動によって進んでいきます。とても長い時間をかけての移動だから冷えるんですね。冷えると重くなる。それで、「大陸プレート」にぶつかると重たいこともあって、斜め下に沈み込みます。

コールドプルームとホットプルーム

海洋プレートは沈み込んだあとにどうなるかというと（図2－5の①）、ずっと沈み込み続けるわけではなく、プレートの残骸《ざんがい》として、あるところでたまります。

ここでちょっと思い出してほしいのが、マントルは上部マントルと下部マントルにわかれているということ。構成している物質が違うし、密度も違う。下部マントルのほうが上部マントルよりも密度が高いのです。密度が高いということは重いということです。

それで海洋プレートの沈み込みに話を戻すと、沈み込みはその上部プレートと下部プレートの境界付近でたまります。こうして沈み込んだ物質は、上部マントルより重いけれど、下部マントルよりは軽いものだから、それ以上は下に沈めずに居座ります。これはすごく面白い。深さは地中六七〇キロメートルぐらいです（図2－5の②）。

さらに、もっと面白いことに、一度、たまったら、ずっとそのままかというと、そうではない。地球の現象はあるところで破壊、破断が起きる。

四章で紹介する火山のマグマもそうなんですが、地球で起きる現象は未来永劫《えいごう》にそのまま

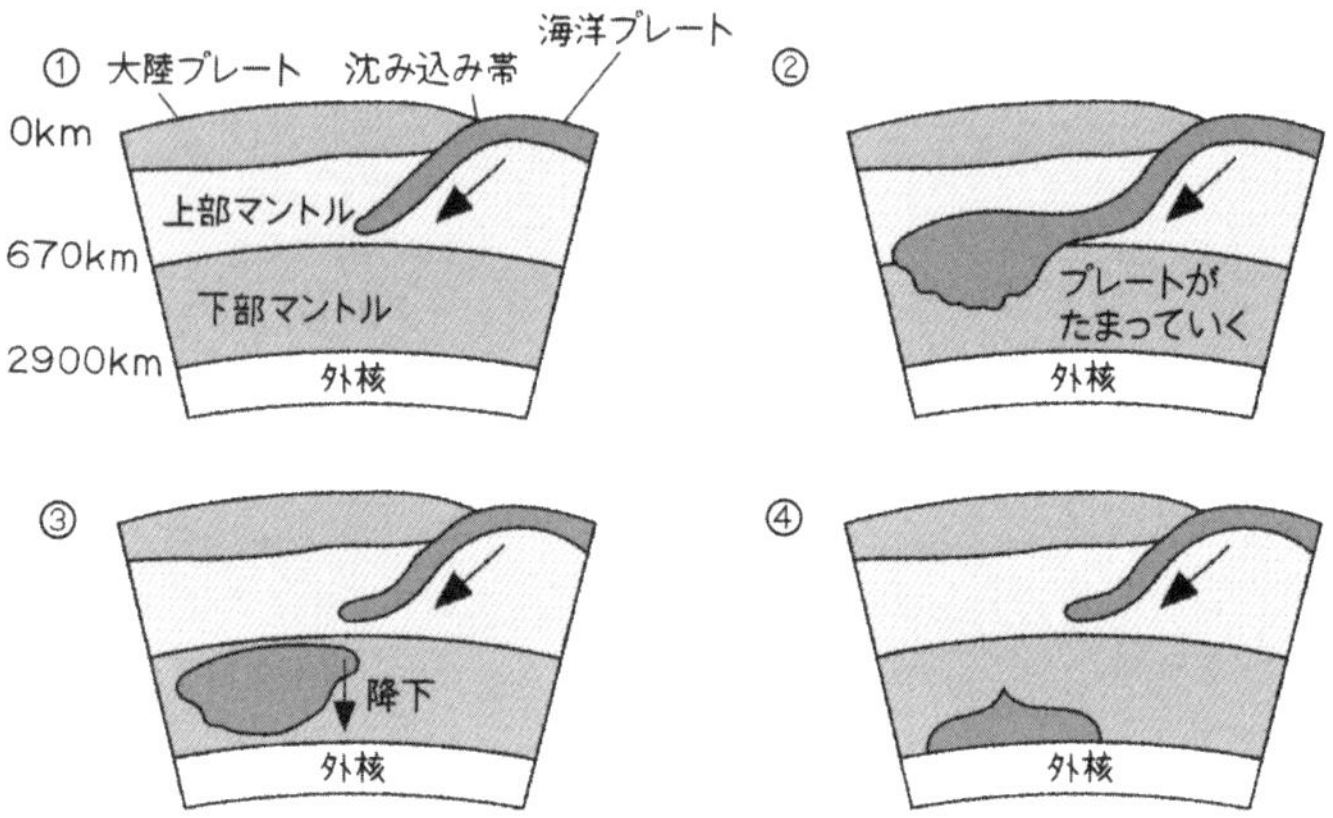

図２－５　プレートの動きと沈み込んだプレートのゆくえ
鎌田浩毅『地球は火山がつくった』（岩波ジュニア新書）より一部改変

ではなくて、あるところで変化するんです。

特に細かいところよりも、もっとマクロのところで、こういう現象が起きるのです。

たとえば生物だと、個々のＤＮＡや細胞の機能が変わると、集団はもっと大きな予想がつかないような変化をすることがあるでしょう。

動物行動学という学問があって、オランダのニコラース・ティンバーゲン（一九〇七〜一九八八）やオーストリアのコンラート・ローレンツ（一九〇三〜一九八九）が動物行動学の研究を世に出してノーベル賞を受賞したけれど、ミクロで見る生物とマクロで見る生物の活動はまったく違うわけです。

それで沈み込んだ海洋プレートはどうかというと、「相転移《そうてんい》」というものを起こします。

構成している岩石の物質が変わって密度も変わるんです。マクロの視点で見ると、結論としては重くなって下へドンと降下するんですね（図2－5の③）。ちょっと不思議に思うかもしれませんが、圧力が加わることによって岩石の物性そのものが変わるのです。密度が増えるとともに結晶構造が変わったり様々な変化が起きます。

下部マントルへ沈んでいくと、今度は外核に到達します（図2－5の④）。外核は鉄、ニッケルの合金だから、もっと密度が高い、すなわち重い。だから海洋プレートの固まりは、核のなかには入れないわけです。核はとても高温で内核は六〇〇〇度、外核でも五〇〇〇度ぐらいあります。

ニコラース・ティンバーゲン

だからプレートの残骸は核のなかに入り込めないけれども、熱だけはもらう。そうするとまた物性が変化して密度が小さくなり、今度は軽くなって上昇をはじめるわけです。

ここで地球科学の用語を説明すると、下部マントルのなかをゆっくりと降下する、冷たくて重い巨大な塊を「コールドプルーム」、反対に下部マントルのなかをゆっくりと上昇する巨大な塊を「ホットプルーム」といいます。プルーム（plume）は英語が語源で、直訳すると「もくもくと上がる煙」という意味です。

また、プルームがこのように変動することを「プルーム・テクトニクス」、このようなマントルの巨大な動きを「マントル対流」と呼びます。ちなみに、このようにプレートの

コンラート・ローレンツ

残骸がかき回されるからマントルが仕方なく対流するマントルが対流しているのか、もともとマントルが対流しているからプレートが水平移動するのかはわからない。

いずれにせよ、このようなかたちでマントルは地球内部で循環しています（図2－6）。

一一六頁でも紹介しますが、現在の地球科学はドイツの気象学者であるアルフレート・ウェゲナー（一八八〇～一九三〇）に大きな影響を受けています。彼は百年に一人生まれるかどうかという本当にクリエイティブな人でした。ウェゲナーはすべての現象を解明したわけではないけれど、後になってから彼が提唱したことを証明する事実が次から次へと出てくるのです。

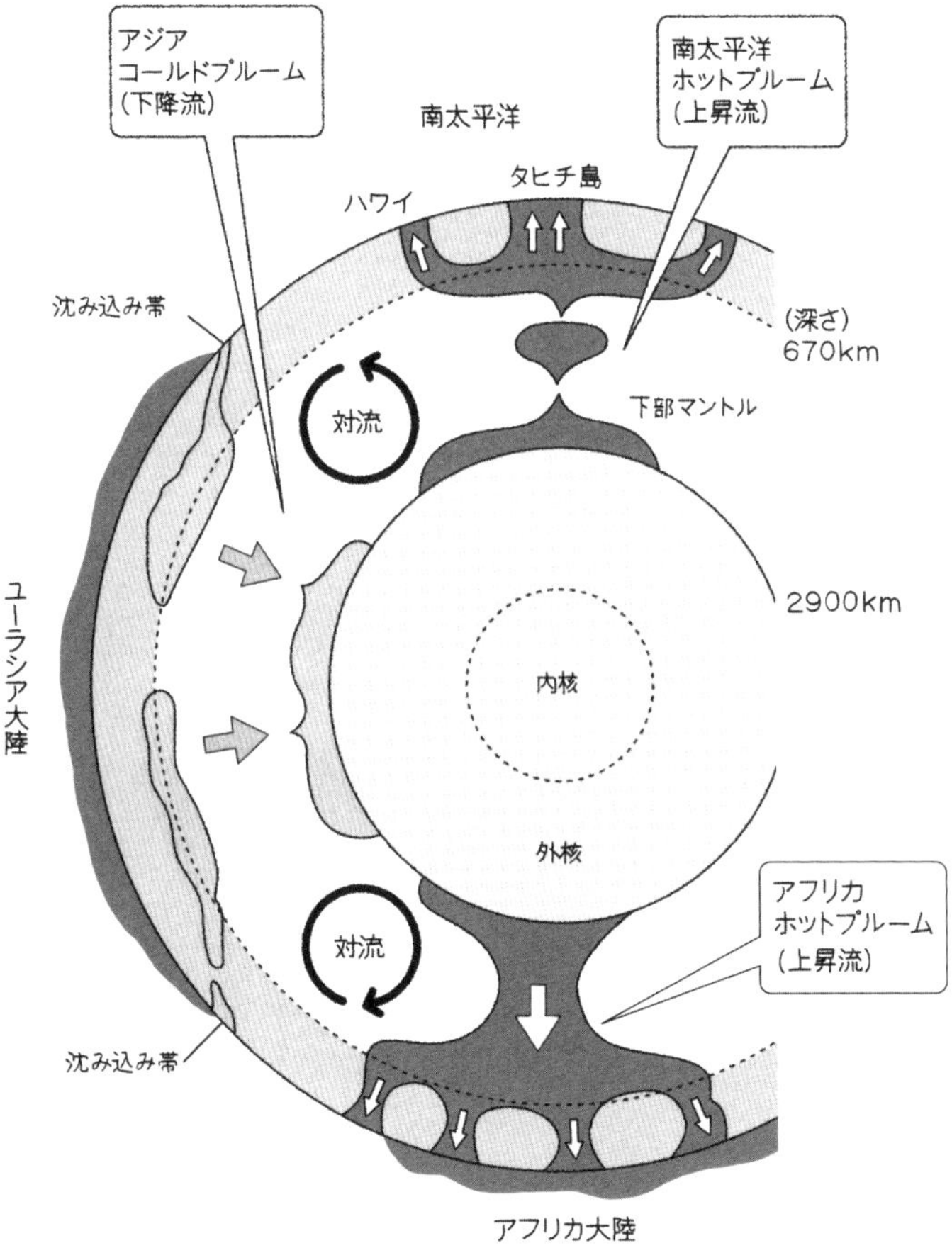

図2－6　プルーム・テクトニクスの概念図
鎌田浩毅『やりなおし高校地学』(ちくま新書)より一部改変

地球科学の世界では革命的な考えが二つあって、第一の革命がプレート・テクトニクス、そして第二の革命が、このプルーム・テクトニクスです。

第一の革命もすごいのですが、第二の革命もそれに劣らずすごい。ちなみに第二の革命のプルーム・テクトニクスの証明には、東京工業大学地球生命研究所名誉教授の丸山茂徳先生や東京大学地震研究所名誉教授の深尾良夫先生など、日本の研究者が参加していて、いい仕事をしています。そういう意味で、地球科学は日本が世界に誇れる分野なのです。

マントルの大きさを知る方法

今度はマントルの大きさを見てみましょう。

図2－7を見ると地球内部には核とマントルがあって、マントル部分が大きいことがわかります。だいたい八割がマントルです。

太陽系の惑星には、地球と同じように岩石を主体とする物質でできた「岩石惑星」と、気体が主体でできた「ガス惑星」、岩石を含まず氷が主体でできた「氷惑星」があります。

ちなみにほかの岩石惑星を見ると、金星が地球に似たつくりをしている。地球より小さい火星もつくりが似ているけれど、核の割合が比較的大きい。さらに小さい水星は核の割合が

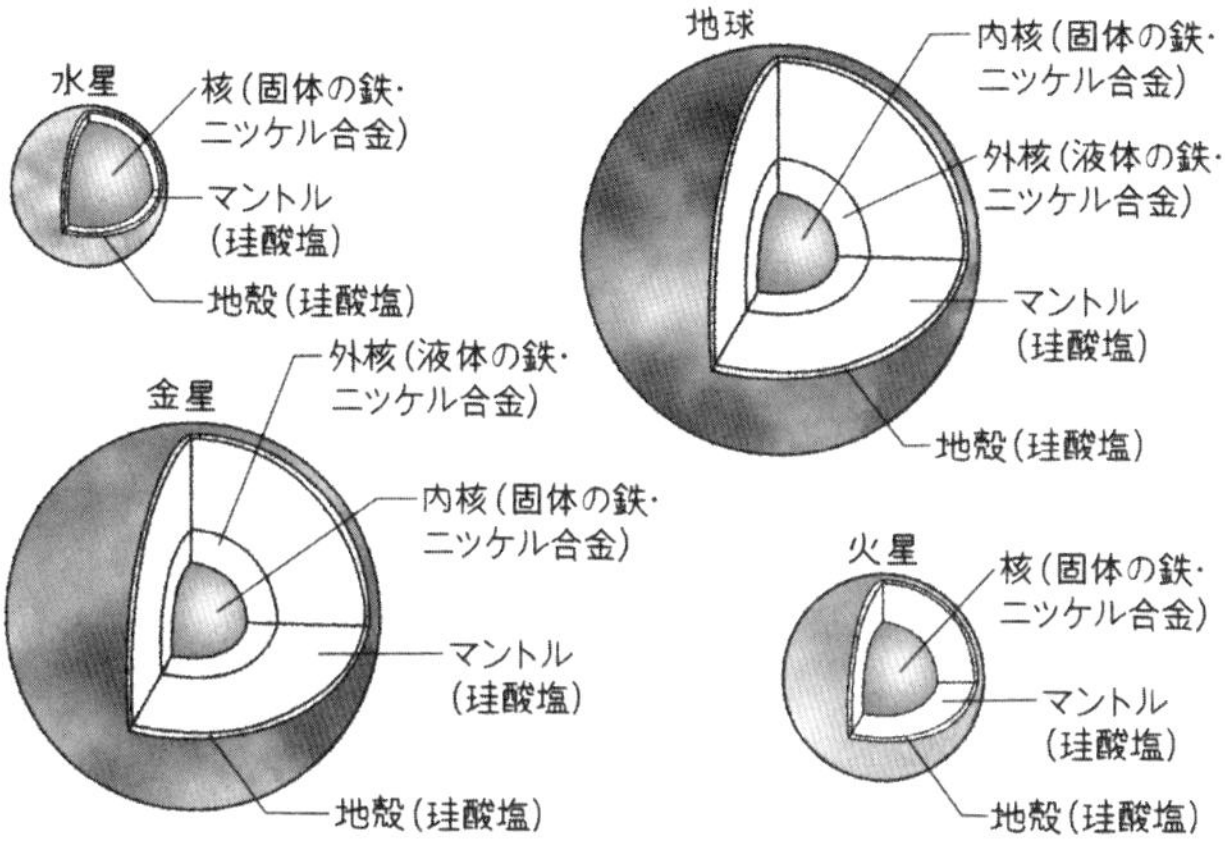

図2－7　岩石惑星の内部構造

松本良氏らの図を一部改変

もっと大きいですよね。つまり星のサイズで、核の大きさの割合は違うということで、だから地球に近い大きさの金星はつくりも地球に似ているともいえる。どちらもマントルが八割を占めています。

図2－8も地球の断面図です。まるで誰かが見てきたようですが、実際はあまりにも深くて地球の内部は見ることはできません。でも、物理などのほかの分野の力を借りつつ、膨大な量のデータを処理して考えると、このような構造になるだろうという結論にいたっています。

なぜマントルがこのような大きさだということがわかったか、ちょっと例を挙げると、一つは図2－8のように地震波の伝わり方を調べる方法があります。これは地震が発生す

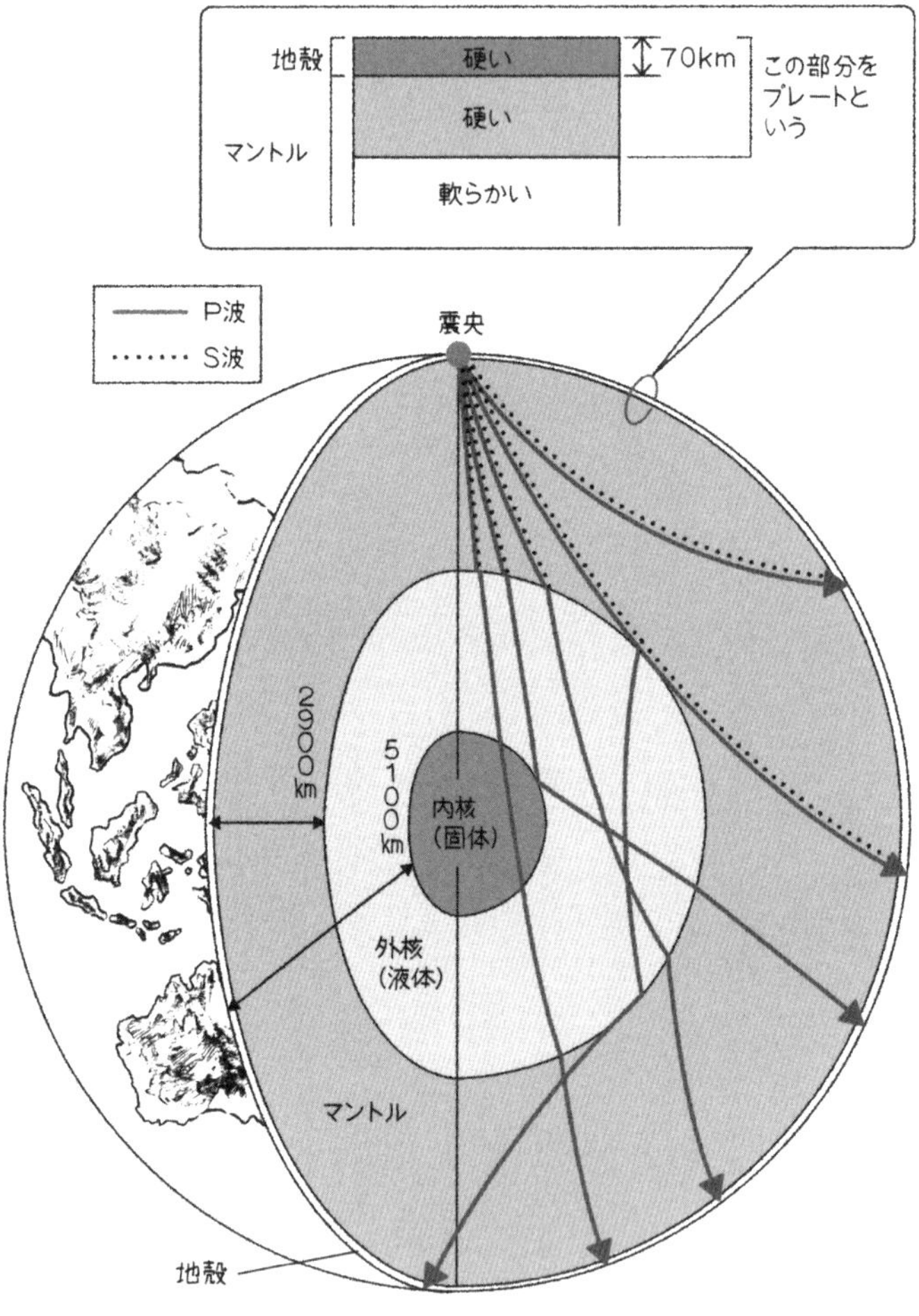

図2－8　地震波の伝わり具合から推定した地球の内部構造
筆者作成

るとどうなるのかという話で、地震の揺れを液体は通さなくて固体は通すという性質を利用しているのです。

液体は、ゆらゆら揺れているから、基本的に振動がそこで減衰する性格があります。すなわち地球のなかで地震の揺れが液体の外核を通るか、通らないかという具合で考えてみるということです。さらに地震学の研究は非常に進んでいて、外核の表面で屈折するものがあるということもわかっています。

図2―8を見ると外核や内核の表面で屈折しているラインがあるでしょう。このようなことが起きると、全然関係ないところへ地震の揺れが届いたりするんですね。

地球内部の構造を明らかにするために地震の揺れを利用する方法を「地震トモグラフィ」といいます。なおトモグラフィ（tomography）とは、周りの様々な方向から多数の観測データを取得し、それらを合わせて画像化する技術です。この手法を使ってコンピュータ処理することで、たくさんの二次元の画像から三次元の構造を可視化することができます。

外核は液体ということも、トモグラフィ解析により地震の揺れの伝わり方の事例をたくさん集めたことでわかりました。これは長年かけてやっとわかったことですが、最初は外核も内核もわからなかった。しかしデンマークの女性研究者インゲ・レーマン（一八八八～一九九三）が核を伝わる地震波の研究から「核は二重構造だ」と言いだしたんですね。核の

インゲ・レーマン

地学はその人からはじまったと言ってもよいほど、すごい研究です。

それから、ホットプルーム、コールドプルームについても、地震トモグラフィで場所をあぶりだしました。ちなみに地震トモグラフィは後で紹介する「マグマだまり（一〇四頁）」というものの位置を知るのにも利用されています。

ホットプルーム、コールドプルームとマグマだまりでは対象が違う、規模が違う、数が違う、時間が違う。けれども原理は一緒なんです。僕はこの研究もとても面白いと思っています。

あとは宇宙からの素粒子の一種であるミューオン（muon）によって地球の内部を可視化する研究も進んでいます。まるでレントゲンのように地中数キロメートルまで見ることができ、こちらも少しずつ実用化されています。

ミューオンはとても重い素粒子で、それが通ったか通らないかで映像を撮るという技術なのです。地震トモグラフィは地震を利用するから例数が限られているけど、こちらはとてもたくさん飛んでいる素粒子（ミューオン）を利用するので、さらに可能性がある。東京大学地震研究所の田中宏幸教授などが取り組んでいる、非常に新しい研究です。原理としては一緒で、地球内部のある部分を通るか通らないかで測定して、そのデータをたくさん集めるということです。

噴火のしくみ

もう一つ、みなさんの暮らしと密接に関わっている火山の活動とマントルの関係も見ておきましょう。

ここまで紹介してきたように、地球の歴史はひと言で言うと熱の放出の歴史です。地球は「早く冷えたい」んです。そして冷えるために無駄なことをしないんです。

人間は平等であるために、基本的人権を守るために、などといろいろ行動するけれど、そういうのは地球から見ると無駄なこと。もちろん人間にとっては大切なことですが、自然はそういうことには無頓着《むとんちゃく》で、とにかく熱があったら早く出したいのです。

それで早く熱を放出するにはどうすればいいかというと、方法は二つあります。一つは「伝導」で、電熱器のようにじわじわっと伝えること。もう一つは先ほど紹介した「対流」

で、結局はマントルも地球が熱を出すために対流しているのです。

そして、地球にとっては、最も効率よく熱を放出するのが実は火山の噴火なんですね。あらためて紹介すると、火山とはマグマが噴出することによってつくられる特徴的な地形のことです。また、先ほども言ったけれど、マグマとは地下にある岩石が溶けて液体状になったもので、マントルとの関係でいえばマントルが溶けてドロドロになったものをマグマと呼びます。

そして、マグマは地表から数キロメートルのところにたまっていて、それを「マグマだまり」といいます。そのマグマだまりにたまっているマグマがなにかのきっかけで上昇して火口から噴出するのが火山の噴火で、地表に出たマグマを「溶岩」と呼びます。

それで火山活動がどこで起きるかというとプレートの動きが関係していて、プレートが沈み込むところ、それは「沈み込み帯」といいますが、そのようなところで起きます。

海底を移動して水分を含んだ海洋プレートは大陸プレートの下に沈み込んでいきます（図2－9）。その海洋プレートがある深さに達したとき、なかに含まれる水分がきっかけとなってマントルを溶かしてマグマを誕生させます。そのマグマが地表に噴きだすと火山が生まれるのですね。

あと、プレートが誕生している場所でも火山活動が行われます。

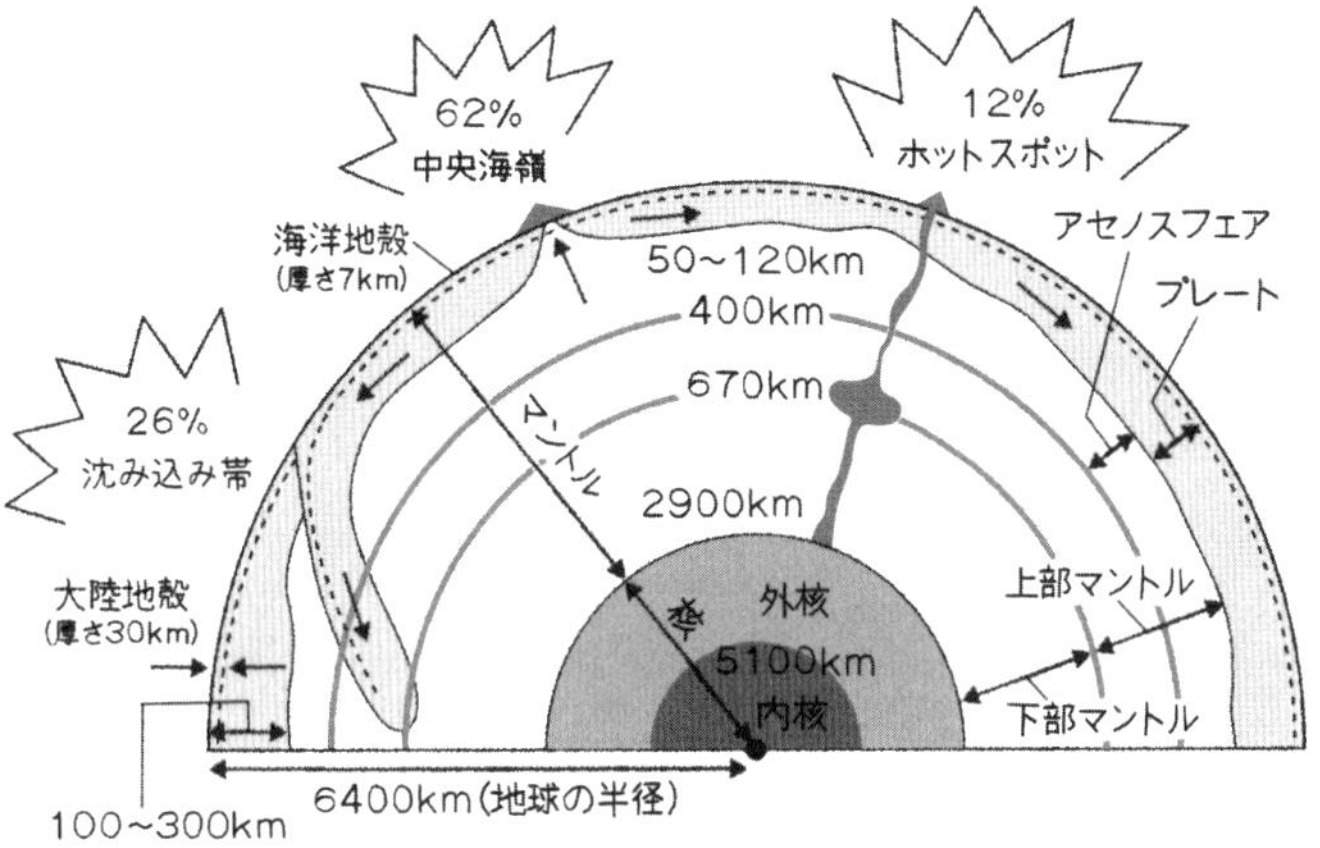

図2－9　マグマが噴出する場所
佐野貴司氏による図を一部改変

さらにもう一つあって、それは「ホットスポット」です。地球上にはプレートを貫く巨大なマントルの湧《わ》き上がり口があり、ホットスポット（hotspot）と呼ばれています。ここでは何千万年もかけてマントル深部を突き抜けながら高温物質を運搬し、地表でマグマを噴出します。

ホットスポットはハワイ、アイスランド、それからアフリカのコンゴなどにある火山が該当します。ホットスポットはほかの二つのマグマができる場所とはまるで関係がない場所にある火山です。図2－9を見ると、核からなにかがヒョロヒョロと上がってきているでしょう。これがホットスポットで、プレート・テクトニクスとは関係がないのです。

ホットプルームやコールドプルームに似て

いるけれど、それらともちょっと違います。なにが違うかというと、まず規模が違う。プルームのほうがはるかに巨大で直径一〇〇〇キロメートルです。それに比べると、たとえばハワイのホットスポットは直径一〇〇キロメートルぐらい。

ほかにも火山の化学組成や温度など、いろいろな違いがあります。そこは説明が難しいんですが、現象を見ると、マントルのなかでなにかの軽いものが上昇するんです。あるときになにかが上昇すると、ずっと維持されるんですよ。プレートはゆっくりと移動しているけれど、ホットスポットは〝我、関せず〟で位置が変わらない。

普通に考えるとマントルは対流しているし、すべてが一緒になって動くと思うでしょう。でも、なぜだかわからないけれどホットスポットは固定点なんです。

だからズレが生じます。ハワイを見ると、いまはキラウエア火山などが噴火しているけど、昔はもっと西の山が噴火していました。つまり古い火山ほど西にあって、新しい火山が東にあるんです。

いま、ハワイで新しいのはキラウエア火山、それに海底にロイヒという小さな火山があって、ロイヒはハワイのなかでいちばん新しくできた赤ん坊みたいな火山なんですが、いずれもハワイのなかでは古い火山のいちばん東にあります。

プレートがずれていくから、ハワイは噴火するところが相対的にずれていくんですね。そ

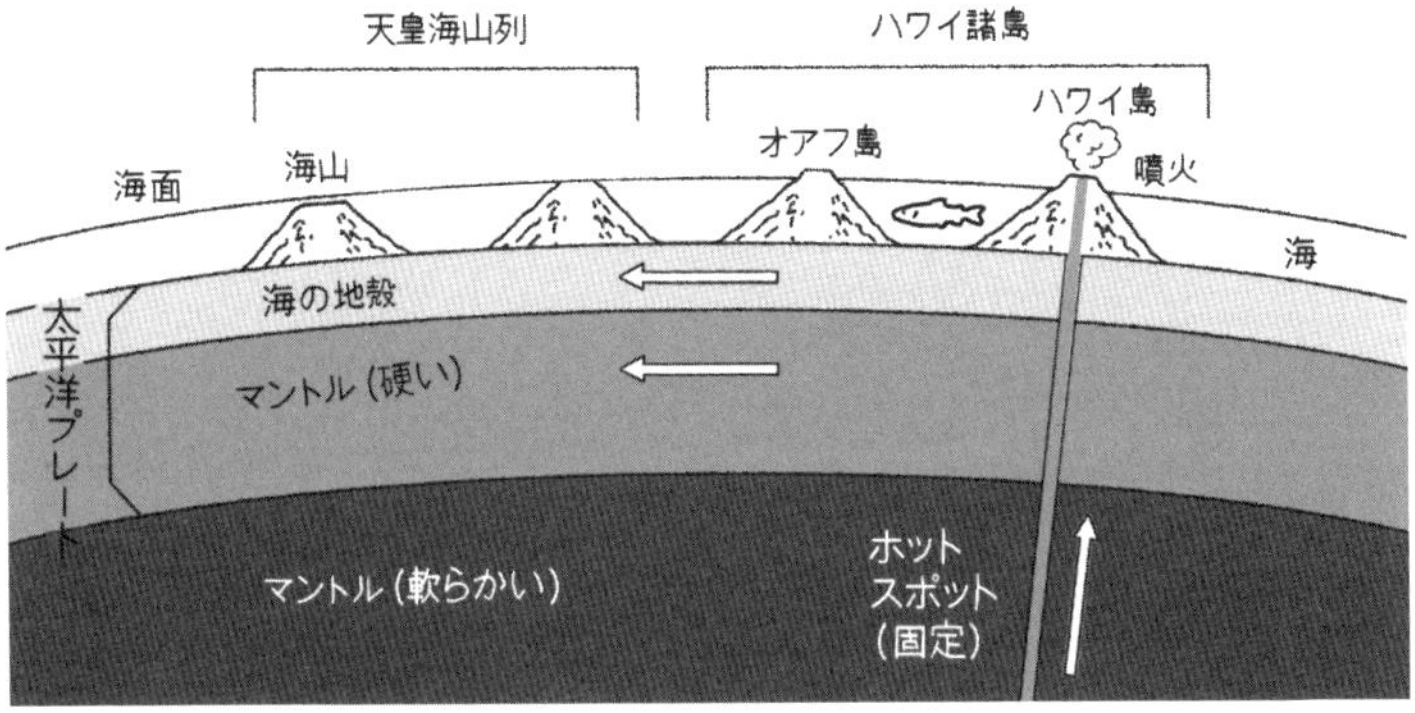

図2－10　ホットスポットの地下で起きている現象を表すベルトコンベアモデル
鎌田浩毅『地球は火山がつくった』（岩波ジュニア新書）より

れはなにが原因かっていうとホットスポットが固定点で動かないから（図2－10）。

すると、なぜ動かないのか、という疑問が生じるけれど、その答えは現在でもよくわかっていない。よって、これは第一級の問題なのです。

このへんが面白いといえば面白い。このように地球科学はまだまだ研究テーマがいっぱいあるので、僕の後輩たちは飯のタネに困らないということです。

さて、ここまでマントルを見てきましたが、そのマントルを含め、地球の活動はすべては熱が支配しているのです。熱いものは軽い、冷たいものは重いという原理です。結局、地球科学の問題は熱だけで、あるいはもう少し広げるなら熱と密度だけで、すべてが解けると言ってもよいくらい。いや、それは極論でして実際の現象はとても多様です。
いずれにせよ、原理としては実は物理の熱と密度だけで多くのことがわかるということは押さえておいてください。

地球と火星や金星との違い

さて、ここで別の角度から地球という星を考えてみましょう。今回も面白い質問をいただいています。

――火星やほかの惑星の内部も地球と同じような動きをしているのでしょうか？

内部の構造については、ほかの岩石惑星にも核、マントル、地殻があるということは先ほど説明しましたね。
ただ、大きな違いがあって、火星と金星という地球に近い岩石惑星の話をすると、どちらも、もう冷えてしまっていずれも内部が動かなくなってしまっているんです。昔は火星にも金星にも水があったけれど、いまは地中深くにしか残っていない。これも熱に関連する話ですね。

一方で地球は適度な大きさで、適度に水が保たれて、適度に循環しています。マントルが対流して、プレートが動く。熱が物質の間で受け渡しされて、いまの多様な自然環境がある。

でも火星や金星はそうではなくて、草木が生えていない砂漠のような環境で、火星の気温は昼間は最高二〇度ですが夜はマイナス八〇～一四〇度まで下がります。そして金星では強烈な温室効果により昼も夜も四六〇度という高温になる。

これには三つの理由があります。

一つは太陽からの距離です。金星は近すぎたし、火星は遠すぎた。それで、金星は熱くなりすぎ、火星は冷たくなりすぎた（図2－11）。これは、太陽系の惑星のなかで、地球のみが「生命居住可能領域」に入っている理由にもなっているわけです。

それから、やはりマントルの対流やプレート・テクトニクスの問題です。地球は熱が循環していますが、これがまさにちょうどいい塩梅《あんばい》なのです。なぜこんなにうまくいっているのかはわかりませんが、とにかくそれで地球内部の物質は回っています。四十億年回っているんだから、次の四十億年も回るわけですよ。火星とか金星では残念ながら止まっちゃっているのです。これが二つ目です。

もう一つは水と空気の存在です。

固体地球と流体地球の話をしましたが（六五頁）、地球には海と大気がある。水が水蒸気に

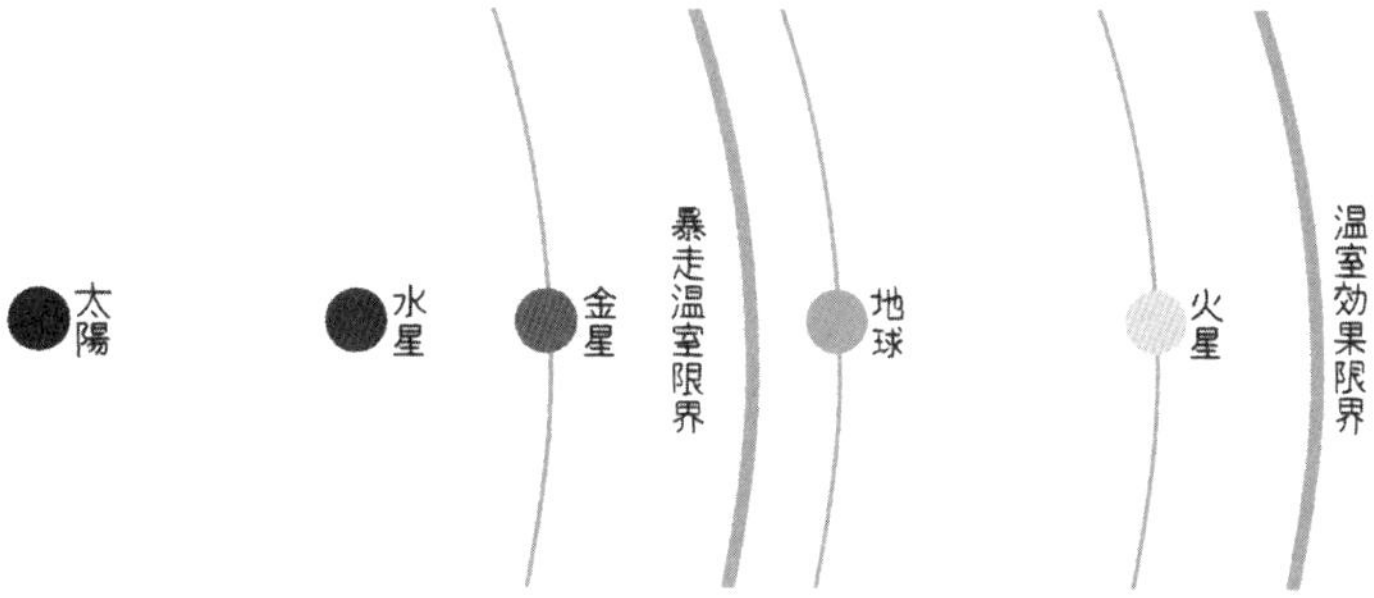

図2－11　太陽系の生命居住可能領域にある地球
田近英一氏による図を一部改変

なって上で冷やされて雨になって海に戻るという循環をしているけれど、その過程で海と大気も熱を宇宙へ放出しているんです。

火星だったら凍っちゃうし、金星だったら水蒸気はぶっ飛んでいく。僕は流体地球の存在自体がすごいと思っています。固体地球はまだわかる気がするんだけど、流体地球なんて吹けば飛ぶような水や大気が残っていて、具合よく循環しているわけじゃないですか。

このような条件がそろっている惑星は地球以外にはないんです。太陽系の惑星が八つあるけれど地球だけなんですよ。だから地球は神さまから選ばれた星のように思えるし、実際、昔の人はまるで神さまのように大地を思っていた。すごく不思議です。

この不思議は価値がある不思議で、第一級

の問題でしょう。

なぜ地球だけ、このような環境があって、生命が三十八億年にわたって死に絶えることなく続いているのか。これを解くということが僕は地球科学の最上位のテーマだと思います。

――私は地下深くまで潜《もぐ》ってマントルをシュミットハンマーで叩《たた》いてみたいと思う土木屋です。地殻の岩の強度は剛岩、硬い岩石でもたかだか一八〇ニュートン／メートルですが、マントルも硬い部分と軟らかい部分があるそうです。どの程度の圧縮強度があるのでしょうか？　また強度は弾性波速度から推測されるのでしょうか？　外側が硬いそうですが地殻からの外圧がかかっているのでしょうか？

まず、質問のなかで出たニュートン（newton、記号：N）とは力の単位で、一ニュートンは一キログラムの質量を持つ物体に一メートル毎秒毎秒の加速度を生じさせる力です。イギリスの物理学者アイザック・ニュートンに因む単位ですね。

また弾性波速度とは、ある物質中を波動（弾性波）が単位時間に伝わる速度のことを言います。弾性波速度は物質の密度と弾性定数と呼ばれる数値で決まります。

さて、圧縮強度は実際に計測してみないとわかりません。弾性波速度については、そのとおりですね。基本的に地下の構造は弾性波、地震の波でわかっているわけですよね。

外側が硬いということについては、硬いというのは温度と圧力との関係だから大変難しいのですが、ここでは単純に外側で冷えているからということです。そして地殻からの外圧がかかっているかというと、そんなことはありません。地殻はとても薄いからマントルまでは影響しない。もっとマントル自体の話です。だって深さが二九〇〇キロメートルもあるわけですから。

――沈み込み帯でコールドプルームが沈み込み、その後、たまりこんだ陸地はホットプルームで持ち上がるとのことですが、新たな陸地になる状態であれば、過去の陸地は数億年後に痕跡として現れるのでしょうか?

ホットプルームやコールドプルームと陸地の痕跡は結び付かない話で、通常の火山とはスケールが違うんですね。

たとえば一九九一年の雲仙普賢岳《うんぜんふげんだけ》は小さな噴火でしたが、それでも四〇名以上の方が亡くなる大惨事となりました。それから噴火の予測の成功例も出すと、二〇〇〇年の三月に北海道の有珠山《うすざん》が噴火しましたが、これはその雲仙普賢岳に比べるとちょっと大きくて、一万六〇〇〇人ぐらいの人が避難したけれど、こちらもまだ小噴火に当たります。

大噴火というと、富士山の一七〇七年の宝永噴火。これは火山灰が横浜に一〇センチメートル、当時の江戸の町に五センチメートル積もって一か月ぐらい大混乱だったそうです。

あとはもっと大きな噴火として巨大噴火、超巨大噴火まであります。さらに大きな規模の噴火があって、ここまできて、ようやくホットプルームの噴火なんです。それくらい、とてつもなく大きい。マントルのなかでは一億年ぐらいかけて対流しているのです。

だから一億年おきぐらいにとてつもない規模の噴火が起きるんですね。それは直径一〇〇〇キロメートルでマグマが上がってきて、大陸を割るぐらいの規模です。この噴火では地球環境がものすごく悪くなって、過去に生物の九五パーセントが絶滅しました。それで「古生代」を終わらせて「中生代」という時代に変わったのです。

ホットプルームによる噴火はこれぐらいの大きさ、スケールなので、それはもう過去の陸地の痕跡という話ではないということです。

3章

プレート・テクトニクスとはなにか

ウェゲナーの革命的なアイデア

この章では大陸が水平に動くという「大陸移動説」を世界ではじめて提唱したアルフレート・ウェゲナーをまず紹介します。それまでの世界観をガラッと変えてしまった斬新な考えはウェゲナーによってはじまり、後に「プレート・テクトニクス」理論に結実します。なぜこのような革命的な発想が生まれたのでしょうか？　彼の死後も、世界中の科学者たちがプレートの動きを解明することで、地球に関する多様な現象の原因がわかってきました。

ところで、日本列島は四つのプレートが重なった、世界的に特殊な場所にあります。ほかにはない屈指の「変動帯」だから、地震や火山の噴火が多いんですね。このプレートの動きがわかると、本当に「日本沈没」が起こるかどうか、そんな可能性をチェックすることもできます。

プレートは平均すると一〇〇キロメートルぐらいの厚さで、巨大な岩でできた板のようなものです（日本語では「岩板」と訳します）。地球の表面の地殻と上部マントルの一部を合わせたものですね。

そのプレートは地球の表面に十数枚あります。これらは長い時間をかけてゆっくりと移動していて、それが地震や火山の噴火にも関係しています。このプレートをベースに地球で起こっている現象を説明する考え方をプレート・テクトニクス（プレート変動学）といいます。

プレート・テクトニクスを語る際に欠かせないのがドイツの地球物理学者、アルフレート・ウェゲナーです。ウェゲナーは一九一五年に大陸が移動するという説を本にまとめて出版しました。彼は世界地図を見て、大陸のかたちのへこんでいるところと出っ張っているところがピッタリと合うんじゃないかと思いつきました。

そのウェゲナーの著書は『大陸と海洋の起源』です。もともとはドイツ語の本ですが、英語をはじめ、世界中でいろいろな言語に訳されています。日本では東京大学理学部の地球物理学の教授を務めた竹内均《ひとし》先生（一九二〇〜二〇〇四）が訳しています。原書が出版されてから百年以上経つけれど、二〇二〇年に講談社のブルーバックスで復刊しました（私は解説を書いています）。ちなみに竹内先生は地球物理学の世界的な学者で、小松左京さん原作の『日本沈没』という映画にも出演しています。

アルフレート・ウェゲナー

直感と実証

さて、地球科学にとって大切なプレート・テクトニクスです。

世界地図をパッと見ると、ちょうどアフリカとスペインの出っ張っているところが南北アメリカのへこんだところと合うでしょう。ウェゲナーは、まず直感的に「もともと大西洋は閉じていて、それが離れたのではないか」と思ったんですね。

これは、すごい直感です。ただ、かたちがそうなっているから、もしかしたら小学生でも気づく人はいるかもしれない。でも、しっかりと証拠を積み上げて実証したのはウェゲナーが世界ではじめてなんです。

海底地形図では大西洋の真ん中にシワが見えています。これは海底の割れ目ですが、それはウェゲナーの死後になって、大規模な音波探査によってわかったことです。なんとここでプレートが生産されている。大西洋が閉じていたというだけじゃなくて、実はゆっくりと二億年ぐらいかけて開いていたんです。そして今もゆっくりと開き続けているんです。

その原動力がここにあって、厳密にいうと生産されるのはプレートではなくて、そのもととなるマグマです。どういうことかといいますと、この大西洋のど真ん中にちょうど南北に大きなシワがあって、そこでマグマが噴出する。そうすると海水で冷えて固まるわけです。固まってプレートになる。それが徐々に左右へ動いていく。年間の速度は一〇センチメートルぐらいですが、それで二億年も経つとこんなに開いちゃうんです。

ウェゲナーが唱えたのはかつて大陸が一つであったというところまでで、それを彼が本にまとめて出版してから約五十年後に、プレート・テクトニクスという地球科学の理論ができました。すでにウェゲナーは亡くなっていたんですが……。

僕たち地球科学者はプレート・テクトニクスを「地球科学の革命」と呼んでいるけれど、そのきっかけは、このように離れている大陸を移動させて考えるとかたちがピッタリと合うということなんです。

そこで一つ思うのが、直感はやはり大事だということ。すぐれた科学者の直感はけっこう当たります。

ここでのキーワードは想像力、イマジネーションです。ウェゲナーはまず地図を見て、想像力を働かせたところがすごい。

そして、それを学問として証拠立てて実証することは、また別の話なのですが、それもとても大事なこと。ウェゲナーは直感で終わらせなかったからこそ、教科書に載るような存在になったんです。

最初にひらめいた直感を実証するのが学者であり、それが学問、科学になるのですが、やはり直感がまず大事。そして、その直感をしっかりと実証する努力のどちらも大事ということなんですね。

失意のうちに……

ウェゲナーが行ってきたことのエッセンスを詳しく見てみましょう。

彼が対象としたのは中生代つまり二億五千万年前から六千万年前までの地球です。わかりやすくいうなら恐竜がいた時代です。

先ほど僕は大西洋が開く前は大陸がくっついていたといったけれど、ほかの大陸もそうだったと考えると、もとは一つの大陸だったということになりますよね。それを「パンゲア」といいます。パンゲアはウェゲナーが付けた名前で、それを表したのが図3－1です。

ウェゲナーは特に陸上の生物に注目して、陸地がないと渡れない、逆に言うなら海があったら渡れないような生物のつながりを表しました。これは離れた地域で同じ種の化石が見つかっているということで、化石の連続性といいます。

この、「海があったら渡れない」というのはすごい発想ですが、実はこのような化石の連

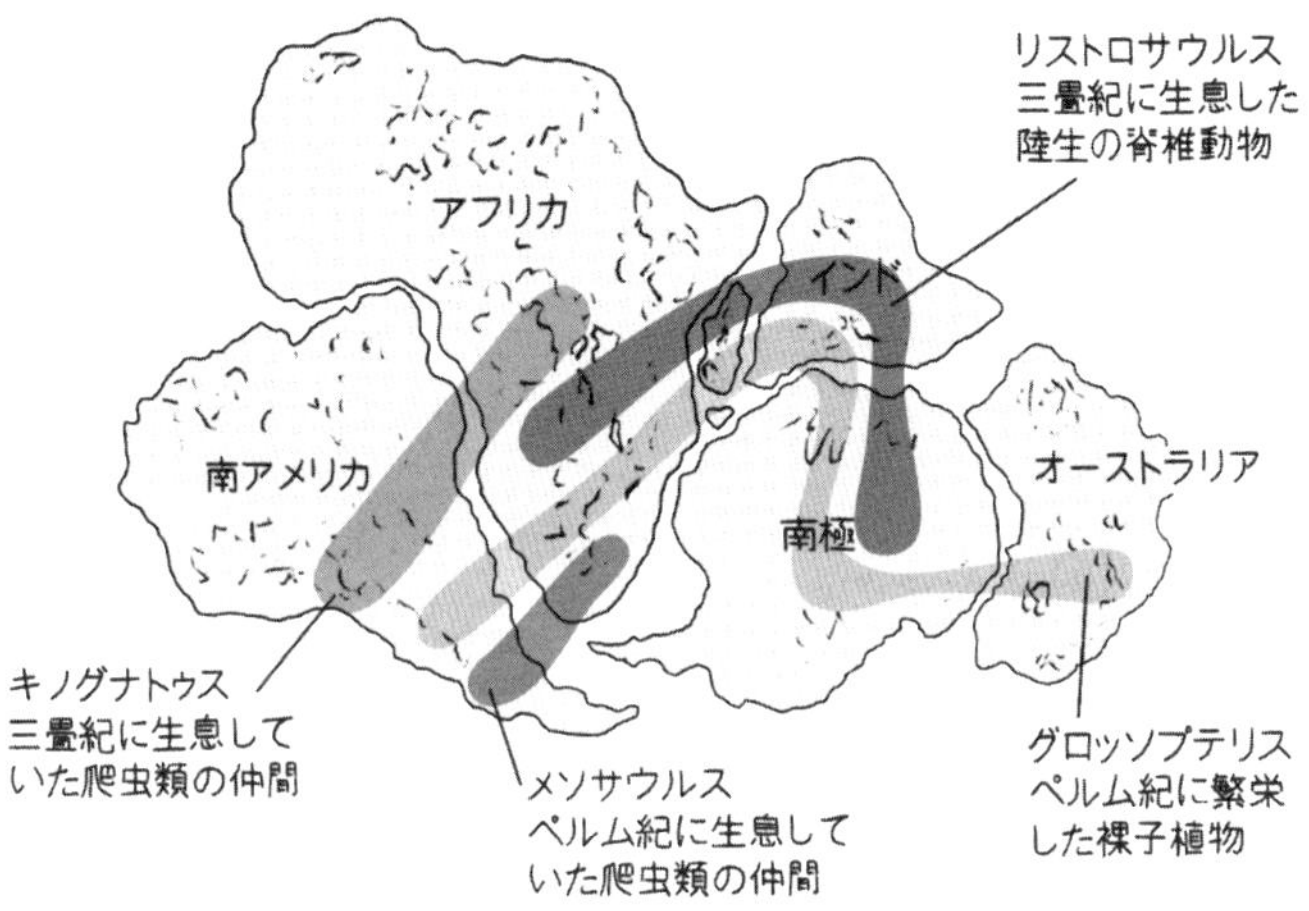

図3－1　中生代の超大陸パンゲアでの化石分布
筆者作成

続性は当時の地質学者も認識していました。

それで、ウェゲナー以外の人はどう考えていたかというと、南米とアフリカをつなぐ二〇〇〇キロメートルにもなる長い橋があり、その橋を渡ったんだろうと考えていた（「陸橋」仮説と言います）。

いま思うと、そちらのほうが不自然ですが、そう考えるほかなかったんです。だって、大西洋が離れているんだから。

それに対してウェゲナーは大陸が移動したし、その前は超大陸パンゲアであったと主張した。

やはり最初はこの考えはまったく認められませんでした。

当時の常識的な地球科学からすると橋をつくったほうが話としては楽なんですよね。

だからウェゲナーは攻撃されました。「なにをバカなことを」と変人扱いです。ウェゲナーは著書の『大陸と海洋の起源』を四回ぐらい改訂したんですが、改訂のたびに地質データを増やしていきました。大陸がつながっていたという証拠を集めて、どんどん本は分厚くなっていきました。

それでも当時の学会の学者たちは一切認めなかった。ウェゲナーは失意のうちに亡くなりました。彼は探検家でもあり、グリーンランドに四回ほど行っています。最後はグリーンランドの調査で行方不明になり、亡くなったことになっています。ただ、彼の遺体はいまでも見つかっていません。

先ほども直感と実証が大切という話をしたけれど、ウェゲナーは実証もしました。それでも当時の学者たちは認めなかった。

人間は頭が固いんです。特に学者は自分の基盤を持っているから、ほかの職業の方よりも固いのかもしれない。そこでがんばってしまう。がんばるということは、この場合は排除するわけですよ、ウェゲナーみたいな才能を。

ただ、ウェゲナーが認められなかったことにはそれなりの理由もあって、移動の原動力がわからなかった。大陸が動くという原動力は彼が死んでから五十年後にわかったんです。

彼は気象学者だけど、地質学も詳しかったんです。昔の学者は偉くて、自分の分野だけじゃなくて、たくさんの周辺領域を勉強するわけです。その結果、先ほどの化石の連続性などを見つけて、論文や本を書いたんですが、時代が早すぎたのでしょうね。

五十年早く生まれてしまったのかもしれない。

もし彼が一九五〇〜一九六〇年頃に生きていたら、彼は原動力の問題も解決してノーベル賞をもらっていたと思う。物理学賞がいいかもしれません。ノーベル地学賞はありませんが、あの仕事は結局物理が基本となっているからです。

ヒマラヤと「海の生物の化石」

ウェゲナーが見つけたのは、いま地球上の三割は陸地と言われているけれど、それがもともとは一つの「超大陸」だったということ。この超大陸の分裂と集合は繰り返します。そのサイクル（周期）は「ウィルソンサイクル」といって、分裂と集合の周期があるのです。四章で改めて詳しく説明しますが、ここではだいたい四〜五億年に一回ぐらいと考えられていることだけを覚えてください。

いちばん最近のものがウェゲナーが化石の連続性などから実証した超大陸パンゲアです。図3－2のユーラシア大陸の右側の記号はプレートが沈み込む方向を表しています。海洋プ

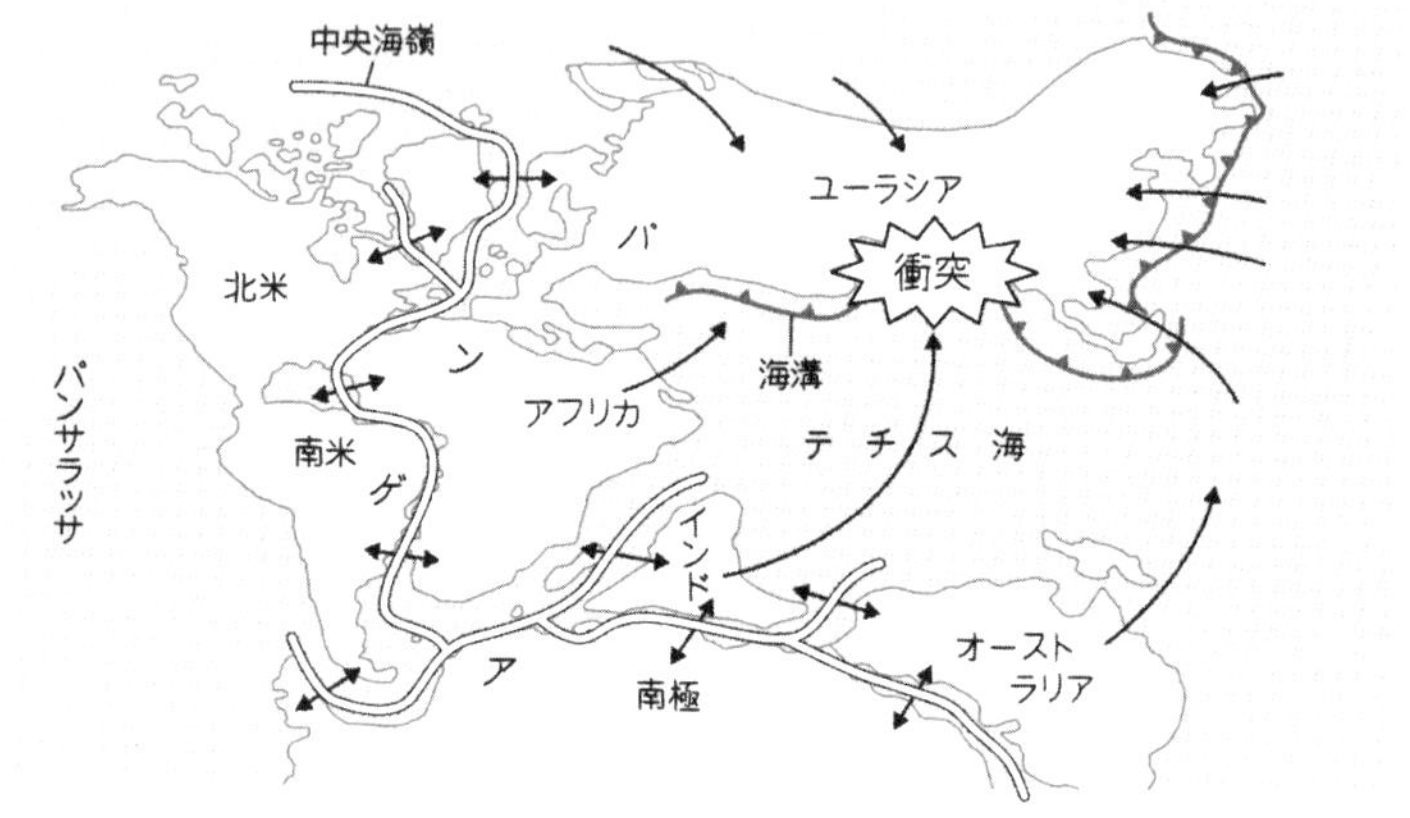

図3－2　パンゲア超大陸の分裂とインド大陸の移動
木村学氏と大木勇人氏による図を一部改変

レートが沈み込む際に堆積物がはぎ取られて大陸プレートに付け加えられたものを「付加《ふか》体《たい》」というんですが、ここでは付加体もできる。日本列島なんかも大量の付加体でできています。

あと、大陸の集合の例では、インドは移動してユーラシア大陸にぶつかっていまのかたちになりました（図3－2）。

七千万年ぐらい前のインドは南方にある島だったんです。島といっても亜大陸と呼ばれるような巨大な島ですが。それが北のほうにゆっくりと移動して約三千八百万年前にユーラシア大陸にくっついてインド半島のようなかたちになったのです。これまた半島というにはあまりに大きいのですが。

いずれにせよ、インドは南極から離れて移

動してぶつかったのです。その過程で、インドとユーラシア大陸の間にあった海が干上がって、それが隆起していきました。それが現在のヒマラヤで、ヒマラヤは標高七〇〇〇メートルのところで、海で生きていた生物の化石が取れるんですよ。

ということで、海には開く海と沈み込む海があります。

このようなプレート・テクトニクスがはじまったのは、だいたい四十億年ぐらい前なんです。これは海の証拠、つまりプレートが沈み込んでマグマができて、そういうかたちでないとできない岩石があることからわかりました。

そして、このようなストーリーは、一九八〇〜一九九〇年ぐらいまでに実証されました。最初の理論は一九六〇年代ぐらいに提唱されて、その後にたくさんの証拠を集めてだんだんと実証されていったのですね。

地球科学者たちの論戦

ちょっと面白い話なんですが、ウェゲナーが提案した大陸移動説が一九六〇年代に確立されて、一九七〇年代の僕の学生時代に地球の成り立ちを説明する話がひっくり返っていった。

大陸は移動するし、地震や火山の噴火はプレートの沈み込みで起こる。

それまでの説をひっくり返す内容の論文がたくさん発表されたとき、僕は大学の三年生か四年生でした。

僕が所属していた東京大学理学部の先生方は、説がひっくり返されたことを受け入れられないんですね。プレート・テクトニクスという説が新たに登場したけれど、それは教授の先生たちが若い頃から培《つちか》ってきた地質学の経験的なモデルからすると、ひどく間違っているんです。

それで当時の先生方は、こぞって「間違っている！」と抗議しました。その矛先《ほこさき》は助教授、助手といった若い世代の研究者へ向かいます。

一方で、若い先生方はプレート・テクトニクスこそ正しいと、それまでの説を書き換えるような内容で論文を次々とまとめていった。そうすると「教授vs.助教授および助手」というバトルになる。もちろん学問的なバトルで別に取っ組み合いをするわけじゃないですよ。学会やシンポジウムでの論戦です。

僕の師匠に中村一明《かずあき》先生（一九三二〜一九八七）という世界的な火山学者がいます。のちに東京大学の教授になりましたが、僕の学生時代では東京大学地震研究所の「万年」助教授でした。一方、僕が通っていた東京大学理学部の地学科教授は木村敏雄先生（一九二三〜二〇一九）でした。木村先生は日本地質学の重鎮で、日本列島の隅々まで地質調査を行ったフィールドワーカーです。

当時、木村先生は「プレート・テクトニクスは間違っている派」の急先鋒でした。後輩の助教授の筆頭が中村先生で、「プレート・テクトニクスは正しい」という内容の論文を精力的に書き続けます。彼は外国の研究者にもファンがたくさんいる地質学界のスターでした。

そうすると木村先生の構造地質学の講義は「中村君は間違っている」という話からはじまるわけ。四十年近く、日本と世界の地質をくまなく見てきた経験を微に入り細に入り語るのです。それは地質学を学びはじめた学生にとっても、めちゃくちゃ面白い。

一方、中村先生の講義では「みなさん、先週出たプレート・テクトニクスの論文を読みましたか？　木村先生のモデルはもはや古い。地球物理学や地球化学の知識を動員して、新しい地球観をつくらなくちゃいけない」と。中村助教授の話は実に説得力がある。こうして僕たちは木村教授と中村助教授が講義のなかでやり合うのを毎週聴講するわけで、それはエキサイティングそのものでした。

どちらが正しかったかというと、「プレート・テクトニクス支持派」でした。けれど木村先生が間違っていたということではなくて、観点が違うということなんです。木村先生が四十年かけて培《つちか》った日本の地質学のデータと業績はいまも燦然《さんぜん》と輝いています。

その前には小林貞一《ていいち》（一九〇一～一九九六）という大教授がいましたが、まぁおふたりとも個性的なやんちゃ坊主です。すぐれた学者ってみんな中学生みたいに純粋なんですね。

とにかく明治以降に小林教授と木村教授たちが、東京大学地質学教室で積み上げた地質データの価値は、未来永劫《えいごう》ずっと変わらないんです。だって事実ですから。でも観点やモデルが違っていて、プレート・テクトニクスに基づいた視点で見るとまったく違うストーリーになるわけです。そこがすごく面白い。

僕は、ちょうどそういう端境期《はざかいき》に大学にいたものだから、その両方を見ることができました。その後大学を卒業して、通産省（現・経済産業省）の地質調査所に入って、そこでの十八年のうち十五年は「宮原図幅《みやのはるずふく》」という五万分の一の地質図をつくりました。まさに木村教授がやったのと同じきわめて地道な地質調査ですね。

こうした経験をして思うのは、僕はやはり木村先生の弟子なんだなと。一年のうちの三分の一を熊本県と大分県に行って宮原図幅をまとめたけれど、そのような何十年という地道な地質調査を通して木村先生の偉大さをあらためて痛感したんですよ。

ちなみに、ここにも面白い話があって、僕は宮原図幅の地質調査データを使って、プレート・テクトニクスの新しい概念に則った博士論文を三十一歳のときに東京大学に提出した。そのときの審査員に中村先生が入ってくれたんです。というのは、僕の学位論文を審査できるのは、東大には中村先生と荒牧重雄先生しかいなかったから。実は、木村先生は少し前に退官されていて、もし審査員のメンバーに木村先生が入っていたら僕の論文は通らなかったかもしれない。

ウェゲナーが知らなかったこと

ちょうどいいので、少し中村先生の想い出を語ってみたいと思います。僕を火山研究に導いてくれた恩師でもあるからです。

かつて先生に連れられて、日本有数の活火山である伊豆大島に行きました。中村先生は火山の噴出物を手に取りながら、素人の僕たちに噴火の説明をしてくださった。まるで自分で見てきたかのように鮮《あざ》やかに語る科学者の姿に、僕はひどく驚いたんです。

その後、伊豆大島は一九八六年に大噴火を起こしました。御神火《ごじんか》と呼ばれる噴火ですが、中村先生は連日テレビに出演し、噴火のメカニズムについてわかりやすく解説しました。

その後、僕は約五百年ぶりの割れ目噴火に遭遇し、何と火山弾《かざんだん》に追いかけられたんですね。

大学を卒業して六年ほど経って九州の火山活動に関して博士論文をまとめるときの話に戻りますが、その中村先生に原稿を見ていただきました。最初はできが悪いためかとても渋い顔をされ、たくさんの意見と宿題をくださった。これらをなんとかクリアした後で、僕は博士論文として大学に提出し学位審査を待ったんです。

そして審査の最終段階には口頭発表があります。審査会場には主査の飯山敏道《としみち》教授（一九二七〜二〇一二）のほかに審査員の先生が四人ほど並びました。中村先生は火山学の審査員として荒牧重雄教授とともに並んでおられた。

緊張して発表を待っていた僕の横で、中村先生は開口いちばん「私は感銘を受けました！」と言ったんです。続いて荒牧先生が「これはアンビシャスないい仕事ですね」と発言され、これで堅い雰囲気が一気にほぐれました。中村先生のひと言は、天の声でした。ここから火山学者としての僕の人生がはじまったんですね。

さて、ウェゲナーの話に戻りましょうか。

ウェゲナーは海を渡れない生物の化石が違う大陸で見つかっているから大陸が移動したと提唱しました。それは同時代の地球物理学の学者たちは受け入れなかった。それはなぜかというと先にも触れたように原動力がわからなかったから。

あとでわかったのは原動力のキーワードはマグマであるということです。マグマとは地下にあるマントルが溶けて液体になったものです。

図3－3は大西洋の中央海嶺《かいれい》を表しています。ここで海底は左右に割れていて、マグマが下から上がってきます。その上がってきたマグマが海水に冷やされて、海洋プレートに付加

されていきます。

わかりやすくいうと、ここで、どんどん海洋プレートが生産されて広がっていくわけです。それが結果的に大陸を横へと押していくということです。つまり、プレート・テクトニクスの原動力は、地下から上がってきたマグマによってプレートが絶え間なくつくられていくことにあったのです。

そして、マントルの対流に乗るようにして海洋プレートは水平方向へ進んでいきます。マグマが絶え間なく上がってくるのは、さらに地下深部で起きているマントルの対流によると思われます。つまり、プレート・テクトニクスの原動力は、マントルの対流とも言えるのです。

第二次世界大戦のさなか、ドイツが降伏するまでの大西洋を対象としたアメリカやイギリスの海軍の調査で、海底で地震が起きていることがわかり、大西洋の中央海嶺の存在がわかってきたのです。それが一九六〇年代にプレート・テクトニクス理論として結実するわけです。それまでは誰もまったく知らなかった海の底にある事実なんですね。当然、ウェゲナーも知らなかったのです。

(　)内の数値の単位は100万年。大西洋中央海嶺から離れるほど火山島の年齢が上がっていく傾向にある

図3－3　大西洋中央海嶺と火山島を構成する岩石の放射線年代

『地学』(啓林館)による図を一部改変

プレートは中央海嶺でつくられる

では、ウェゲナー以降にわかったことを詳しく見ていきましょう。

地球上はプレートという岩板で覆われています。「がんばん」は普通は「岩盤」と書きますよね。だけど、プレートの場合は「岩板」と書きます。それはなぜかというと文字通り、厚い板のようだから。

僕たちが普通に生きていくうえで関係する地盤はせいぜい数メートルぐらい。人類が最高に掘ったのは一一キロメートルだから、せいぜい掘っても一〜二キロメートルぐらいです。そういう場合の漢字は「岩盤」です。でもプレートのほうは一〇〇キロメートルにも及ぶような、もっと分厚い話なんです。それで岩板と書きます。

図3－4を見ると太平洋には太平洋プレートやココスプレートなどのプレートがあることがわかります。

ここで知っておきたいのは、海の底には中央海嶺という山脈があるということです。先ほど大西洋中央海嶺を紹介しましたが（図3－3）、その大西洋中央海嶺は代表的な海の底の山脈です。ちょうど北米大陸の南から南極プレートに向けてギザギザの線がありますが、これ

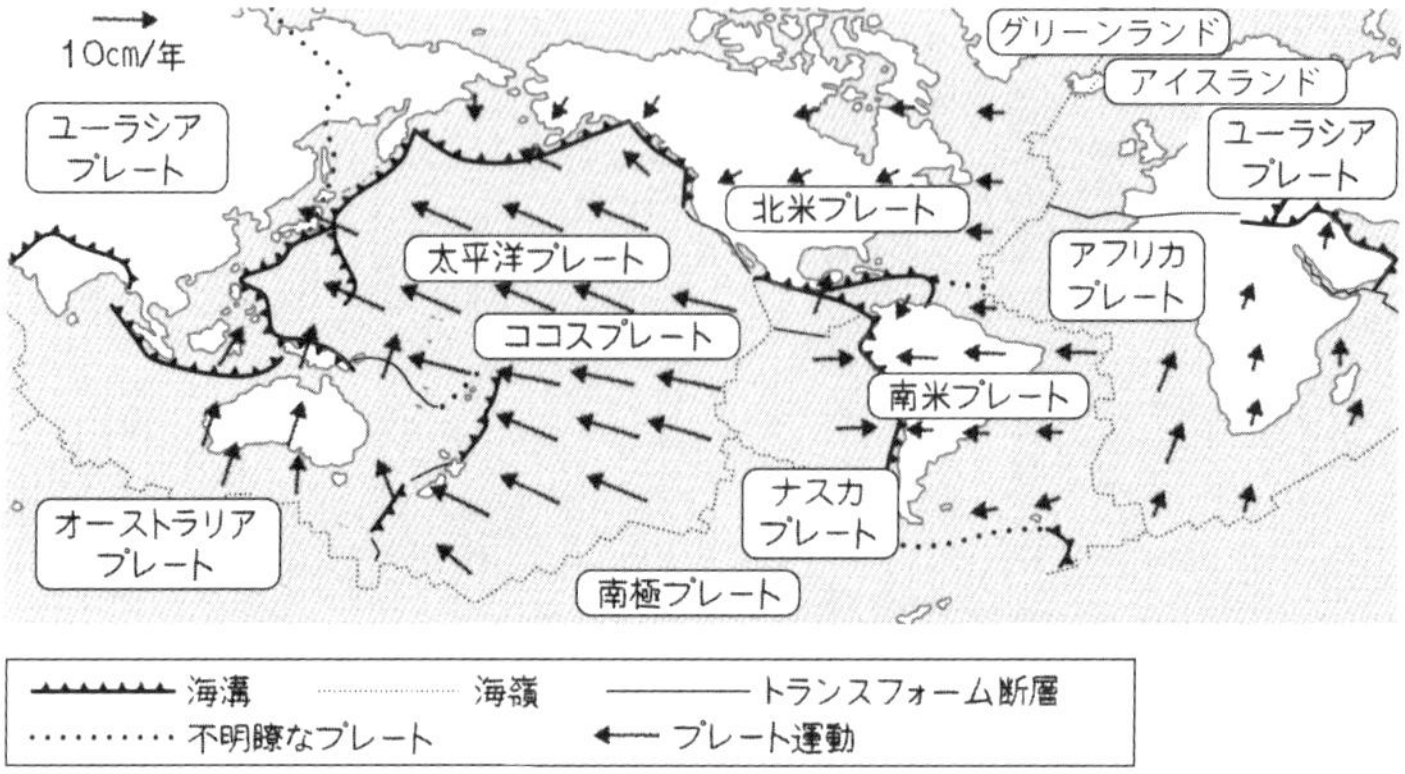

図3－4　地球表面を覆う主なプレート

井田喜明氏による図を一部改変

は「東太平洋海膨《かいぼう》」といいます。大西洋の真ん中のギザギザの線が大西洋中央海嶺ですね。ちなみに海膨と海嶺と言葉は違いますが、どちらも成因は同じです。

その中央海嶺ではマントルが上がってきて、溶けてマグマになる。それでマグマがたまると海底へ噴き出して海洋プレートに付加されて、プレートを横へ押すわけです。次から次へと〝押すな、押すな〟で下からくるから、「お前は横へ行け」という力が働くというわけです。

それで中央海嶺では海底そのものがあたかもベルトコンベアのように反対側に向かって開いています。冷えたものが水平に移動して、最後は斜めに沈み込むわけです。そのベルトコンベアのベルトに相当するものが海洋プレートということになります。

日本を囲む四つのプレート

現在の地球は図3－4のように十数枚のプレートに覆われていて、そのプレートは押し合っていると言えます。

では、日本列島が関係するものにはどのようなものがあるかというと、ユーラシアプレート、北米プレート、太平洋プレート、フィリピン海プレートという四つです（図3－5）。日本列島はこの四つのプレートの上に乗っているんです。太平洋プレートとフィリピン海プレートは押しているほう、押されているほうはユーラシアプレートと北米プレートです。

図3－5を見るとわかるように日本列島はユーラシアプレートのへりにあります。それを押している太平洋プレートはどうやってできたかというと、太平洋のど真ん中で、ナスカプレートなどとわかれているんです。

大切なのはとにかくプレートはどこかでぶつかるということ。それで先ほど触れたように、ぶつかると一方のプレートがもう一方のプレートの下に沈み込むんです。

また、プレートで知っておきたいのは、プレートは大きくは陸のプレートと海のプレート

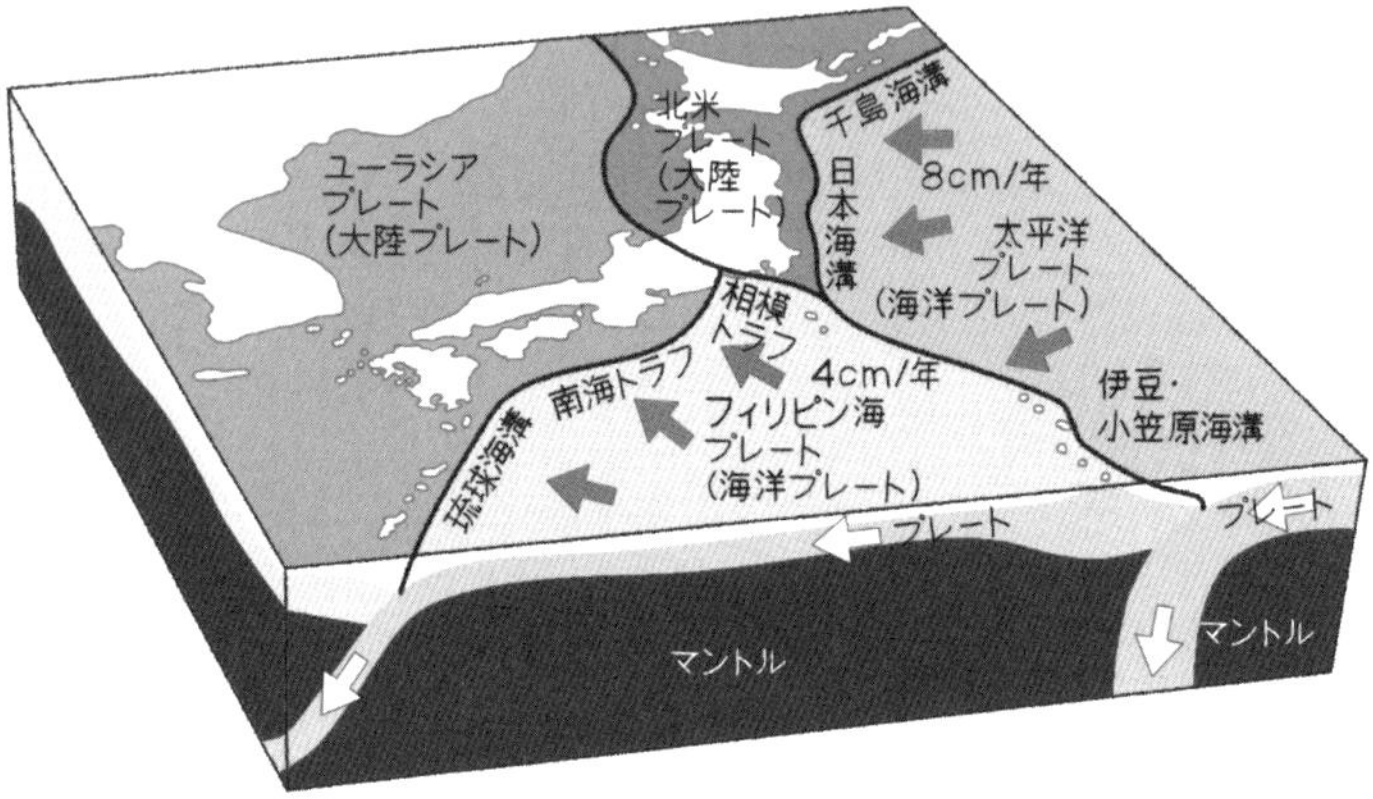

図3－5　日本列島を取り囲む4つのプレート
筆者作成

の二つにわけられるということです。「大陸プレート」と「海洋プレート」と呼ぶこともあります。

プレートはマントルよりも軽く、マントルの上に浮かんでいる状態です。海洋プレートは主に玄武岩《げんぶがん》という重い岩石でできており、大陸プレートは安山岩《あんざんがん》や花崗岩《かこうがん》といった軽い岩石が主成分です。

しかも、海洋プレートは長い年月移動するうちにいろいろなものが付加され、水分も含んでさらに重くなります。そのため、海洋プレートと大陸プレートがぶつかった場合、重い海洋プレートがマントルへ沈み込んでいきます。

一方、大陸プレート同士がぶつかった場合、インドがユーラシアプレートにぶつかったときのように、どちらも沈み込まず地面が隆起します。ヒマラヤ山脈はこうしてでき上がり、いまもインドとユーラシアプレートが押し合っているため、年間五センチメートルほど隆起を続けています。ちなみに、海洋プレート同士がぶつかる場合には、どちらかがもう一方へ潜《もぐ》り込み、いわゆる「沈み込み帯」をつくります。

ところで、大陸プレートの面積はそのまま変わらないというわけではありません。一つはプレートの沈み込み地帯で、海洋プレートに堆積していた岩石が付加したり、マグマ活動が活発化して流出した溶岩が加わったりして徐々に大きくなっていきます。

もう一つは、プレート内部の大規模な火山活動で、大陸プレートが急激に成長することもあります。地球全体の歴史で見てみると、約二十七億年前、約十九億年前、およそ八〜五億年前に急激な大陸成長が起こっています。

先ほどの日本列島が関係するものをわけると、ユーラシアプレートと北米プレートは大陸プレート、太平洋プレートとフィリピン海プレートは海洋プレートです。日本列島は大陸じゃないのに大陸プレートなのは、図3―6のように日本列島はもともとは大陸の一部だったからです。

それが図3―6の③で日本列島が回転して「日本海」ができる。つまり日本海は大陸が引きちぎられて、その間にできた海（縁海《えんかい》）なんです。それを示したのが図3―6です。

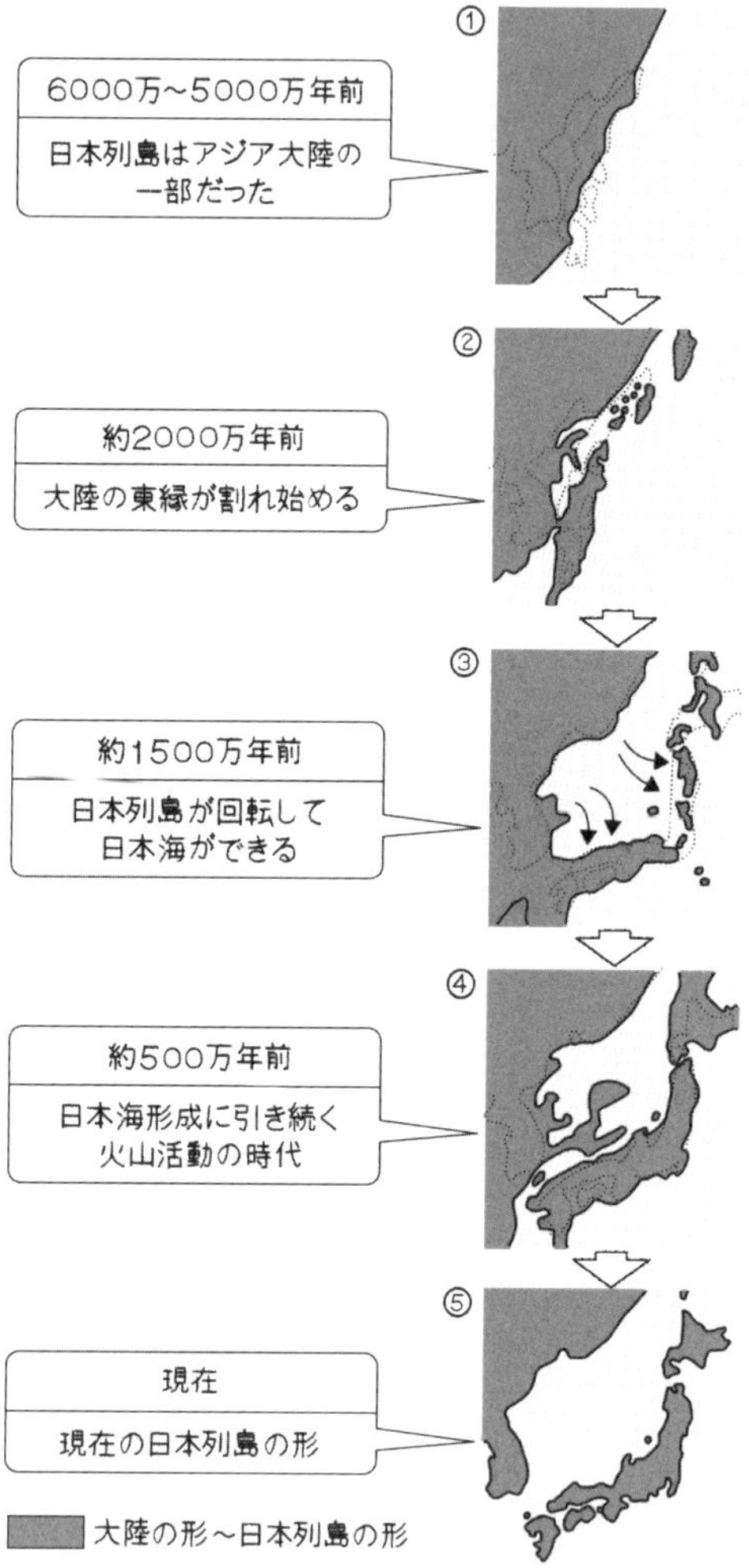

図3－6　日本列島の誕生と変遷

恐竜渓谷ふくい勝山ジオパークによる図を一部改変

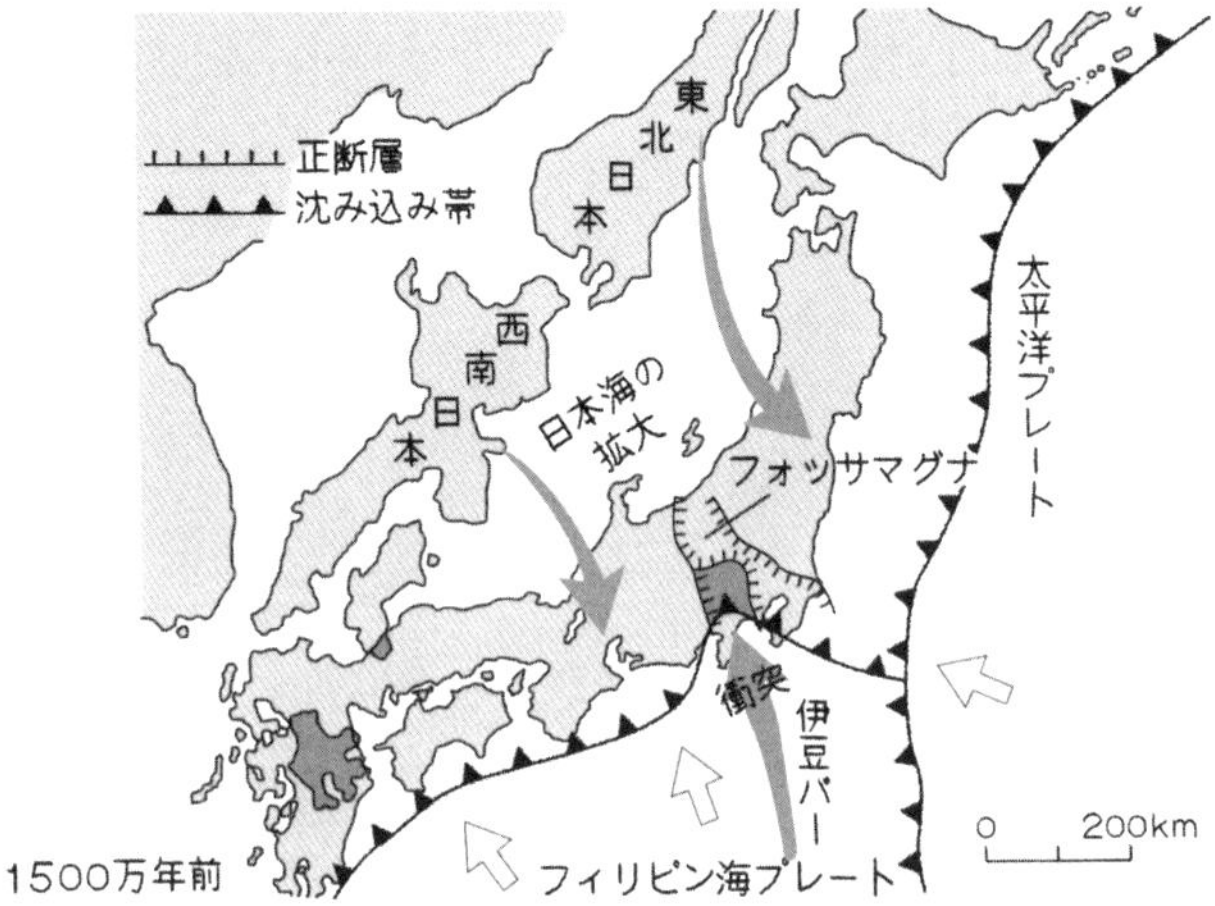

図3－7　日本海の拡大とその後の結合

日本地質学会編『日本地方地質誌3 関東地方』（朝倉書店）による図を一部改変

もともとは東北日本、西南日本がぺたっと中国大陸にくっついていたけれど、二千万〜千五百万年前に東北日本と西南日本が扇《おうぎ》のように開いて、それがもう一回くっついたとされています（図3－7）。その真ん中のところが「フォッサマグナ」といって、いまでも変動帯なのです。富士山は、まさにそこのすごい場所にあるんです。

なぜフォッサマグナが変動の中心であるかというと、それはフィリピン海プレートが南東から北西に沈み込んでいるからです。

ちなみに、東京を真ん中にして、よく東日本と西日本というふうにわけるけれど、それは地球科学的にも、正しいわけ方なのですね。

プレートの動きが地震を引き起こす

先ほども話しましたが、ぶつかったプレートはどうなるかというと、一方のプレートがもう一方のプレートの下に沈み込みます。

たとえば大西洋中央海嶺の場合は東に移動したプレートの最後は日本の近くで沈み込みます。この移動のペースはとてもゆっくりとした速さで年一〇センチメートルの速度で二億年もかかっています。

それに伴って、プレートは冷やされてだんだん厚くなる。最後、沈み込むところでは、厚くて重いからプレート全体を下に引っ張る力が働く。押す力と引っ張る力の両方が働くわけです。そうすると押す力（中央海嶺で横に広がる力）と、下に引っ張る力（沈み込み帯で沈む力）のどちらが大きいかというと、実は引っ張る力のほうが大きいんですよ。

つまり、プレートは中央海嶺が押しているんじゃなくて、実は沈み込み地帯で引っ張られているんだと。このことを「テーブルクロスモデル」といいます。テーブルにテーブルクロスをかけて、その端っこを引っ張るイメージです。こうしてプレート運動はずっと継続するんです。

それでプレートが沈み込むとどうなるかというと、沈み込まれる側のプレートは引っ張られてたわみます。ずっと下まで引っ張られるかというと、そのようなことはなく、ある段階でたわみに耐え切れなくなって、弾かれるようにして元に戻ったり、亀裂が入ったりと大きく動く。その動きがプレートが起こす地震なんです。

プレートの境界と千葉県北西部地震

地震の話が出てきたところで、近年に起きた印象的な地震を振り返ってみますね。

二〇二一年十月七日に千葉県北西部地震が起きました。これは首都直下地震と呼ばれる大きな規模の地震の引き金になるのではないかと話題になったんですが、この地震から見ていきましょうか。

図3−8は首都圏の地震の震源を示していて、元禄《げんろく》型の関東地震、いわゆる関東大震災の震源も表示しています。関東大震災が起きたのは一九二三年ですから、約百年前のことになります。

首都圏は大陸プレートの下に二枚のプレートが沈み込んでいます。沈み込んでいるのは二枚の海洋プレートで、上にフィリピン海プレート、その下に太平洋プレートです。一方、沈

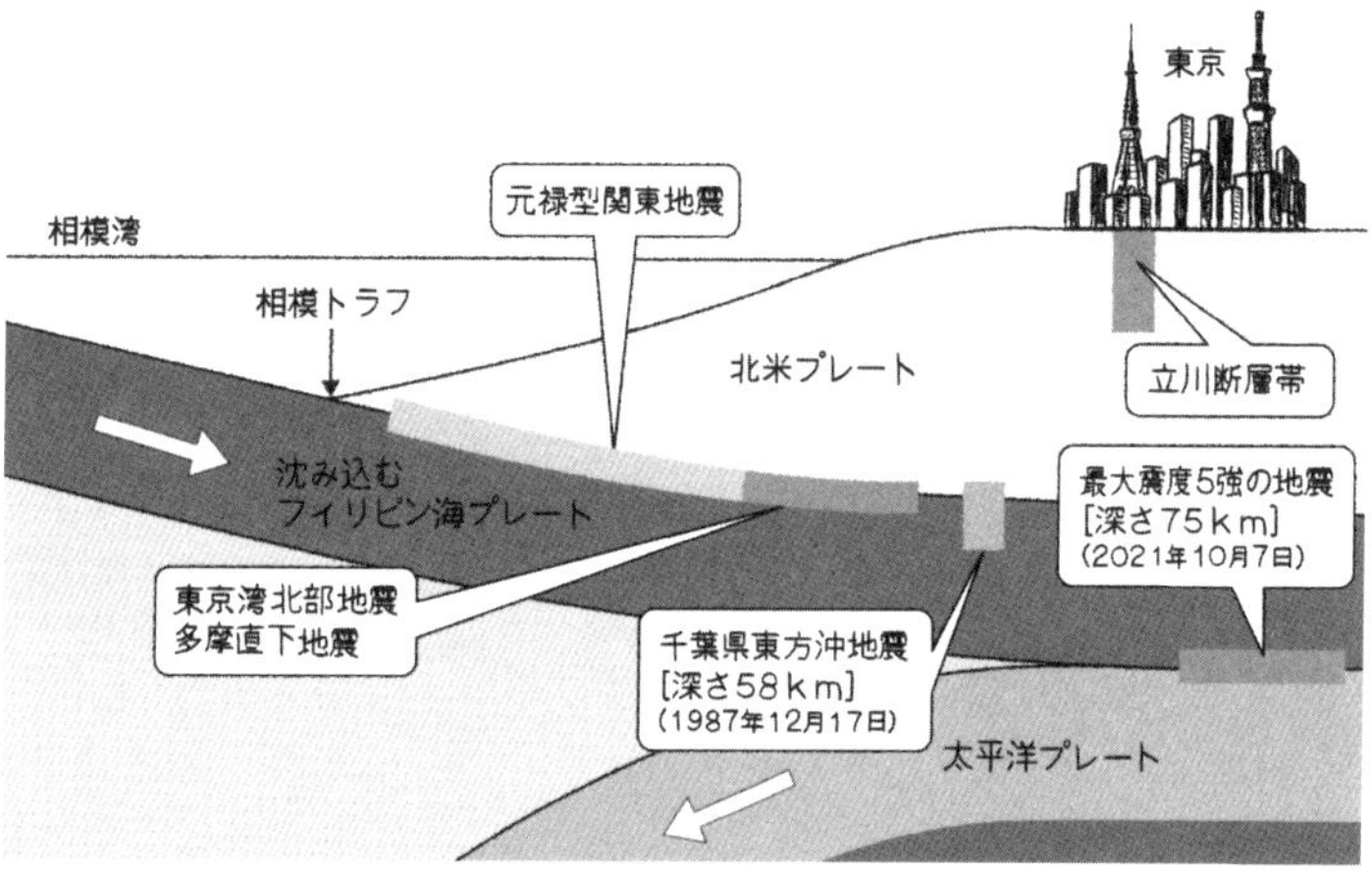

図3－8　東京大都市圏の想定地震の震源
産経新聞による図を一部改変

み込まれているのは大陸プレートの北米プレートです。

北米プレートを見ると、北海道、それから千島列島、アリューシャン列島、さらには北アメリカまで続いています。ここがポイントで、全部陸のプレートなんですよ。プレートで考えると北海道はなんとアメリカ大陸とくっついているといえます（図3－4と図3－5）。

一方、海洋プレートの太平洋プレートは日本列島近くの太平洋にある日本海溝で沈み込んでいます。東日本大震災はここで発生し、大陸プレート（北米プレート）が跳《は》ね返って、マグニチュード9という巨大地震が起きたんです。太平洋プレートのいちばん南側は房総半島の沖合です。

その南西にフィリピン海プレートがあるんですが、地理的にはフィリピン海プレートは伊豆半島に向けて潜り込んでいるというイメージです。

それらを三次元的に見ると、フィリピン海プレートは伊豆半島の北西側で沈み込んでいるんですね。そのフィリピン海プレートは百年に一回ぐらい地震を起こしていて、それが六章で詳しく紹介する南海トラフ巨大地震になるわけです。

また、首都圏は太平洋プレートも関与しています。三つのプレートが重なっているんですが、太平洋プレートとフィリピン海プレートの境界あるいはフィリピン海プレートと北米プレートの境界がそれぞれ地震の巣になるんです。

そこで千葉県北西部地震の話です。

この地震は太平洋プレートとフィリピン海プレートの境界で起きました。震源地は地下七五キロメートルと深く、マグニチュードは5・9で、およそ6です。マグニチュード6はかなり大きいんです。

ただし、いま、首都圏で起こる地震として警戒している首都直下地震はマグニチュード7・3とされているから、それに比べると五〇分の一ほどの大きさなんですよ。驚く読者も多いかと思いますが、マグニチュードが1あがるごとに三二倍ものエネルギー変化があるのですね（図３－９）。

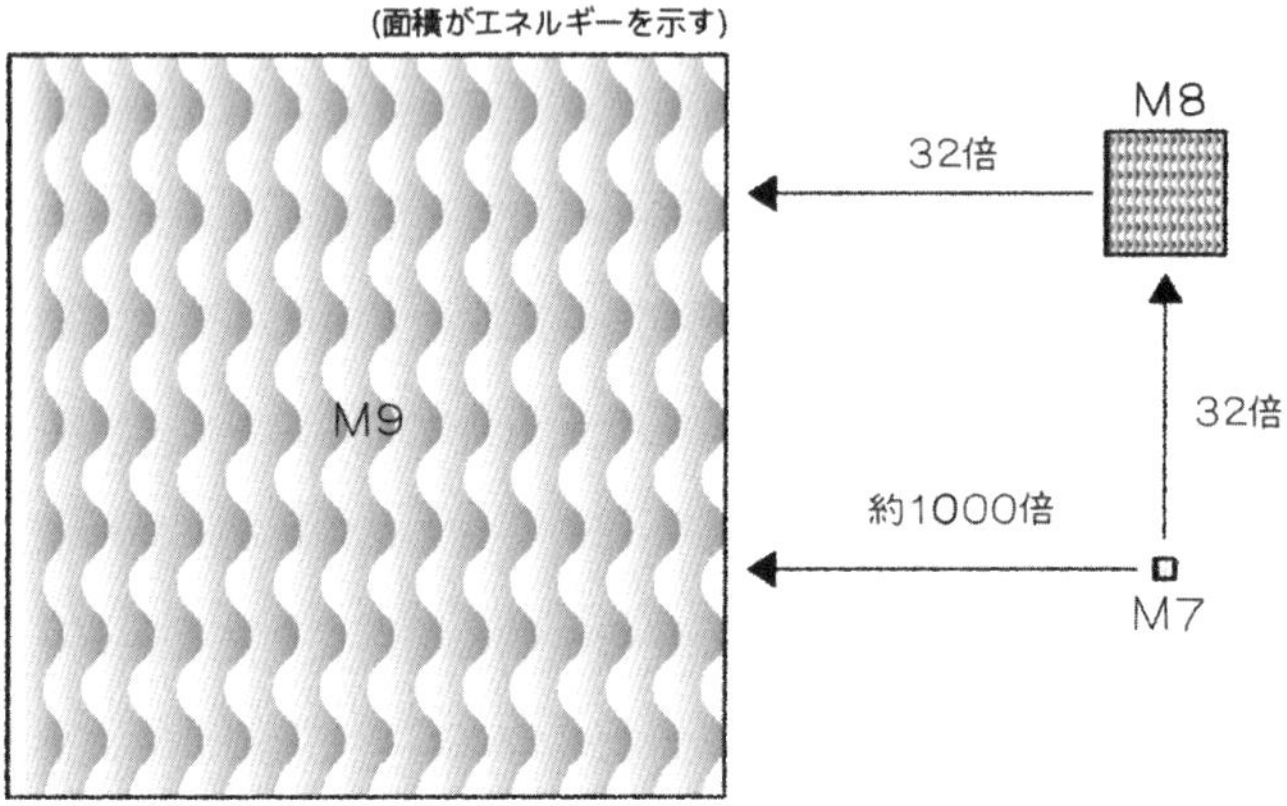

図3－9　マグニチュード(M)とエネルギーの関係
筆者作成

ちなみに首都直下地震の説明をすると、それはプレート境界で起きる直下型地震だけではなく、「活断層」が原因となる地震も加わります。

活断層はなにかというと、まず、地層が断ち切られて、その面を境に両側がずれている現象を断層といいます。そして、その断層のなかでも、過去に繰り返して地震を起こしたことがあり、これからも地震を起こしそうなものが活断層です。

ちなみに、地層が断ち切られる場所は、いつも岩盤内部の弱線です。その弱いところが横から加わったストレスによってほぼ周期的に割れるのです。

それで、首都直下地震はまさに首都の直下、地下一〇キロメートルぐらいの活断層で起きるといわれています。マグニチュード6だったら、広いエリアで震度六強に、またマグニチュード7ならば震度七になるでしょうね。たとえば六章の図6－6（三三六頁）のように「立川断層帯」という活断層などが要注意とされています。

大きな地震とエレベーター

ただ、実はこれは首都圏だけの話ではなく、同じことは大阪でも福岡でも札幌でも起きます。だって活断層は国内に二〇〇〇本以上もあるのだから。

そのような地震が起きたときにどうやって災害を減らすか、これが今後の大きな課題になるわけです。

話を進めると、千葉県北西部地震の震度は五強でした。これは震源が深かったから、それぐらいの震度で収まったけれど、浅かったらもっと大きな揺れとなったでしょう。

ちなみに現在、首都圏で心配されているのが、フィリピン海プレートと北米プレートの境界、それからフィリピン海プレートの内部で起きる地震です。一九八七年十二月十七日に千葉県東方沖地震がありましたが、それはフィリピン海プレートが割れたことが原因で、縦に割れたんですね（深さ五八キロメートル）。最近、フィリピン海プレートは活動中で、千葉県で地震が多いんだけど、それはフィリピン海プレートのなかで起きています。

大きめの地震で、都心にいる人にとってなにがいちばん困ったかというと、エレベーターが止まったことですよね。閉じ込められた人も出ました。

震度五強ということは、その上に六弱、六強、さらに七があって、そこまで強い揺れではない。それでもエレベーターが七万台も止まって、そのなかに閉じ込められた事例があったということは、首都直下地震は七を想定しているから、首都直下地震が起きたときのことがとても心配になるわけです。

こうした経験を活かして、古いエレベーターを点検して、携帯電話やスマートフォンの情報網を整えるなどしっかりと地震に備えてほしいと思います。

それから、もう一つ意識したいのは、関東大震災の犠牲者は一〇万五〇〇〇人と言われているけれど、そのうちの九割が火災で死亡したことです。

「火災旋風《せんぷう》」という炎をともなう大きな竜巻が生じて、多くの方が亡くなりました。だから大切なのは、家を壊さない、たとえ壊れてしまったとしても火事を出さない。この二つです。これも東京に限らず、ほかの都市にも共通しています。

それから話を戻すと、二〇二一年の千葉県北西部地震が首都直下地震を誘発するのではないかという心配があったけれど、それはありません。まったく関係がないとは断言できませんが、地震が地震を誘発するということは、基本的には同じ断層、あるいはその延長線上でのことを考えます。

南海トラフ巨大地震への影響についても同様で、この地震が南海トラフ巨大地震の引き金にはなりません。それは発生したプレートの場所が違うからです。

千葉県北西部地震はほかの地震につながらないとはいえ、油断は禁物です。先ほどお話ししたプレートの境界や活断層は、すべて地震を起こす可能性があって、それが首都圏に大きなダメージを与えるということは変わらないのです。

フィリピン海プレートと富士五湖の地震

もう一つ、近年に起きた地震を見てみましょう。

二〇二一年十二月に富士五湖を震源とする八回の群発地震が起きました。震源の深さは一五～二一キロメートルぐらい。これはフィリピン海プレートの沈み込みが起こしたもので、気になる富士山の火山活動とは直接的な関係はありません。

静岡県や山梨県あたりのプレートを見てみると、伊豆半島は海洋プレートのフィリピン海プレートとの境界付近に乗っています。富士山はそのちょっと北側ですが、大陸プレートの北米プレートに乗っているんです。それで今回の地震の震源域の富士五湖のあたり、市町村でいうと富士吉田市のあたりは、フィリピン海プレートが北米プレートに沈み込んでいる場所なんです。

さらにこのあたりはユーラシアプレートも関係していて、富士山の周辺ということで考えると、そこはフィリピン海プレート、北米プレート、ユーラシアプレートという三つのプレートがぶつかりあっています。

もうちょっとプレートのことを詳しく説明しましょう。

まず、フィリピン海プレートは、なぜその名前かというと、フィリピン海の海底で大陸プレートに沈み込むから、そのように名付けられたのです。だから、伊豆半島は陸だけど、プレートでいうなら海の領地（海洋プレートに乗っている）なんです。もっというと伊豆半島は海に浮かんでいた「ひょっこりひょうたん島」のようなものだったのです。

ひょっこりひょうたん島がわからない世代の方もいらっしゃると思うけれど、漂流する島のお話です。つまり、伊豆半島という巨大な島が乗った状態のフィリピン海プレートが北米プレートとユーラシアプレートにぶつかった。

さらにいうと、フィリピン海プレートは基本的には太平洋プレートが分離したものです。

誕生したのは五千万年前ぐらいで、二千万年前ごろからユーラシアプレートに沈み込みはじめました。

フィリピン海プレートは太平洋プレートの子どものような存在で、見方によっては一部なんです。図3－4を見ると太平洋は一枚の巨大なプレートです。それが日本列島の近くで沈み込んでいる。これは日本だけじゃなくて、オーストラリアやニュージーランドのほうも関係するんです。

ちなみにそのオーストラリアのちょっと右上にある島が、二〇二二年一月に大噴火があったトンガです。そのフィリピン海プレートは、いま最も注意したい災害の一つである南海トラフ巨大地震を起こす要因なんですが、実はもっと巨大な親がいて、それが太平洋プレートということ。

海洋プレートは大陸プレートに沈み込むけれど、フィリピン海プレートは年間四センチメートル、太平洋プレートは年間八センチメートルというゆっくりとしたスピードです。親のほうが勢いがあって、子であるフィリピン海プレートの倍ほどペースが違うのです。

ここで一つ大きなポイントとなるのが、プレートが沈み込むところ、それは「沈み込み帯」というのですが、そこではマグマができるということです。図3－10はプレートの沈み込み帯にマグマが発生し、そこに活火山ができることを表しています。

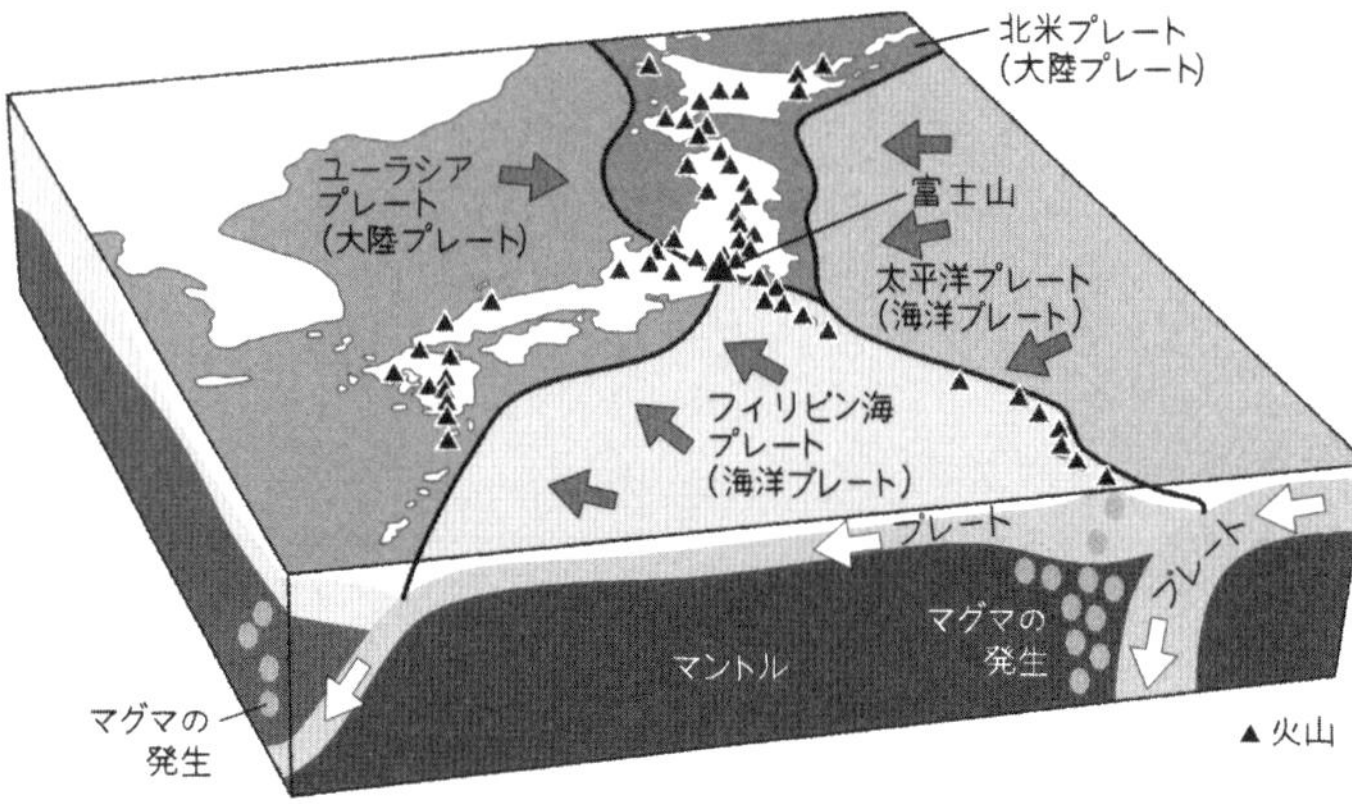

図3－10　富士山とプレートの関係
山崎晴雄・久保純子『日本列島100万年史』(ブルーバックス)による図を一部改変

図3－11は日本列島にある活火山を示した地図です。「カルデラ」というのは、火山の巨大噴火跡のことですが、噴火跡の直径が二キロメートル以上の巨大なものをカルデラ、それ以下のものを「火口」と言いわけています。

日本列島には活火山が一一一個あるけれど、実はそのおよそ三割が海底にあるんです(図3－11)。僕たちはこれまで富士山を含めて陸上の火山の噴火に気をつけていたけれど、二〇二二年一月のトンガの海底火山の大噴火で、海底の火山も噴火すると大津波が起こるなど大変なことになると思い知ったわけです。

もう一つ、最近起きた地震といえば二〇二一年八月に東京都小笠原《おがさわら》諸島にある海底火山の福徳岡ノ場《ふくとくおかのば》が噴火しましたよね。あ

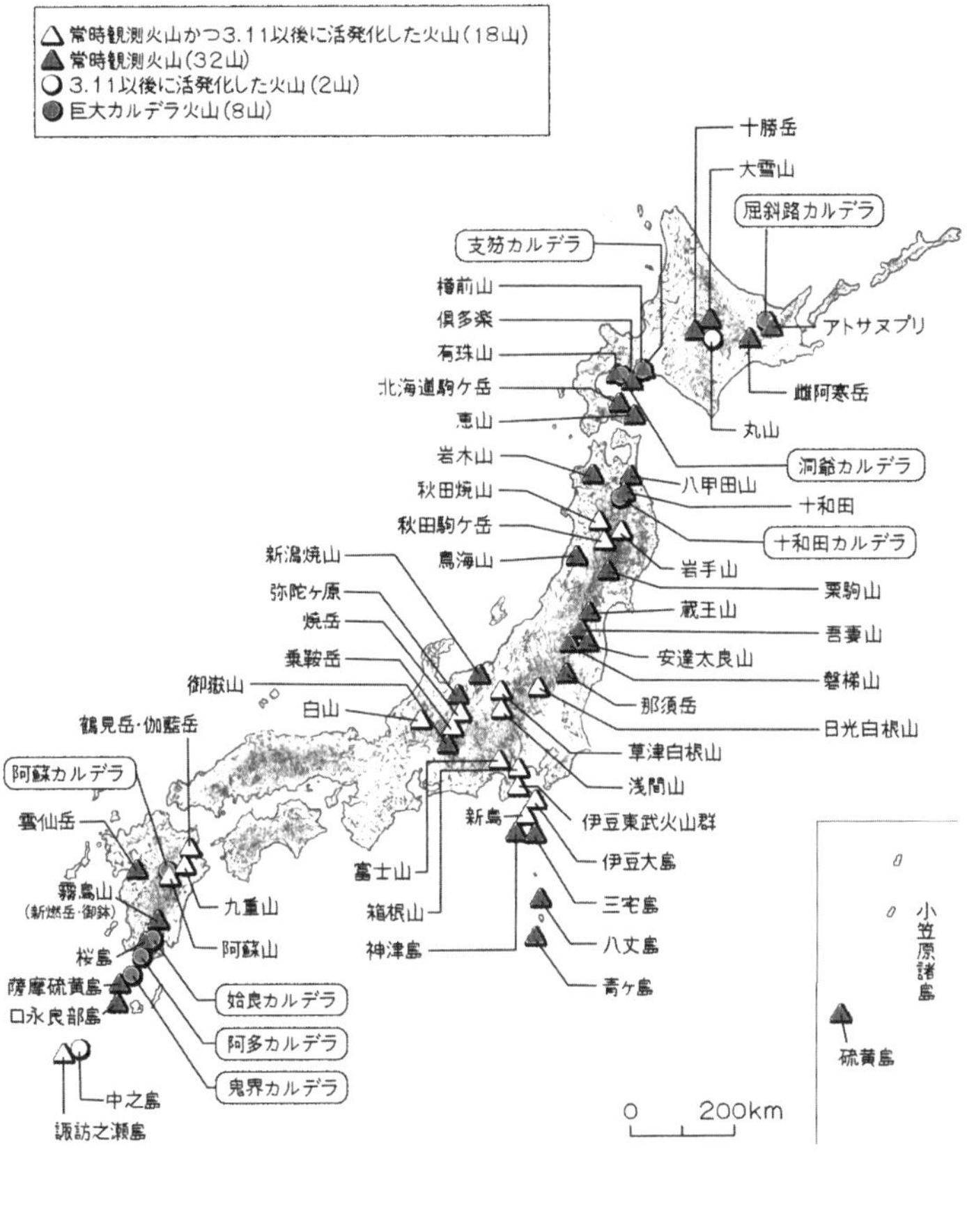

図3－11　日本列島の活火山と巨大カルデラ火山

気象庁のデータを元に筆者作成

の噴火では二か月後の十月から十一月に沖縄や本州に軽石が流れ着いて大騒ぎになったんですが、それはまさに太平洋プレートが沈み込んでいるところにできたマグマによる噴火です。同じように小笠原諸島には、噴火して日本の領土を広げた西之島《にしのしま》新島があります。

ということで富士五湖を震源とする地震を含めて、最近の地震の多くは太平洋プレートが関係しているということが言えるんです。

プレート・テクトニクスと大陸の誕生

地球は誕生以来、ずっと冷えようとしているという話はしましたね。実際、特に誕生してから十億年ぐらいかけて、急激に冷えていった。そのときに地球の表面ではなにが起こっていたかというと、水蒸気が冷えて雨になり、雨がたまって海になったのです。

いまの地球の表面は七割が海ですが、当初は九割、もしくはすべては海だったかもしれない。そのなかでプレート・テクトニクスがはじまって大陸ができるんです。それで陸地がいまの三割になったといわれています。

新たな陸地の誕生といえば西之島新島ですよね。舞台は小笠原諸島の北部です。西之島新島は一九七三年四月頃からはじまった火山活動がきっかけで誕生したのですが、こちらもプレート・テクトニクスのストーリーの一環です。

まず岩石の種類の話をすると、西之島新島では安山岩という軽くて白い岩石が出ています。一般的にマントルからマグマが上がってくると玄武岩《げんぶがん》という岩石が出るんです。だから中央海嶺の岩石はほとんど玄武岩だし、地球上のほとんどの火山は玄武岩がメインです。

でも、すべてがそうではなくて、西之島新島のように安山岩が出ることもある。安山岩は軽いから上に上がるし、このようなケースでは流紋岩《りゅうもんがん》、花崗岩などの軽い岩石がどんどんできる。

そうすると重い玄武岩の上に軽い安山岩、流紋岩、花崗岩が積み上がっていって、どんどん成長して大陸になるんです。一方ではプレートが沈み込むときに、付加体がプレートにくっつくんです。

だから二つあって、花崗岩の積み上がりと付加体の付与が陸地を成長させていくわけです。最初は小さかった陸地が、どんどん大きくなっていくんです（図1-8、六〇頁）。

西之島新島をつくったきっかけの火山の噴火も、プレートの沈み込み帯で起きました。やはり新たに陸地ができるというのはプレート・テクトニクスのストーリーです。

日本沈没は本当に起こる？

もう一つ、プレート・テクトニクスが関係する新しいトピックに触れておきましょう。今回も質問をいただいています。

——鎌田先生は将来、ドラマのように日本が沈没すると思いますか？

ここでいうドラマは『日本沈没−希望のひと−』（二〇二一年にＴＢＳ系列で放送）のことですね。これは小松左京さんのＳＦ小説が原作です。

先に答えからいうと、日本列島は沈没しません。

ただ、現象としては日本列島が沈没するかのようなことがゆっくりと起きています。

どういうことかというと、ドラマの『日本沈没』は、いま実際に起きているプレート・テクトニクスを早回しにしているんです。動画の一〇〇倍の早回しみたいに。

そんな時間軸なら、日本列島は沈没するし、あのようなすごいカタストロフィが起こるでしょう。つまり映画やドラマに合うビジュアルになるわけです。

でも、日本列島は沈没しないですね。なぜならばとてもゆっくり動いているから。先ほども言ったけれど、太平洋プレートが大陸プレートに沈み込むペースは年間で八センチメートトルです。でも、それが一〇〇倍速くなると日本列島が沈没します。

この作品は、僕の先生にあたる東京大学の地球物理学教授の竹内均《ひとし》先生がブレーンになっていて、竹内先生は一九七三年に『日本沈没』がはじめて映画化されたときにも出演しています。ご本人の役ということで、面白い設定ですよね。竹内先生が監修していることからもわかるように、『日本沈没』は地球科学的には正しい。正確に表現すると「定性的」には正しいと言えます。

定性的とは、数値化できるかどうかは別にして性質に注目する考え方です。この『日本沈没』の場合はプレートが沈み込むという性質の面では正しいんです。実際に同じことが起きている。これは「物理モデル」です。

一方で、定性的と対になる言葉として「定量的」があります。定量的は事象を数値や数量に着目してとらえることで、この『日本沈没』の場合は時間のスケールが違う。

この定性的と定量的という二つの考え方も、地球科学の重要なキーワードです。

それで定量的に違うと、まるきり違う現象が起きるんです。たとえば、いま地球には地殻があって、マントルがあって、核があるという構造をしています。それでマントルのなかも核のなかも対流している。それは一億年という周期で、僕たちはなかなか実感できない。でも、鍋でお湯を沸かしたら五分で沸いて、なかのお湯はグルグル対流するのを自分の目で確認できますよね？　こういう話です。つまり時間を含めて量という考え方が加わると世界が変わるのです。

普段、僕たちは経済活動をしていて、たとえば会社では四半期という言葉を使いますね。「三か月ごとの業績が……」とか。

一方、地球科学ではマントルの対流の周期が一億年、火山の寿命が一万年という世界を考えています。時間軸が長い方向にずれています。これは七章で詳しく紹介するけれど、この長い尺度の目、「長尺《ちょうじゃく》の目」で見るとまったく違った世界が見えるんですよ。こういう視座はやはり地球科学が教えてくれることなんですよね。そして僕はその新しい見方を伝えたいのです。

もう一つ、『日本沈没』に登場する言葉で押さえておきたいものがあります。それは「スロースリップ」ね。物語のなかでは、地震学者が「スロースリップが日本沈没の予兆だ」と主張しています。

スロースリップは「ゆっくりすべり」ともいいます（図3－12）。プレートが跳ね返るなど大きな動きをするときに地震は起きるけれど、その際に地震をともなわないのがスロースリップね。

結論をいうとスロースリップは現実に則っています。だけど、あんなに頻繁には起きてい

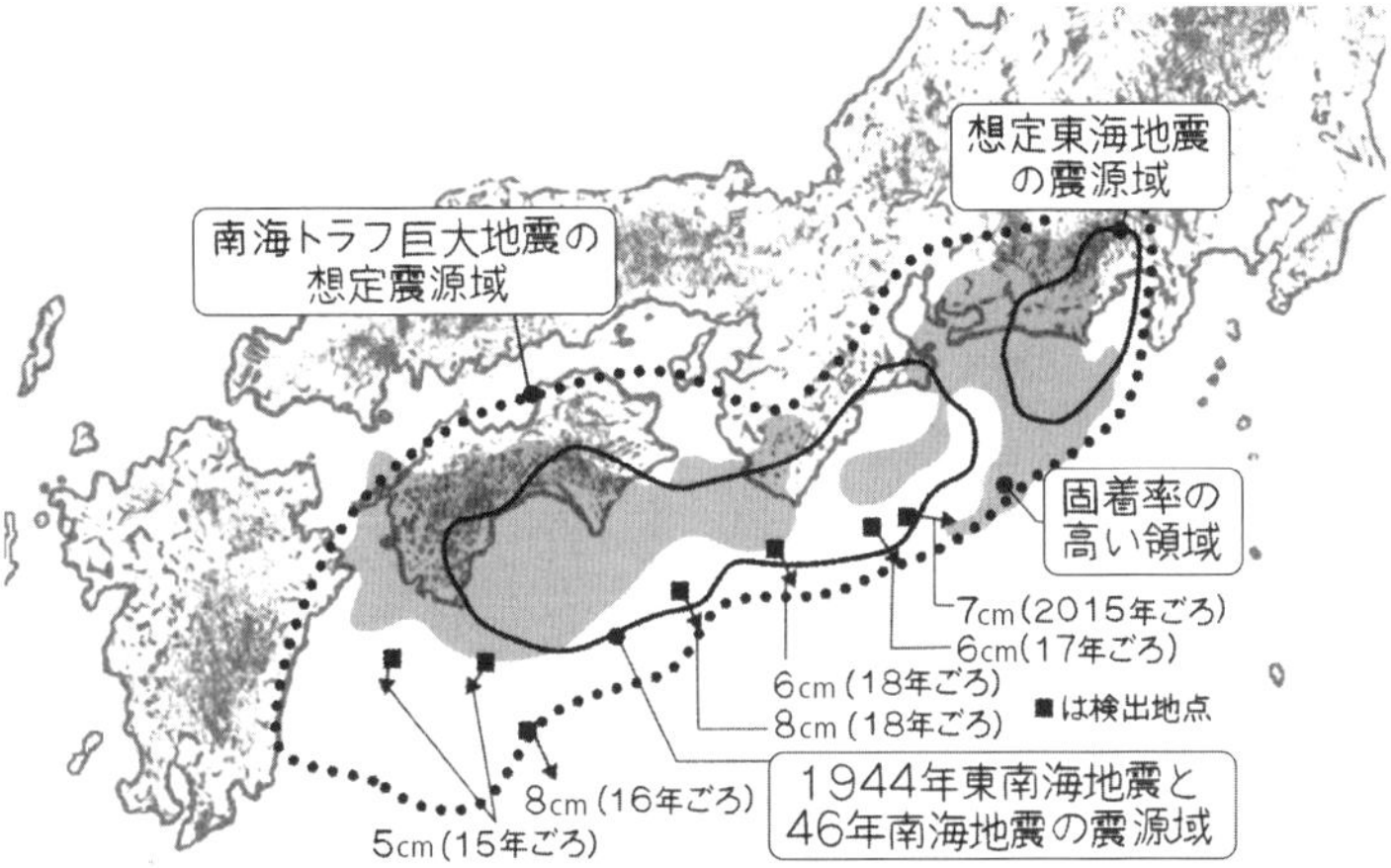

図3－12　南海トラフで検出されたスロースリップ（ゆっくりすべり）
東京大学生産技術研究所と海上保安庁の共同研究グループ資料より筆者作成

ない。ドラマ性を持たせるために速度や規模を一〇〇倍あるいは一〇〇〇倍にしているんですよね。実際にはたまにしか起きないんですが、現象として間違っていない。

こうして見ると、やはりどの『日本沈没』もよくできています。

二〇二一年のドラマは、僕の後輩で日本地震学会会長を務めた名古屋大学教授の山岡耕《こう》春《しゅん》先生、二〇〇六年に公開された映画は僕と同じ京都大学の教授で現在は神戸大学教授の巽《たつみ》好幸《よしゆき》先生が監修しています。巽先生はプロレスラーみたいに大きい人で、よくテレビにも出ています。しっかりとした専門家が監修をしていたのだから、よくできているのは当然といえば当然の話です。だからドラマや映画を見るだけでいい勉強になりますよね。

実際に国土は沈没こそしないけれど、たとえばこれから起こるとされている南海トラフ巨大地震は二二〇兆円、首都直下地震は九五兆円、富士山噴火は二・五兆円という、とてつもなく大きな額の被害が出ると試算されています。しかも、震災後の二十年間の総被害額は一〇倍以上（土木学会試算で一四一〇兆円）になる可能性もあって、それらを全部合わせると日本の国家予算の十年分にも相当します。

すると、財政的に日本は立ち行かなくなりますよね。

これこそがまさに日本沈没です。

ただ、南海トラフ巨大地震などの大きな災害はいまから準備すると、経済被害を八割も減らすことができる。よって日本沈没をいかに食い止めるか。

それができるのは地球科学の知識なんですよね。

オーストラリアは夢の国か

『日本沈没』に関する質問はほかにもいただいています。

――ドラマの『日本沈没』では、地震の脅威とは無縁のオーストラリアは夢の国で、移住を考える必要があるというストーリーがありましたが、現実はどうですか？

オーストラリアは「小さな大陸」ですよね。大陸は大陸地殻というものがあって安定しています。ヨーロッパもそうだし、北アメリカの多くもそう。だからニューヨークの摩天楼は一一〇階のビルを建てても地震で崩れることはない。日本だったら怖くてとてもじゃないけれど住めない。一一〇階のビルは地震がないから建てられるんです。

小さいといえど大陸であるオーストラリアも同じです。だから日本に比べると地震も少ない。まったくないというわけではないけれど。

ちなみにオーストラリアを大陸として考えるかどうかは微妙な問題で、オーストラリアは島とするとたしかに大きい。けれど大陸となると、本来はもっと大きくて、海洋プレートが沈み込む際の付加体などもあるものです。だから、オーストラリアは大陸とはいいにくい部分もあります。そういう意味では「亜大陸」と表現することもあって、それは先に触れたようにインドも同様です。

アスペリティとスロースリップの関係

ちょっと専門的な内容の質問もあります。

──アスペリティという現象と『日本沈没』のスロースリップは別物ですか？

とてもいい質問ですね。答えは一応、別物です。

ちょっと解説しておくと、アスペリティ（asperity）というのは、プレート境界や活断層などの断層面上の現象です。いつもは強く固着していて、ある時に急激にずれて（すべって）地震波を出す領域のうち、周囲に比べて特にすべり量が大きい領域のことをいいます。これは一九八一年に地震学者の金森博雄《ひろお》博士によって提唱されました。

僕の理解だと「アスペリティ」は地震を起こしていない、プレート境界がまだ固まってい て、次に地震を起こすところというイメージです。

一方、「スロースリップ」は、とにかく「ゆっくりすべり」が現象として起きていると。名詞と動詞にたとえるといいかもしれません。

アスペリティは名詞的。それに対してスロースリップは動詞的で、スロースリッピングなんですよ。だからそれを観測して、次の防災とか予知に役立てたいと。

図3－12は紀伊半島の南端にある熊野灘《くまのなだ》スロースリップも示しています。熊野灘は東南海地震の震源域なんだけど、ここでちょっとスロースリップが起きていて観測上きわめて重要な場所です。

なぜここが重要かというと、ここからまず東南海地震が起きて、次に東海地震が起きて、最後に南海地震が起きるという順番があるからです。この話は後で詳しくしますね（六章）。あとは宮崎県沖の日向灘《ひゅうがなだ》。ここでもスロースリップが起きています。

これらは現在進行形で、観測するとスロースリップが発生している。たしか何か所かで一年間に五センチメートルぐらいのズレが生じています。スロースリップはそういう動詞的現象です。

それに対して、震源域でここが動いているとか動いていないとかという感じで、いまから四十年ぐらい前にアスペリティという概念が生まれました。次にどこが動いて、どこで地震が発生するかという予測にも使えるんですが、いまや地震学の古典的な教科書に載っている専門用語です。

フォッサマグナは日本をわける巨大な溝

『日本沈没』に関係しているものとして、「フォッサマグナ」にも触れておきましょうか。

フォッサマグナは西日本と東日本の間にある巨大な溝です。糸魚川《いといがわ》−静岡構造線という言葉を聞いたことがあるかもしれませんが、それはフォッサマグナの西側の縁の活断層です

（図3－7）。

『日本沈没』ではたしか日本列島がフォッサマグナで割れますね。原作の小松左京さんはしっかりと勉強しているし、作品にうまく取り入れるよいセンスを持っておられます。

はるか昔、日本列島はフォッサマグナでわかれていたのです。きっと小松左京さんはそのことを知っていたから、そこをきっかけに沈没させて、『日本沈没』のストーリーをつくったんでしょう。このフォッサマグナもよく聞く地球科学の言葉なので、覚えておきたいですね。

ただ、『日本沈没』も昔の映画と近年のドラマでは設定が少し変わっていて、二〇二一年に放送されたドラマではフォッサマグナではなくて、地球温暖化に結び付けているのもいいのです。

『日本沈没』はもう古典のようなものだから、その時代に合わせて、いちばんホットな地球科学の話題を持ち込んでいます。地球科学の研究者に監修として協力してもらって、制作陣といっしょに頭を抱えながら「ここでなぜ沈没させたいんですか、無理でしょ！」とか言いながら、一生懸命リアルに見えるようにつくっているんでしょうね。

――西之島新島で新たに起こった噴火では、はじめの頃と異なるマグマが噴出されているら

しいと報道番組で知りました。ということは、あの海域の海底がカルデラのようにへこむ可能性があるということなのでしょうか？

けっこう難しい質問ですね。はじめの頃とは異なるマグマというのは、たしかに最初の出だしは玄武岩だったんですよね。その後安山岩になったということです（一五三頁）。

テレビの解説番組でもそのあたりのことをしっかりトレースしていたけれど、玄武岩は鉄やマグネシウムが多くて重い。

岩石の性質として苦鉄《くてつ》質という性質があって、それは鉄やマグネシウムが多くて黒っぽいのが特徴です。苦鉄質の岩石は密度が高くて、マグマのなかでは下のほうにあります。その一方で、珪長《けいちょう》質という性質があって、珪長質の岩石は軽くて白っぽい色をしていて、マグマの上のほうにあります。珪長質の「珪」は珪素（ケイ素）で、身近な言葉でいうとシリコンのことです。

そういう二つの分類があって、西之島新島のマグマは最初に苦鉄質の玄武岩が出た。だから下のほうのものが出たということになるわけ。その後変化して安山岩になったと。安山岩は苦鉄質と珪長質の中間ぐらいの性質で二酸化ケイ素（SiO_2）が多いんですよね。

この現象はもっと大きなストーリーがあって、先ほども触れたように大陸ができようとしているんですよ。

大陸は二酸化ケイ素が多い。花崗岩などの密度が低くて軽い岩石ができる過程で安山岩ができて、それが大きくなると大陸ができます。いまあるユーラシア大陸などの大陸は最初は小さなかけらだったわけです。そのかけらは安山岩で、それがだんだん成長して大陸になったということです。

だから質問に答えると、カルデラのようにへこむ可能性があるというよりも、もっと成長して大陸をつくる方向にいっていると思います。カルデラについては後（五章）で紹介するけれど、簡単に言うと、なかのマグマだまりが噴火で全部出てしまい、空っぽになってへこむ。一回全部出す閉店セールで、また十万年マグマをためて大噴火するという感じです。

西之島新島はそんな閉店セールなんていう小さい規模の話ではなくて、大陸をつくりますと。西之島新島の立場からすると「どんどん成長していずれ俺はアジア大陸になるぞ」ということ。大陸になるまで一億年ぐらいかかるかもしれないけれど、とても壮大な話なんです。

——三宅島、伊豆大島などはマグマがさらっとした玄武岩なのに、なぜ西之島新島だけ粘《ねば》りの強い安山岩なのでしょうか？

よい質問ですが、実は答えはわかりません。

わからないけれど、火山で噴出する岩石を含めて自然現象にはそれぐらいのバリエーションがあるというのが一つ。それと玄武岩が出るとずっと玄武岩のことが多いんです。最後に安山岩が出ることもあるけれど、以前からあるほうの古い西之島は、最初から玄武岩だったと思います。

こうした原因は研究中で、先ほども話に出た巽好幸先生が、まさにそのような研究をしています。彼の研究テーマは最初に大陸ができる前に安山岩の小さな塊があって、それが成長して大陸になったという話で、国際的にも高く評価されています。すごく斬新な研究です。その舞台はずっと昔、何億年、何十億年も前の話ね。ちなみに、京大大学院の人間・環境学研究科で教授をしていた彼が理学研究科に移ったので、僕はその後を継いだのです。

何十億年もかけて大陸がどうやって成長したかというような大きいスケールなら、わかることもあるのですが、小さいスケールでは意外と難しいのです。個々の現象にはバリエーションがたくさんある。つまり自然界の多様性なんですよね。たとえば新型コロナウイルスが耐性を獲得していくのも多様性という戦略があるからです。

でも、みなさんの顔や性格が違うのはなぜかっていってもその説明は難しい。そういうような感じで、個々に起きている現象を統一的に理論化するのはとても難しいんです。

なぜ日本海ができたのか

——日本列島は大陸プレートの下に海洋プレートが沈み込んでいる際《きわ》に位置しています。海洋側から大陸側に押されていると思うのですが、どうして日本列島はユーラシア大陸から離れていったのでしょうか？

これも地球科学の基本問題ですね。これは見方を変えると「なぜ日本海ができたの？」という質問です。

結論をいうと「縁海」というんですよ。英語では「marginal sea（マージナル・シー）」というんですけれど、プレートが沈み込むとちょうど大陸プレートと海洋プレートの間のところで開くんですよね。それは力学の話で、たとえば沈み込んだところに熱いものが上がってきて、そこが軽くなって開くとかね。だいたい大陸の周りには開くところができる。

それで開くときに熱いものが上がってくるから、そのあたりの温度は周りに比べて少し高いんですよ。だから日本海は太平洋よりも海底の地面の温度が高いんです。

このように海ができる話は、時間にすると十年とか百年ではなく、二千万年という時間軸です。

――西之島新島は小笠原諸島の一つと思いますが、将来的には小笠原諸島の島々がつながって巨大な陸地になることはあるのですか？　同じように福徳岡ノ場《ふくとくおかのば》で活動している海底火山も隆起してつながって陸地になることはあるのでしょうか？

最初の質問の、巨大な陸地になるかという答えですが、多分あるでしょう。ただ、数千万年から一億年レベルの時間をかけて巨大な陸地になっていくということで、いますぐに巨大な陸地になるという話ではありません。

次の質問の答えは海底火山もいろいろなタイプがあって、個々のことはわかりません。総論はわかるけど、各論はわからない。ひと言で言うとそういう感じです。

たとえばプレート・テクトニクスやプルーム・テクトニクスは総論です。地球科学はそこまでで、各論になって地震や噴火の予知になると途端にわからないのです。あるところで「複雑系」のバリアが働く。

心理学でも精神医学でも、人間の顔と性格がそれぞれ違うところまでは突き止められないじゃないですか？　そういうものです。自然現象には多様性があって、あるところから科学で解き明かすのは無理なんですよ。

そうではないところで勝負しているのが、数学と物理学、それから生物学の一部などで、地球科学や人文科学、それに政治学、経済学はなかなか難しい。経済なんて予測がまっ

ジョン・メイナード・ケインズ

たくはずれるでしょう。だっていまはもうジョン・メイナード・ケインズ（一八八三〜一九四六）が古いといわれています。なおケインズはマクロ経済学の基礎をつくった先駆者で、二十世紀の経済学に大きな影響を与えました。逆に経済学が面白いのは、そういう学問だからで、そういう意味では、地球科学は経済学や政治学に対して仲間意識がありますね。

――南アルプスは年に五ミリメートル隆起しているそうですが、同様にそのペースで近くの地面が開いているのでしょうか？

地面が大きく拡大することはないでしょうが、本音のところ答えはわかりません。

まず南アルプスの隆起は、プレート運動によってぎゅうぎゅうと押されていることが原因です。ある地域の背骨に相当するような大山脈で分水界となるものを脊梁《せきりょう》山脈というけれど、脊梁山脈はそうやって隆起しています。日本列島では北アルプス、南アルプスが脊梁山脈です。そこは圧縮応力によって部分的には横ズレをすることもあるし、第一級の変動帯であることはたしかです。

でも、もし一年に五ミリメートルのペースで開くとすると、これは計算したらわかるけれど、海になっちゃうじゃない。でも、実際はそうはなっていないわけ。

同じことが九州にも言えて、九州も別府から島原に大断層があるんです。それは大分－熊本構造線といいます。昔はそこが開いて九州が分断されて、そこに九州海ができるっていう学者がいたんだけど、それを僕は四十年前に否定しました。あそこは豊肥《ほうひ》火山地域のテクトニックな活動によって陥没しているのであって、決して大きく拡大しているのではないと。それは僕の博士論文なんですが、それと同じような感じで、陥没して変動帯になっているので、開いているのではないと思います。

地面が開くというと最大のものは大西洋です。昔はアフリカ大陸、ユーラシア大陸、南北アメリカ大陸がくっついていたけれど、それが開いた。それが最大の開きです。それよりも規模が小さいものもいろいろなところにあって、たとえばアラビア半島の紅海や死海は開いていますよね。アメリカでもデスバレーは陸上ですが開きつつある。そういうところはあるけれど、地質学的にそれと陥没はちょっと違うといえます。

京都周辺にある断層

──たとえば花折《はなおり》断層は国道になっていて、こうした断層を利用した街道は京都周辺にたくさんあると思います。私の暮らす宇治市にも黄檗《おうばく》断層があり、そこは住宅街となっています。断層は古くから街道などに使われ、暮らしには重要な地形だと思います。しかしこんなにたくさん断層があって、京都の町は危険ではないのでしょうか？

危険です。でも、それは京都だけではありません。そもそも日本中の町の全部が危険なのです。

で、国内を比較してどこに住むかと考えると、僕はだんぜん京都です。

たしかに花折断層は全長約五〇キロメートルで京都市のど真ん中を通っています。吉田山が南の縁で京都大学のキャンパスを通過して、それから福井県の若狭湾まで伸びていますよね。ちなみにその途中に鯖《さば》街道があります。これはかつて福井県産のおいしい鯖を塩まぶしにして運んだ街道で、運んでいる間にちょうど塩がなれて、京都の名産である鯖寿司になったそうです。その鯖街道もいまは国道三六七号線になっています。

重要なのは、断層がいつ動くかということです。花折断層の北のほうは江戸時代の一六六二年に動いています（寛文《かんぶん》近江・若狭地震）。だから、特に動いていない南のほうが要注意ではあるけれど、要注意の度合いは高くはない。

一方、これは相対的なもので、想定されるリスクに順位を付けてリスクの高いものから対策していく。最大のリスクは南海トラフ巨大地震で、次は首都直下地震と富士山噴火です。

そういう意味で、質問にある黄檗断層もリスクの順位は低いと思います。

それと仮に「花折断層と黄檗断層のどちらのリスクが高いか？」を考えると、それはとても難しくて、地質学的には研究しているけれど、その答えは一般市民にはあんまり意味がありません。「花折断層の近くの京都の左京区を避けて宇治にきました」と言われてもちょっと困ります。そういうことなら、ほとんど差が付かないんです。

それより明らかに差が付くのは、やはり南海トラフ巨大地震、首都直下地震、富士山噴火です。僕が口を酸《す》っぱくして言っているのは、これだけはとにかく注意して生き延びてくださいと。それを日本国民全員に話している、という感じなんですよ。

地球のプレートを人間が動かすことはできるか？

――フィリピン海プレートのはじまりは九州パラオ海嶺《かいれい》でいいのでしょうか？　本を見てもはじまりをはっきり示していません。そうであれば太平洋、大西洋中央海嶺のように東西の断裂帯がないのはなぜですか？

とてもいい質問で、一応そう考えられているけれど正確には答えられないですね。よくわかりません。

フィリピン海プレートは五千二百万年前ぐらいに誕生したとされるプレートで、九州パラオ海嶺はその中央部で南北二六〇〇キロメートルに延びる海底地形の高まりです。

海嶺とは海のなかにある山脈のことで、当然、九州パラオ海嶺は海のなかにあるんですが、その延長線上に阿蘇山があるのです。それで、阿蘇山の地下にマグマだまりをつくってカルデラをつくる巨大噴火を複数回起こしています。

ちなみに九州パラオ海嶺も阿蘇山も化学成分が少し特異なので、それは僕の博士論文でまとめました。どのように特異なのかは岩石学のディテールに関わることなので説明が難しいのですが、簡単に言うと元素のカリウムが多い化学成分上の異常が見られるのです。

同じように富士山も、地下深部でフィリピン海プレートが沈み込んでいて、下からマグマが上がりやすくなっています。玄武岩が大量に出て、それであれほど大きな日本一の山をつくったのですね。

どちらもフィリピン海プレートが関係していますが、阿蘇山の成因と富士山の成因はまるでイメージが違います。富士山はプレートの境界にあるのに対して、阿蘇山は九州パラオ海嶺が潜り込んで、地下一〇〇キロメートルぐらいのところでマグマの元ができたことが主因です。

つまり、阿蘇山や富士山には特異的なマグマをつくる原因がなにかあるんですよ。僕は四十年前から研究テーマにしているんですけど、全然解決してないし、ほかの誰かがやらないかなと期待をしているのですが、誰もしっかりと発表していない。わからないんでしょうね。火山個々の論文はあるんですが、それを総合化できていないんですよ。僕は一九八七年に博士論文を書いてわかっていることは全部発表したのですが。

わからないことといえば、フィリピン海プレートはあるときに沈み込みの角度が変わってから「火山フロント」ができたんですよね。火山フロントは活火山が直線上に並んだ状態を表す言葉です。それができたのは今から約百五十万年前で、フィリピン海プレートが島弧《とうこ》に対してちょうど垂直方向に沈むようになってからなんですよね（図3－13）。ここまでが僕の博士論文なんですが、細かいところの差異についてなぜかっていうのは三十年経ってもわからない。たぶんこれはずっとわからないんだと思います。

わからないということは科学の一つのピークなんですが、僕たち学者はそのようなことを「ゼロ次」近似といいます。たとえばウェゲナーが説いた大陸が移動してパンゲアが現在の六大陸になったというのはゼロ次近似で、いまは小学生でもわかることです。でも、その後、大陸移動の原動力として垂直じゃなくて水平運動があったということがわかった。それは「一次」近似で一つの科学革命であるわけです。

それで先ほどの話でも、フィリピン海プレートが沈み込む方向が百五十万年前に変わって垂直に沈み込むようになったと。それで火山フロントができる。なんとなくもっともらしいんですよ。

斜め沈み込みだったらできないけど、垂直沈み込みだったら効率よくマグマが生産されて火山フロントができた。これが「一次」近似ね。でもその後が続かない。

たぶん地球科学の研究ってそういうものなんですよ。面白いことを最初に言う人がいて、それは「うん、なるほどね」となるんですが、そこから先がものすごく難しい。これは地球

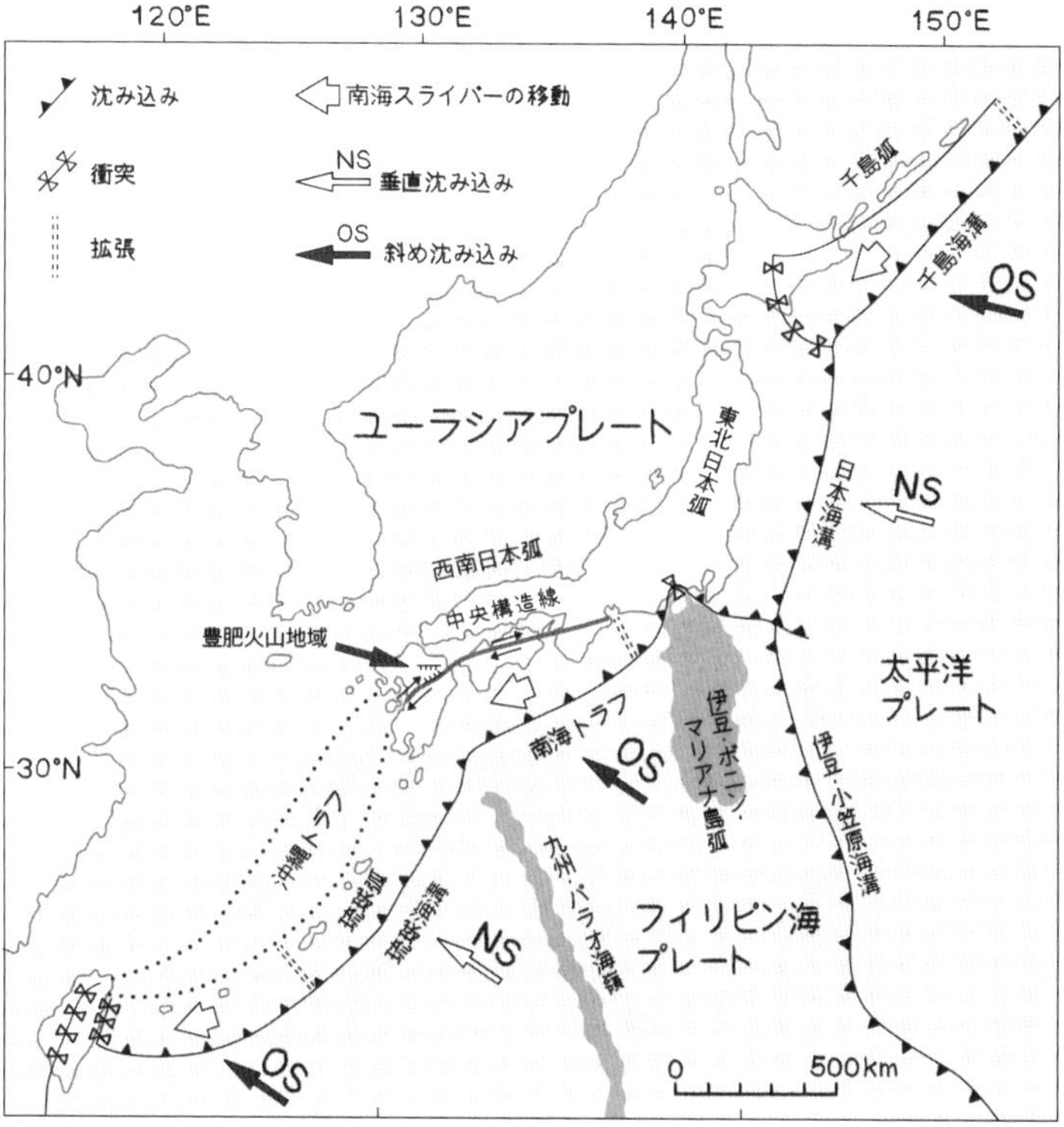

図3－13　日本列島周辺のプレートの垂直沈み込み(NS)と斜め沈み込み(OS)
鎌田浩毅『地学ノススメ』(ブルーバックス)より

温暖化もそうだし、地震や噴火の短期予知もそう。だから見方を変えると、最初に面白いことを言った人の勝ちなんですよ。

たとえば二章で紹介したミューオンもそうで、最初の話はすごく面白いけれど、そこから先の解明はむちゃくちゃ大変です。

やはり地球って難しいんですよ。

たとえば土木や建築は一次近似だけではなく、二次、三次と精密にきちんとやっていける。それで免震・耐震構造とかできるわけでしょう。それが工学なんですよ。でも地球科学を含めて理学は「ゼロ次」近似、「一次」近似ぐらいで論文を書いて、その後は全然進まないことがたくさんある。逆に言うと、そこで面白いことを言った人が地球科学を進歩させてきているんですね。

話を質問の九州パラオ海嶺に戻すと、九州パラオ海嶺は僕が大学を卒業して通産省に入ったときからの課題なんです。僕の東京大学時代の先生方も「これは面白いね」って言って教えてくれたんだけど、僕もいまの学生も解決できずにいる。四十年間解決してないから、たぶんもう「ゼロ次」近似のままで終わるんでしょうね。だから、ここで言えるのは、そういうような構造がありますよ、ということだけです。

――地球のプレートに対して人間の活動が影響を与えて動かすことができるのでしょうか？もしできるとしたら、どれほどのエネルギー量なのでしょうか？

こうした内容の質問は講演会でもよくあります。そのたびに繰り返しお答えするんですが、やはり無理なんです。

厚さ一〇〇キロメートルのプレートを動かすのが人間には無理なのはなんとなくわかるでしょ？

必要なエネルギー量が数字でいうとビリオン（billion）なんですよ。ミリオン（million）をはるかに超える。こうした概算が大事で、とにかく桁が違う。よく一〇〇万ドルの夜景っていうでしょう。あれはミリオンです。

ミリオネア（millionaire）というと大金持ちのことで、それもやはり一〇〇万。ビリオンはというと一〇億で、ミリオンの一〇〇〇倍です。世界の経済もそうなのですが、ビリオンを人間がなんとかしようとしても無理なスケールなんです。

4章

マグマのしくみ

マグマは一〇〇〇度の物質

この章では、マグマとはどういうものか、その性質や地球における役割について御紹介したいと思います。

マグマはマントルの一部が溶けてできたものです。地球の内部には膨大な量のマントルがありますので、人間の感性では、マグマの原料は無尽蔵と感じますね。

ところで、僕ぐらいの年代ですと、マグマというと、マンガやテレビドラマの実写版で放送された『マグマ大使』という手塚治虫《おさむ》さんの作品を思い浮かべます。地球の創造主アースによってつくられたロケット人間（ロボットの亜種のようなもの）のマグマ大使と、地球を侵略しようとする宇宙人ゴアとの戦いを描いたきわめて優れたSFでした。

マグマは一〇〇〇度のドロドロに溶けた物質です。そして、「そもそも地下でなぜマグマができるのか」というと地球が熱を放出するからなんです。

地球は四十六億年前にできて、最初は火の玉で、それが表面から固まっていったということはお話ししました。二章で説明した図2－9（一〇五頁）はマグマが噴出する場所を表しています。中央海嶺《かいれい》からが最も多く六二パーセント、沈み込み帯から二六パーセント、ホットスポットから一二パーセントとなっています。

地球の内部はこのような構造で、いちばん熱い核の熱がマントルに伝わり、マントルの熱が地殻に伝わり、それで宇宙へ放出されるわけです。

マントルの熱はマグマというかたちで、最も多くは中央海嶺の下から上がってきます。そして海水に触れると固まります。カチンカチンの溶岩になるわけですが、それが左右に広がってプレートになる。

これがマントルを軸として見た場合の地球の熱が放出するストーリーです。

マントルは岩石ですが、普通の状態では溶けることはありません。

それではマントルが溶ける条件とは？　一つは、マントルは対流しているので、それが高温を保ったまま上昇してくると周りの圧力が下がるため、マントルが溶ける。融点も下がり、マントルが溶けてマグマになるのです。これがマグマのできるプロセスの一つ。

もう一つ、別のでき方があって、日本のようにプレートが沈み込むところでのマグマのでき方です。沈み込む海洋プレートには、内部に水を含んだ「含水《がんすい》鉱物」がたくさん含まれています。

図4－1のように融解《ゆうかい》曲線というものがあって、一定の条件下でマントルが部分融解する、つまり部分的に溶けはじめるのです。水が加わると、その条件が変わります。その水はどこ

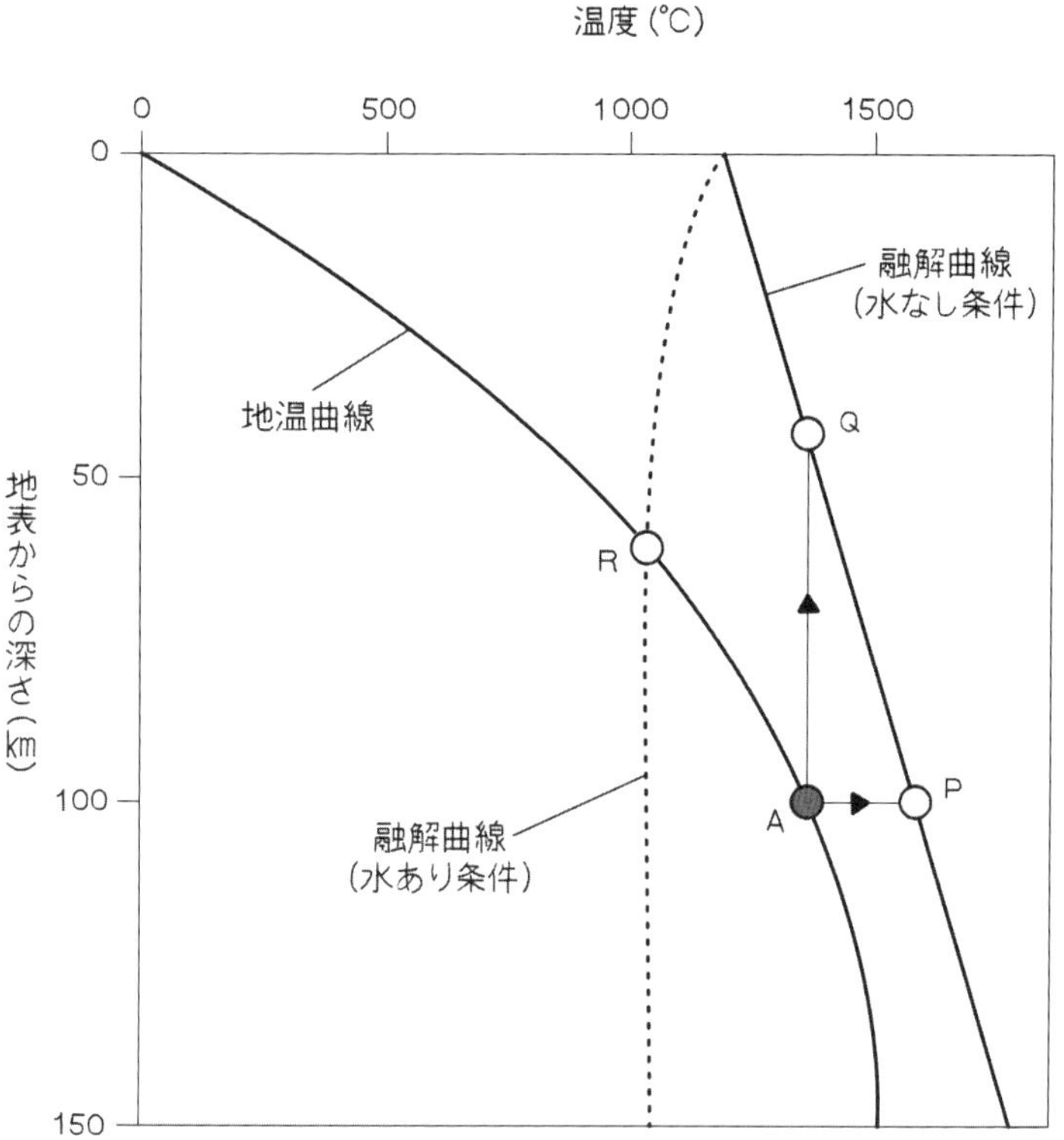

図4－1　岩石が溶け始める境目を示す融解曲線(水なし条件と水あり条件)と、地中の温度を示す地温曲線との関係
久城育夫氏のデータをもとに筆者作成

から出てくるかというと、プレートが深さ一〇〇〜一五〇キロメートルまで沈み込んだときに出てきます。海洋プレートの岩石を構成する含水鉱物から水が絞り出されるからです。それがマントル内を上昇します。

その冷たい水が熱いマグマを生み出すのは不思議なことですが、結果として、沈み込み帯の深さ七〇〜八〇キロメートルのところで最初のマグマが生産されます。

つくられたマグマはやがて火山の噴火というかたちで地表に出ます。つまりプレートの沈み込みは地震を起こすだけでなく火山の噴火も発生させるということですね。

図2−9はよくできていて、本当にいろんなことがわかっちゃうんです。日本列島はプレートの沈み込み帯の近くにあるけれど、沈み込み帯で出るマグマの量が二六パーセントで全体の二〜三割でしょう。けっこう大きいんですよね。

これは日本だけではありません。日本から北へ向かって太平洋の沿岸地域をまわっていくと、千島列島、アリューシャン列島、そしてアラスカから北米、南下して中米、南米、さらにまわってニュージーランド、インドネシアとグルリと一周するけれど、いまお伝えしたところはすべて沈み込み帯で火山があります。「環太平洋火山帯」という呼び名があって、南極にも火山があります。

あとはホットスポットが一二パーセント。

それと中央海嶺が六二パーセントです。地球上で最も規模が大きい火山は海のなかにあり、地球上のマグマの約六割が海中で生まれているのは驚きですね。別の見方をすると、それだけの熱を地球はたえず放出しているということです。

「マグマだまり」とはなにか

では、もう少し詳しくマグマと火山の噴火の関係について見てみましょう。

まずマグマを含んだマントルは周りよりも軽くなっています。

マントルのなかにマグマが散らばった状態の塊は「ダイアピル（diapir）」と呼ばれます。ダイアピルはマントルのなかを、ゆっくりと浮かび上がっていきます。

ダイアピルが上昇を続けると、周りの圧力が下がるため、液体の部分（マグマ）が増えていきます（部分融解のことです）。するとダイアピルはさらに軽くなり、上昇する力が強くなります。

そして、地殻の底でいったん上昇をやめて、その熱で地殻の底にある岩石を溶かして新しいマグマを生み出す。新しくできたマグマは、今度は地殻のなかをゆっくり上昇して、浅い場所にとどまります。それは「マグマだまり」と呼ばれます（図4－2）。

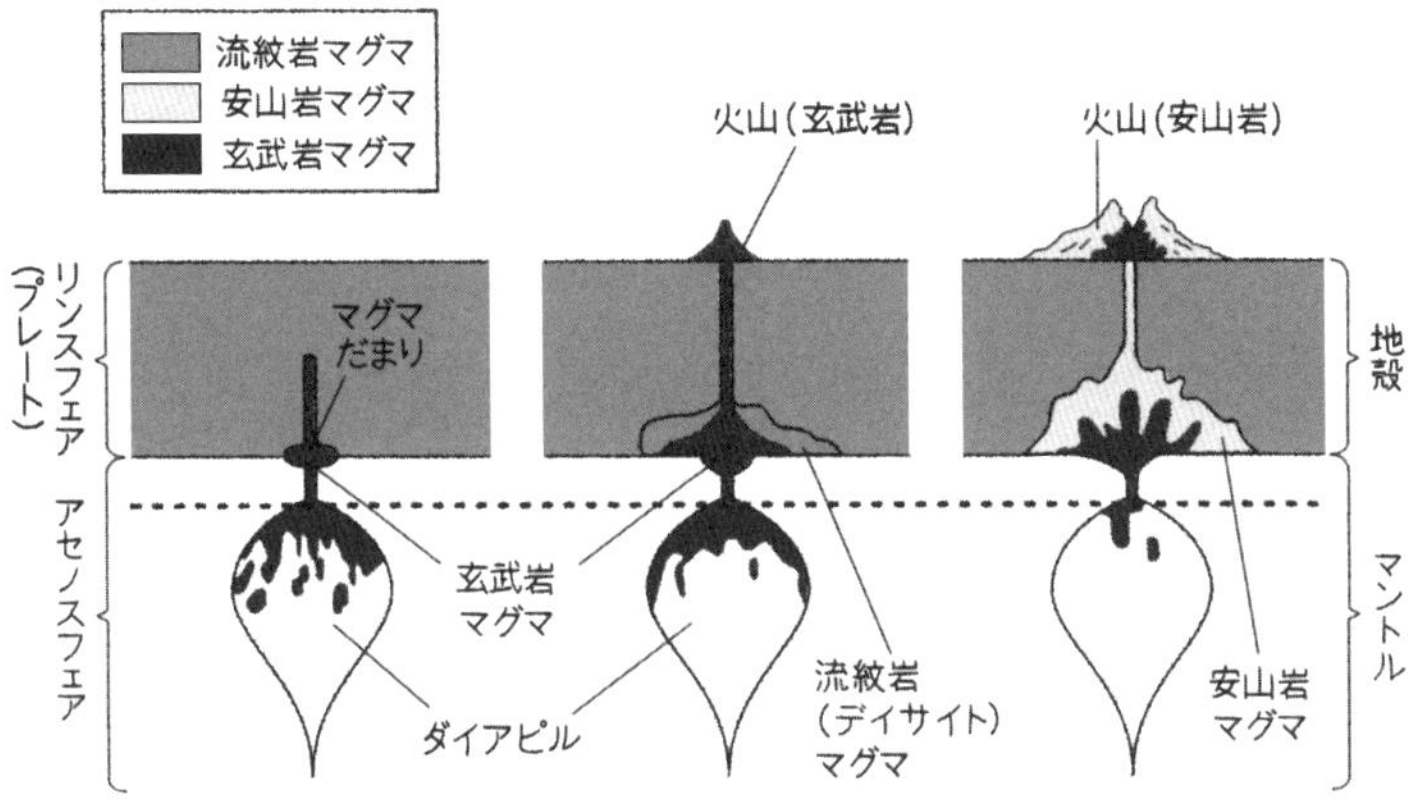

図４－２　ダイアピルの上昇停止とマグマの形成
筆者作成

少しトリビアの要素になるけれど、マグマだまりの場所を知る方法も紹介しましょう。

図２－８（一〇〇頁）で紹介したように、地震の揺れを液体は通さないで固体は通す。液体は、ゆらゆら揺れているから、基本的に振動がそこで減衰するわけ。

これはマグマにも使えます。マグマだまりがあるところをどうやって知ることができるかというと、遠くからの地震を利用して調べます。たとえばチリあたりから日本にきた遠地地震を観測します。地震は地球の内部を通ってくるから、そのときにマグマだまりを通過するわけです。

チリから来た地震があったとして、普通だったら何時何分何秒に到達すると計算できるけれど、実際はそれが遅くなったり、ある

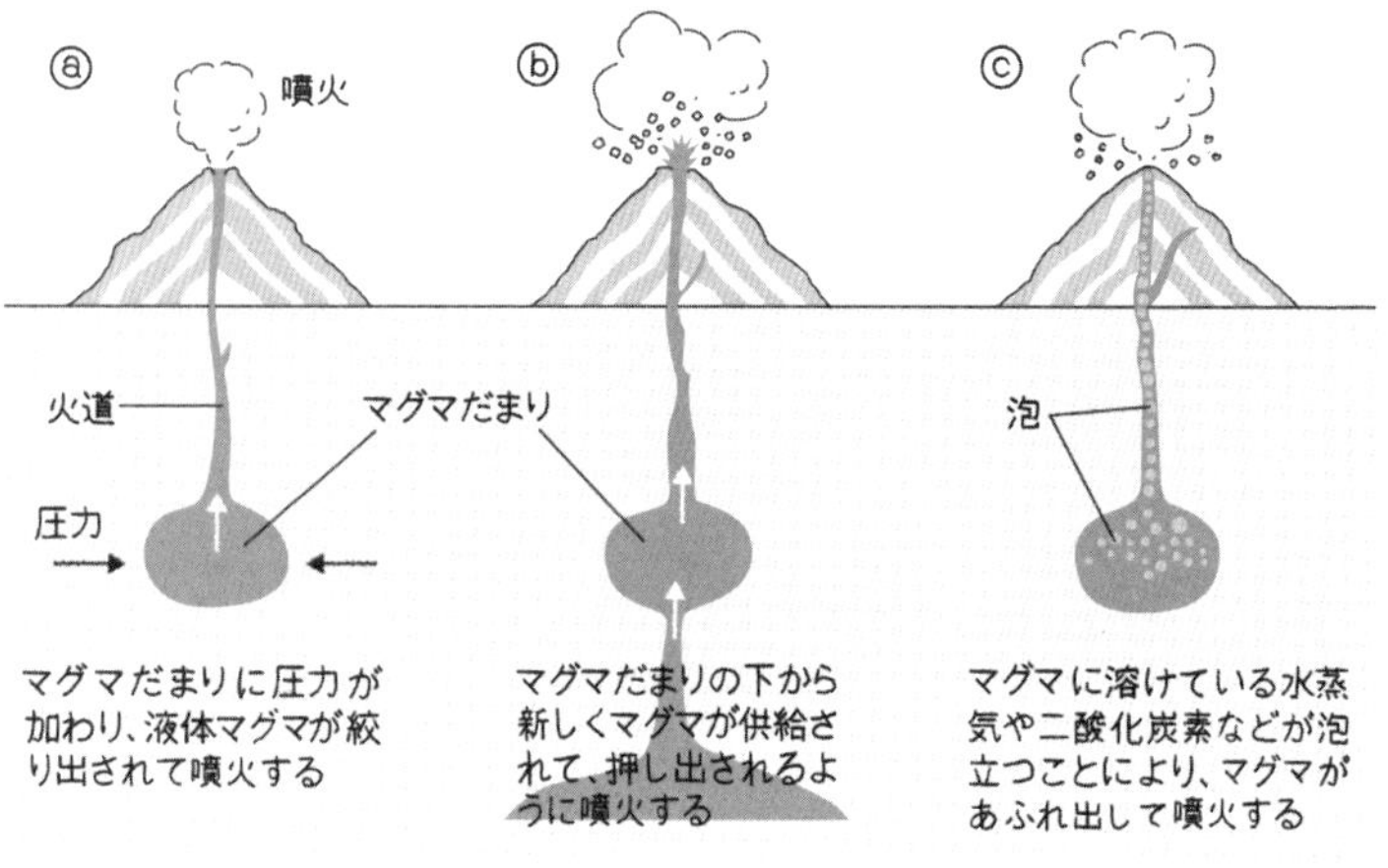

図4－3　火山噴火のメカニズム
筆者作成

いは弱くなったりします。

その理由は液体のマグマだまりを通るから。それを複数の地震で観測すると、なんとなくここに液体があるってわかるでしょう。こうしてマグマだまりの場所を知ることができます。

それで、そのマグマだまりのマグマが、パンパンになり、なにかのきっかけでさらに「火道《かどう》」と呼ばれる通り道を通って上昇し、「火口」という一つの地点から噴出するのが火山の噴火です。

マグマだまりのマグマが上昇するきっかけ、つまりは噴火のきっかけとなるものには大きくわけると三つあります。

それを示したのが図4－3で、一つはマグマだまりに圧力が加わって液体のマグマが絞

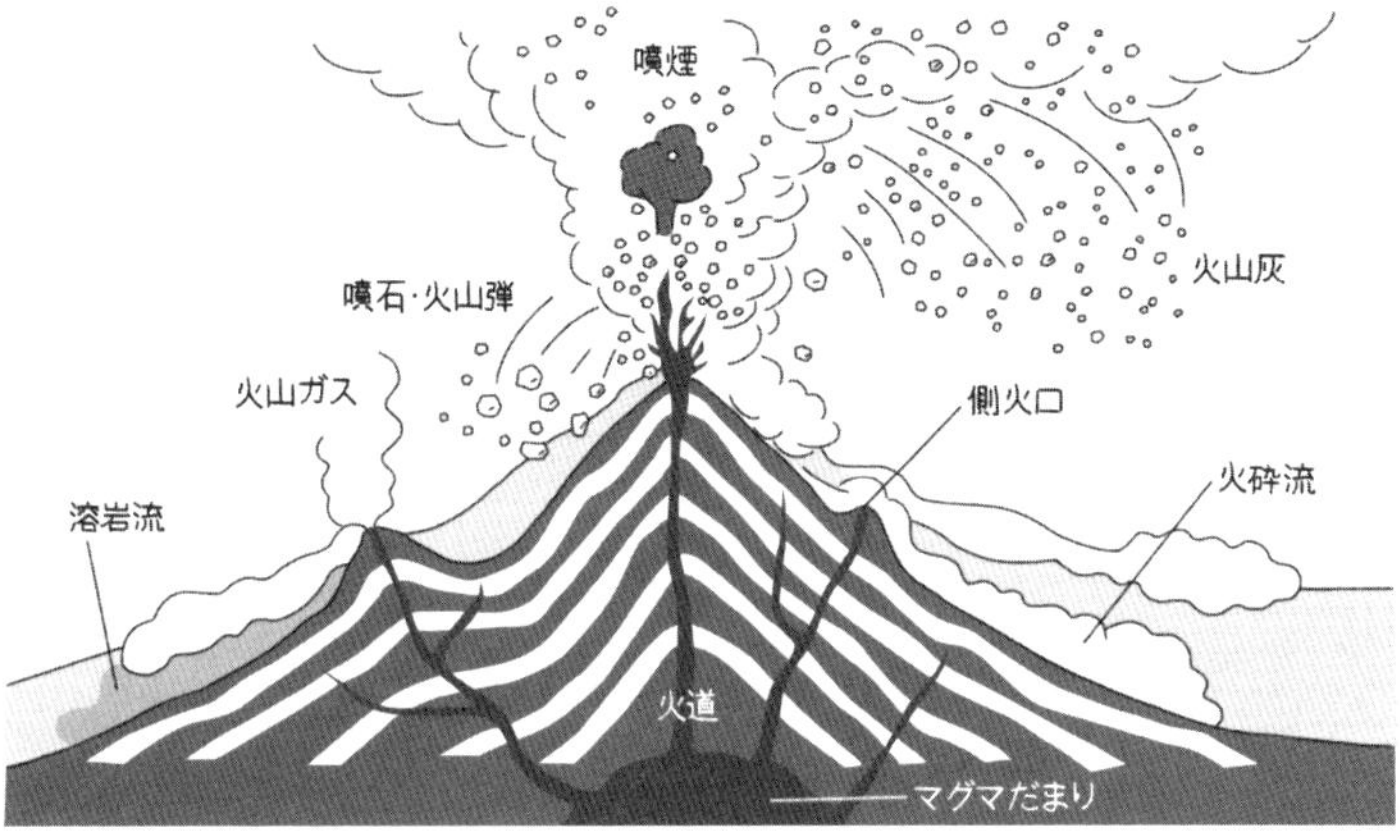

図4－4　火山の断面図と噴出物
筆者作成

り出されるタイプ。マヨネーズのチューブを手で握ってしぼり出す感じですね。

もう一つがマグマだまりの下から新たにマグマが供給されて徐々に押し出されるタイプ。

そして、最後の一つがマグマに溶けている水が水蒸気になって、マグマ全体が泡立つことによってマグマが上方にあふれ出すタイプです。

火砕流の温度と時速

火山の噴火のニュースで火砕流《かさいりゅう》とか溶岩流といった言葉を聞いたことがあると思います。ちょっとややこしいので、ここで整理しておきましょうか（図4－4）。

マグマがそのまま液体として火口から横に流れ出ると「溶岩流」で、それが冷えて固まると溶岩になります。それで四方八方にマグマをまき散らす現象を「火砕流《かさいりゅう》」と言います。さらにマグマが空中に飛び出して冷えて固まり、バラバラになって降ってくるのが「火山灰」ね。

つまり火砕流と火山灰は似たもので、火砕流は数百メートルぐらい上がって、熱を保ったまま流れ出したもの。火山灰は火砕流よりも高く、たとえば三万メートルぐらいまで上がって上空で冷やされて風に乗って飛ばされていくもの、ということです。

あとは火山灰に似たものに「火山弾《かざんだん》」があるけれど、その二つは構成成分などの基本的な要素は同じで、バラバラの度合いが低い、つまり粒が大きいと火山弾になります。それと噴火にともなって飛ばされるものとしては「噴石」もあって、これは火口付近にある古い岩石を飛ばす現象、あるいはその吹き飛ばされた岩石です。火山弾も噴石も時速一〇〇キロメートルを軽く超える高速で飛んできます。

なお、火砕流はとても高温です。マグマはもともと一〇〇〇度ぐらいでしょう。火砕流はなかで熱を保っていて六〇〇～八〇〇度なんですね。さらに巨大な火砕流、たとえば阿蘇山の火砕流は八八〇度もあるんです。一〇〇〇度から一〇〇度ぐらいしか下がらない。一九九一年に噴火した雲仙《うんぜん》普賢岳《ふげんだけ》の火砕流は六〇〇度ぐらいで、これは実測してわかりました。六〇〇度だから人間を含めてすべての生物は生きられない高温で、それが一気に流れ下った。

　それに火砕流が流れる速度はとても速くて、最大で時速一〇〇キロメートル。ただ、これは推定で、実際にそこまで大きな噴火の火砕流の速度を測定した例はありません。一九九一年の雲仙普賢岳の噴火でヘリコプターで測定したのは時速六〇キロメートルぐらいだけど、それは規模が小さかった。過去の阿蘇山や鹿児島湾の火砕流はもっと大きいから多分、時速一〇〇キロメートルぐらいということで、車でも逃げられません。

　それと火砕流は周りの空気やもともと含んでいた水分の影響で「粉体流《ふんたいりゅう》」になります。粉体流は火山にまつわる用語ではなくて、気体と固体の微粒子からなる流れのことで、これは流体力学や工学ではおなじみの現象です。まとめると、温度は六〇〇度以上で、時速は一〇〇キロメートル、物理的な挙動としては乱流からなる粉体流だから、火砕流はとても危険ですよね。

　細かいところは抜きにして、これまで日本列島で起きた噴火の様子を紹介すると、たとえば鹿児島湾から出た入戸《いと》火砕流は南九州全域を覆いました。それから阿蘇山から出た阿蘇4火砕流は九州の北半分全域を焼け野原にしただけではなく、なんと海を渡って本州の山口県までいったことがあります。

ちなみに、阿蘇4のように火山の名前のあとに数字が入るのは、阿蘇から出た火砕流の四番目という意味です。これは火山学の一般的な表記なのですが、阿蘇では阿蘇1火砕流から阿蘇4火砕流まであります。

また、鹿児島湾の噴火で火山灰は東北地方まで飛んでいるし、阿蘇山の噴火で北海道まで飛んでいった実例もあります。

さらに、それらとは別に「火山ガス」も出るんです。

火山ガスについては、マグマには水が五パーセントぐらい含まれているから、まず、それが水蒸気になって出る。それに火山ガスには、水蒸気のほかに硫黄やフッ素や塩素など、人間にとっては有害な物質がどの火山でも〇・一から数パーセントは含まれているんですよね。たとえば安達太良山《あだたら》とか草津白根火山などの温泉にいくと、硫黄の臭いがするでしょう。それはマグマに硫黄が入っているから。

ということで、火山の噴火は周辺に住む人にとってとにかく大変なことなんです。

桜島が頻繁に噴火する理由

では、実際の噴火はどのようなものでしょうか。ここでは姶良《あいら》カルデラと桜島火山を見てみましょう。

図４−５にマグマだまりのAとBがあります。Aは大きいマグマだまりで、入戸火砕流と名付けられている火砕流を出し、姶良カルデラをつくった巨大噴火の原因となりました。その巨大噴火は約二万九千年前に起きたのですが、マグマが全部出たわけではなくて、今でもまだしっかり残っていて、次の噴火を待っています。

姶良カルデラは二万九千年前が一回目。その前にも噴火はあったけれど、基本的には二万九千年前の巨大噴火を一回目と考えてよいでしょう。すると、怖いのは「将来あと何回、噴火するの？」という話です。

熊本にある阿蘇カルデラは、過去に四回噴火しました。三十万年前からはじまって、四回目が九万年前ですが、カルデラをつくるような大きな噴火はだいたい一回では終わらず、数回は起こるんです。

仮に阿蘇山と同じように四回が標準だとすると、姶良カルデラはまだ三回あるという話なんですが、そもそも火山の寿命は百万年ぐらいだから、それも考える必要がある。

阿蘇山の場合は噴火が順に数えられていて、いちばん古い活動を見ると最初の阿蘇1がだいたい三十万年前ぐらい。いや、四十万～五十万年ぐらい前にも溶岩は出ています。いずれにせよ阿蘇山もまだ百万年の折り返し地点にきていないわけですから、それでもすでに四回

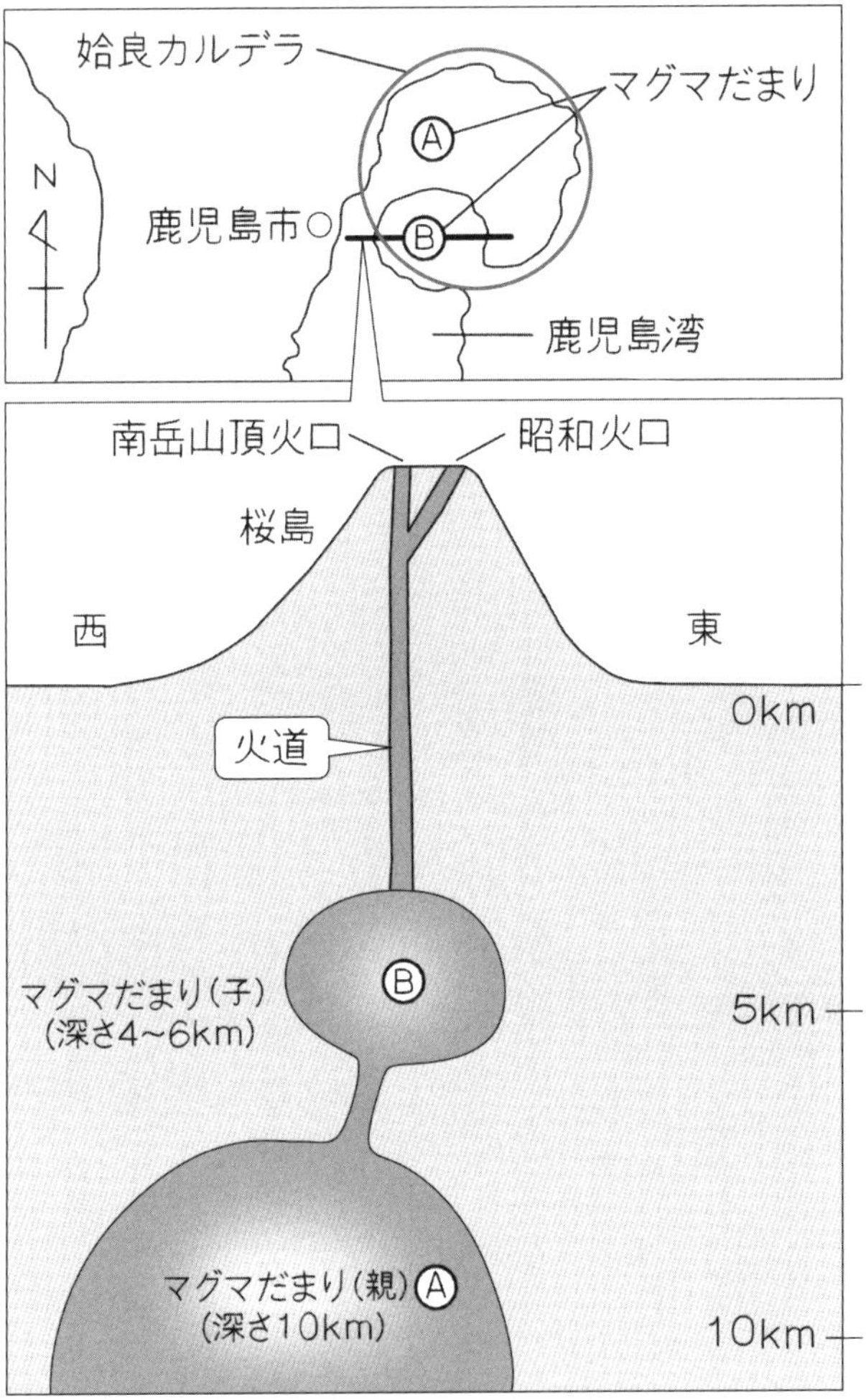

図4－5　姶良カルデラと桜島のマグマだまりの概念図
朝日新聞による図を一部改変

やっているということで、さらにあと四回あったら大変ですよね。とにかく阿蘇山はいま、阿蘇5を準備しているところなんです。

阿蘇山と同じようにナンバリングしていくと姶良カルデラはいまは姶良1ですね。そして、これから数字が増えていく。カルデラの噴火とはそういうきわめて物騒な話なんです。

その姶良カルデラの内側、南端付近には桜島があります。一度できたカルデラ内の火山活動だから規模は小さいのです。どれぐらい小さいかというと、もとの姶良カルデラのマグマだまりと比べると、だいたい一〇分の一～一〇〇分の一ぐらい。そのマグマだまりが図4－5のBで、深さは約四～六キロメートルです。

桜島はしょっちゅう噴火していて、いまも三〇〇〇メートルの噴煙が毎日のように上がったりしていますが、ここ六十年ぐらい特に活発なんですよね。マグマが上がってきては小きざみに噴火している。

桜島というから島に見えるけど、よく見ると東の大隅《おおすみ》半島で九州本土とくっついているんですよね。以前はたしかに島だったけれど、一九一四年、いまから百年ぐらい前の大正時代の大噴火で大量の溶岩が流れ出してくっつきました。そのときの大噴火の際には火砕流が出るし、地震が起きるしで、五〇名を超える方が亡くなるなど、大変な災害でした。

その大正時代の大噴火を起こしたのは、やはり図4－5のマグマだまりで、おおもとよりは小さいけれど油断はできない。このマグマだまりは現在百年経って、またパンパンに膨れているんです。

なにがマグマを供給しているかというとAのマグマだまりですね。姶良カルデラができたのは約二万九千年前と、火山の歴史で考えると決して古くはなく、それを作ったAの親マグマだまりも元気で生きているし、Bの子マグマだまりはもっと元気で、桜島は頻繁に噴火しているということです。

なお、桜島が噴火するとき、それは、すなわちマグマが上がってくるときですが、そのときはわずかだけ山が膨れることがわかっています。「傾斜計」で傾斜を精密に測っていて、マグマが上がってくると、それが少し動くんですよね。数十秒前といった直前ですが、山が膨れて、「いまから噴火しますよ」と教えてくれる。

それで十〜三十秒間噴火して、また山が縮む。つまり、噴火の前にマグマが地面を押し上げるんですが、噴火するとマグマが出るからヒュッと収縮するわけ。それを二十四時間態勢で測ることによって噴火の予測ができます。

それもまた図4−5の子マグマだまりの話です。

では親マグマも同じように膨れるかというと、これはわからない。わからないけれど、実は桜島の大正時代の大噴火の前に「水準測量」といってミリ単位で地面の上下の動きの測定をしています。それで、噴火の前後で比較すると、マグマが出たあと沈降したことが明らかになっています。だからマグマが出ることによって地殻が変動するということろまではわかっているのですが、姶良カルデラの噴火の前はどうだったか、今後どうなるかはわかりません。

話は変わるけれども、アメリカのワイオミング州、モンタナ州、アイダホ州にまたがるイエローストーン国立公園。あそこは約二百十万年前、約百三十万年前、約六十四万年前に大噴火しているのですが、まだ三回です。

現在も膨れていて、マグマだまりが押し上がり、それで噴火するかもしれないという状況なんです。そう言われてから、もう十五年、二十年ぐらい経つけれど、ちょっとずつ膨らんでいることはたしかでマグマは今でも生きています。

もしそれが噴火したら大変な騒ぎになります。アメリカのこの三つの州は、だいたい北アメリカ大陸の真ん中ぐらいにありますよね。そこから東が全部火山灰に覆われる。ワシントンD.C.もボストンもニューヨークも、という感じで大混乱だと思います。また、火砕流が出たら、アメリカの中西部の州の半分ぐらいが高温の火砕流に覆われるかもしれない。これも現在、地下で進行中の怖い話ですよね。

海底火山の観測は難しい

ここですこし最近の話題にいきましょうか。

二〇二一年十月に沖縄本島に軽石が漂着してニュースに取り上げられました。この軽石はもともと小笠原《おがさわら》諸島にある福徳岡ノ場《ふくとくおかのば》の大噴火が原因で、この海底火山が噴火したのは二〇二一年八月です。噴火から二か月をかけて軽石が漂着したのです。福徳岡ノ場の大噴火は百年に一度のことでした。

海洋研究開発機構（JAMSTEC《ジャムステック》）がシミュレーションしていて、軽石が、だいたい二〇二一年の十一月下旬に漂着すると予測していましたが、本当に漂着しました。房総半島や伊豆諸島、三宅島、御蔵島《みくらじま》、伊豆大島などに漂着して、さらには海流の影響で沖縄のほうまで流れていったんですよね。

これが最終的にはどのように落ち着くのかはよくわかりません。短期的な予測はしているんですが、結局どうなるかはそのときの状況によって違うし、長期的に海底にどう堆積するかは、やってみないとわからないんです。

JAMSTECのサイト（JAMSTEC BASE）によると、軽石は黒潮に乗って、十一月下旬には関東地方周辺へ漂流しました。同時期に西へは、台湾やフィリピンへ流れ着き、さらにルソン海峡から南シナ海へと入って二〇二二年二月にはタイへと達しています。

国内では、二〇二二年六月四日に島根県の隠岐《おき》の島で確認されたのをはじめとして、八月下旬には日本海側の各地で見られ、九月には北海道でも確認されました。太平洋側では、五月末に三陸沖で漂流する軽石が回収されています。

これらの漂着した軽石による被害もあります。漁船が吸い込んでエンジンが止まるとか、海岸で発電所なんかで冷やすときに水を吸い上げて詰まるとか、困ることがたくさんある。漁業もそうです。軽石を食べて魚が死んだという報告もあります。

この噴火は百年に一度の大噴火です。噴火の最大のものは二〇二一年八月に起こりましたが、一六〇〇メートルの噴煙柱《ふんえんちゅう》が上がったんですよね。つまり、海水を全部貫いて、空中まで火山灰と軽石が舞い上がったということです。いったん収まっているけれど、将来再び噴火するかもしれないし、また軽石を出す可能性もある。

こうした場合に観測が必要なんですが、海のなかだから、ものすごく間接的で火山ガスを確認することぐらいしかできない。陸上なら火山の周りに地震計や傾斜計などのいろいろな計器を張り巡らすことができるのですが。

ちなみに、地震計とは地震の揺れを波で表して記録する機械です。構造はシンプルで、ばねでおもりをつり下げて、おもりの先にはペンが付いていて、ペンの先に紙があります。地震が起きると地震計は地面と一緒に揺れますが、つり下げられているおもりは揺れません。そのため地震の揺れが紙の上で記録できるというわけです。

また、傾斜計とは、地盤の傾きの変化を観測する装置です。火山では、マグマの蓄積によるマグマだまりの膨張などによる地盤の傾きの変化を、高精度に観測するために利用されています。

そして海の場合は火山ガスが出ると、周りの海が黄色や緑色になって色が変わります。それを海上保安庁の船や通りがかった客船、漁船が発見して通報して、それですぐに観測ヘリを飛ばすという感じです。とにかく直接的じゃないため海底火山の観測はとても難しいわけです。

ちなみに、過去にはもっと大きな規模の海底火山があって、たとえば七千三百年前に鹿児島県の沖合で起きた鬼界《きかい》カルデラの噴火はその代表的な例です。それは「アカホヤ火山灰」と呼ばれる火山灰、「幸屋《こうや》火砕流」と呼ばれる火砕流を出しました。幸屋火砕流は南九州を全部覆って、そこに住んでいた縄文人を全滅させたと言われています。

それも海のなかで起きているし、昔のことだからわからないところもあるけれど、現在、薩摩《さつま》硫黄島《いおうじま》というカルデラのヘリだけが陸地として残っているんですよ。カルデラだから、その真ん中はへこんでいて直径は一〇キロメートルぐらいです。

たぶん突然じゃなくて、小さな噴火がいくつもあって、そのあとでドンとカルデラをつくるような噴火をしたと思いますが、海のなかだとその途中経過がわからないですね。それは今回の福徳岡ノ場の場合も同じで、大噴火になってはじめてわかったけれど、小さい噴火はわからないから、じっと待ってまたなにか起きたら、という状況です。

いちばん注意が必要なのは航行する船舶ですね。噴火に巻き込まれないようにしないといけない。

それと上空を飛ぶ飛行機も気をつけないといけません。マグマが水に触れると、とても大きな爆発をします。簡単に言うと水によってマグマが急冷されて、粉々になるわけ。つまり、より多く火山灰が生産されやすくなる。だから陸上の噴火とちょっと違って、陸上だと火砕流になるような場合でも、細かく砕かれた大量の火山灰が上空に舞い上がっていきます。

それがもし空域を覆ったら、そこは全面飛行禁止になります。陸上だったらすぐわかるけれど、本州から一〇〇〇キロメートルも南ですよね。そこでそうなっていてもリアルタイムにはなかなかわからない。だから飛行機が突然巻き込まれたらエンジンが止まる可能性もある。一応、いまは気象レーダーなどでチェックしているけれど、そういうことを起こす可能性があるということです。

ということで、海でも大噴火になると、船舶や航空機などが関係するので、やはり観測が必要だというお話です。また、やや隔靴掻痒《かっかそうよう》の感があるけれどいまは人工衛星からの画像でもわかる。今回もすごい迫力がある衛星画像が出ていましたが、まさにそういうのが大事な火山観測になるわけです。

漂着した軽石が教えてくれること

二〇二一年の軽石が漂着した際、この軽石が磨滅していたんですね。つまり角がとれて丸くなっていた。僕が興味深かったのはここです。

福徳岡ノ場の場所は東京から一三〇〇キロメートル南で、一四〇〇キロメートル西には沖縄がある。直線にしたらそんな感じですが、迂回《うかい》してたぶん移動してきた距離は三〇〇〇キロメートルぐらいになります。最初に西のほうにいって、それから黒潮で東に戻って、それで紀伊半島とか伊豆に漂着しているわけですよ。その間に波に揉《も》まれて丸くなるんですね。ジャガイモのようなかたちをしているとネットでも話題になっていたけれど、なるほど、そういうことになるのだなと。

僕たち地球科学者にとって、それがなぜ大事かというと地層の調査をするでしょう。そうするとと、当然そういうものが過去の地層に入っているわけですよ。それで海底で噴火したという事実がわかる。

陸上でも軽石は丸くなります。たとえば阿蘇山の噴火で発生した火砕流は陸上だから海ではないけれど、流れるなかで円磨《えんま》されて丸くなりました。岩石は硬いけれど、軽石は比較的軟らかいから、火砕流のなかの軽石はみんな表面が丸いんですよ。丸いといっても、それこそジャガイモのようなゴツゴツした感じですが。だから阿蘇山周辺の岩石には、そのような軽石がいっぱい入っています。

こうした角張っていない岩片を「円礫《えんれき》」といいます。円礫は河原とか波打ち際《ぎわ》にありますよね。流されるうちに丸くなるのです。

一方、角張った岩片を「角礫《かくれき》」といいます。特に火砕流が出た場合はシャープに割れた岩片が見られます。火砕流が出るときにその出口の火口付近にあった岩石を割るんですね。

バリバリに割って、それでその岩片も一緒に流れるのですが、硬いとそんなに丸くはならないんですよ。ということで、調べている地層に一般的な岩片と火山灰、それに角礫と軽石という四つぐらいが入っていると陸上の火砕流と成因が決まるわけです。

それで今回、漂着した軽石を見ると、それは円磨された軽石ですが、このような状態を「淘汰《とうた》がいい」というんです。英語ではwell-sorted（ウェル・ソーテッド）という形容詞です。

しかも、だいたいどれも同じサイズですね。ここから一万年ぐらい経って海が干上がって地層になると、一万年後の地球科学者は「これは海底で噴火があって海流で流されて、それが海底にたまったな」とわかるでしょう。そのようなことをいま、現実として我々が見ているというのは、やはり地質学者としてはとても面白い。

西之島新島と福徳岡ノ場の違い

もう一つ、現在進行形で噴火中の海底火山に西之島《にしのしま》新島があります。溶岩の流出によって日本の領土が広くなった、とSNSに喜びのコメントを書いている人もいました。

西之島新島は軽石を出さずに溶岩を出して島がどんどん大きくなって喜ばしい。一方、福徳岡ノ場は軽石を出して大変。いったいなにが違うのでしょうか。

まず西之島新島を見てみると、噴火で大量の溶岩が出て新たに島をつくっていますよね。もともと西之島があって、その隣に西之島新島ができたと。それで、西之島新島がどんどん大きくなって、もともとの西之島と一緒になって、いまは一つの大きな島になっています。

その西之島新島は太平洋プレートがフィリピン海プレートに沈み込んでいるところにあるんですよね。図3－5（一三六頁）で、太平洋プレートがフィリピン海プレートに沈み込んでいるところがありますが、伊豆・小笠原海溝があって、フィリピン海プレートは伊豆半島に潜《もぐ》り込んでいる。

その北の方に伊豆大島があって、南にいくと小笠原諸島がある。小笠原諸島は五千万年ほど前にできた古い島ですが、こちらも火山島です。ここでは、太平洋プレートがフィリピン海プレートに沈み込んでいるため、それでマグマができて火山が噴火したと言われています。

位置関係を確認すると日本列島と小笠原諸島の間に西之島新島があって、小笠原諸島の南に福徳岡ノ場があります。東京から見ると一〇〇〇キロメートルほど南のところに西之島新島があって、さらに三〇〇キロメートル南に福徳岡ノ場がある（図4－6）。これらはすべて太平洋プレートが沈み込むことによってできたものです。

それで西之島新島と福徳岡ノ場の違いですが、ここが火山学や地球科学の面白いところで、ひと言で言うとマグマのなかの「水」が抜けるかどうかなんですよ。

まずポイントを説明すると、マグマに含まれている五パーセントぐらいの水が、自分の力でマグマをバラバラにしちゃうと「火山灰」、出てくる間にその水が抜けると「溶岩」です。

では図4－3で説明しましょう。図のbのように下からずっとマグマが供給されています。それで、あるところでcのように泡立つと、マグマはバラバラになって火山灰あるいは火山弾となって噴出します。一方、ゆっくりと上がってきて、途中に割れ目が多い場合など、状

図4－6　伊豆・小笠原諸島の活火山
気象庁ホームページの図を一部改変

況によっては、その泡が途中で抜けちゃうことがある。そうすると液体のマグマがそのまま噴出して溶岩になるんです。

ちなみに溶岩になると海底で冷えて「枕状溶岩《まくらじょうようがん》」になります。枕状溶岩は文字通り枕のようなかたちの溶岩で、これは爆発しません。

枕状溶岩も面白いので、少し詳しく説明しましょう。下からマグマが上がってきて表面に皮ができます。マグマは熱いんですが、海水と触れると表面が固まって皮のようになるんです。

その表面はガラスのようにピカピカで、厚さはだいたい二〜三センチメートル、厚いところで五センチメートルぐらい。先ほども言ったけれど、全体のかたちは枕のようです。

それで、マグマはどんどん上がってくるので枕状溶岩はどうなるかというと、必ずどこかの弱いところに穴を開けて流れ出します。その度に表面に皮のようなものができるわけです。それを繰り返すから、枕が重なったようになる。枕状溶岩はマグマが海中で噴火した証拠でもあるんですよね。ちなみに四十億年前に地球上の多くが海であったのは、その年代を示す枕状溶岩がグリーンランドで出てきたことでわかりました。

枕状溶岩ができるということは、そのマグマはもう水が抜けるということです。岩石の種類でいうと玄武岩《げんぶがん》ですが、液体のマグマが海水と触れて固まり、ゆっくりと上がってくるから爆発的ではない。ある意味、安全なんですよ。一九七〇年代にハワイで火山学者が枕状溶岩があるところに潜って映像を撮ったことがあるぐらい危険はありません。

僕は、ものすごく危険だと思うけれど、最初に行った人は偉い。それはジェームズ・ムアーというアメリカの火山学者で、僕の友達です。ちなみに彼は「どこまで安全に近づけるか」「水中カメラでどうしたらうまく撮影できるか」など、いろいろ考えて潜ったと言っていました。

話を戻すと、爆発しないかたちでマグマが上がってきて西之島新島ができたと。誰も見ていないけれど、二万一〇〇〇～二万三〇〇〇メートルぐらいの海底で最初は枕状溶岩ができたんです。それがどんどん積もって、最後に海面上に顔を出しました。火山島でマグマの噴出量が多いから、どんどん溶岩が固まっていったと。それでマグマが溶岩になると硬いから、波に侵食されないで、横にどんどん広がっていっているんですよ。

一方、軽石は軽いから、もし積もっても洗い流される。実際、二〇二一年八月の福徳岡ノ場の噴火で火山が顔を出したらしいのですが、すぐ洗い流されて消えたということです。その前の一九八六年の噴火でも、しばらくは火山島があったんだけど、それも洗い流されて消えてしまった。それは硬い溶岩ができなくて軽石だったからです。

さらに、ここから一歩進むと、西之島新島の噴出物には水が少なくて、福徳岡ノ場の噴出物には水が多いのはなぜ？　となるけれど、その答えはわかりません。

わかっているのは、噴火の前に水が抜けたか、抜けていないかの違いがあったということ。ただ、どうして西之島で抜けて、福徳岡ノ場で抜けないのかはよくわからない。

一つ言えることは化学組成が違う。西之島のほうが玄武岩質というか、もともと水が少ないということはあるかなとは思います。逆に言うと軽石ができるということは、もともと水が多いんですよ。たとえばマグマに含まれている水が三パーセントと七パーセントなどといった、その差で起きたのかもしれない。けれど、実際はわからないので、いま、僕の後輩たちが一生懸命に調べています。

地球科学者はどこを見ているのか

海岸には軽石がいっぱい漂着するでしょう。そうすると僕たち地球科学者はなにをするかというと、まず取りにいきます。だって海底のマグマを海岸にいったら拾えるってすごいことじゃないですか。拾った軽石は洗って塩気を抜いて、顕微鏡で見る、化学分析するなど、いろいろ調べますね。

穴の大きさや分布も調べます。軽石の穴は小さいのから大きいのまでいろいろあるけれど、その分布を大量に統計処理する。何十万という数を機械で測って、ヒストグラム（対象のデータを区間ごとに区切った度数分布表を図で表現したグラフ）をつくるんですよ。

そうすると、ある火山はこういう軽石の穴の分布、また、別の火山はこうだという違いがあるわけです。それで僕たちはその違いについて、たとえば「今回の噴火では水がどう抜けたか」などを考えるんです。

そのためのパラメータがいくつかあるんですよ。

たとえばマグマの化学組成を見ると、二酸化ケイ素が五〇～七〇パーセントぐらいまでばらついています。それは岩石名で言うと流紋岩《りゅうもんがん》から玄武岩ぐらいあるということになる。それで、まず二酸化ケイ素の量にバリエーションがあって、そのほかにマグネシウムやカルシウムなど、ほかにもいろいろな構成要素の違いがあります。岩石の分類表を図4－7に示しておきましょう。

まず、二酸化ケイ素が多いと粘《ねば》り気が強くて爆発しづらい、二酸化ケイ素が少ないと粘り気が少なくサラサラと流れるということになる。

それだけではなくて水の量も影響します。二酸化ケイ素が少なくても水が多いと、爆発しやすくなる。つまり、水が大量の水蒸気になっちゃうと今度はボカンと爆発するんです。

もっと正確にいうと、その境界値は二酸化ケイ素と水の量に加えて、圧力や全体の量など

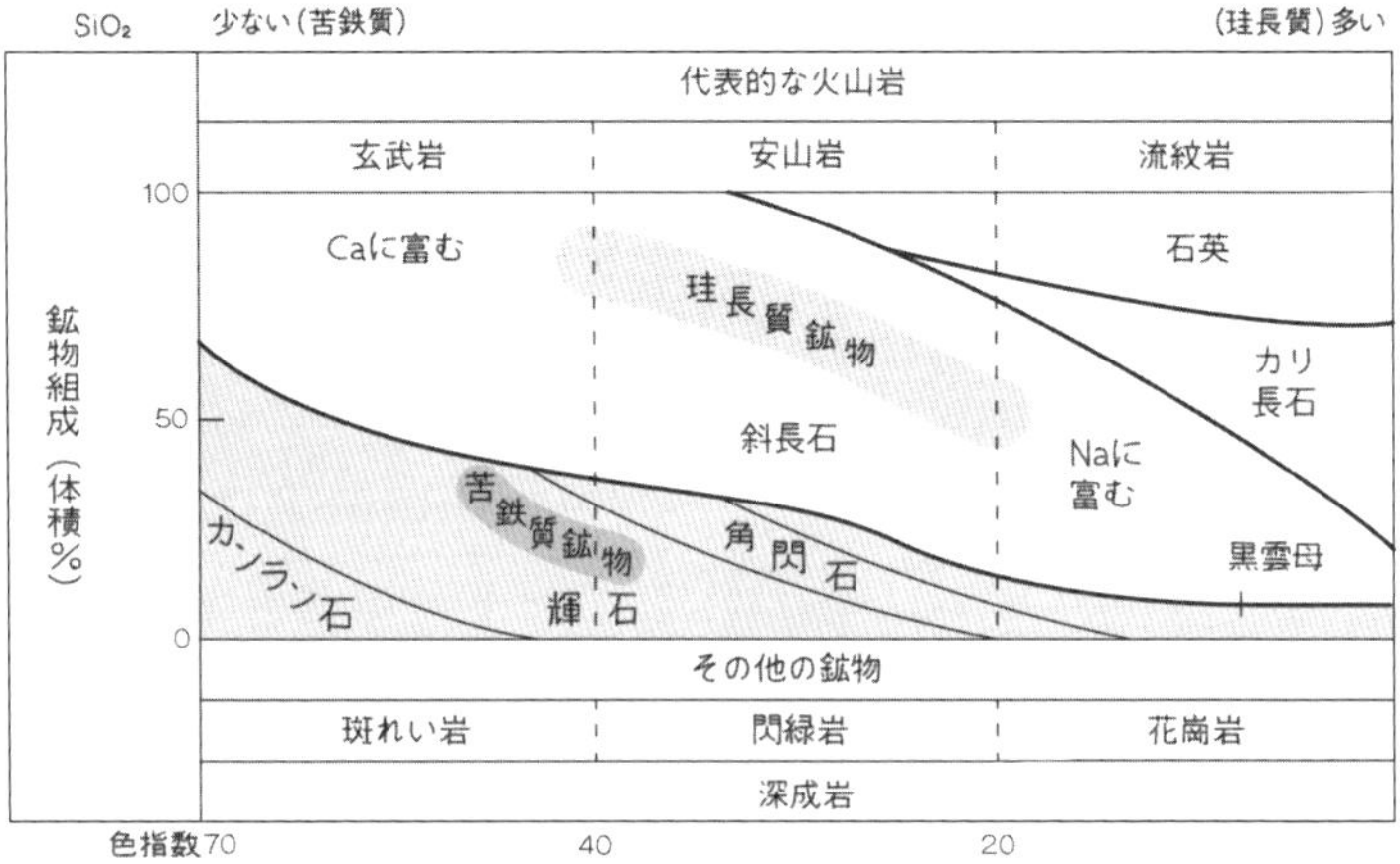

図4－7　岩石の分類表

が関わる。海面下のどのぐらいの水圧のところで噴火したかで、浅いと当然マグマが発泡しやすいわけです。でも深い、たとえば三〇〇〇メートルだとそれだけの水圧がかかっているから発泡しにくいと。

それとマグマだまりが上がってくるときの速度も関係していて、勢いよく上がったか、ゆっくり上がったかで異なります。ゆっくり上がると水が抜けやすいのですが、それだけじゃなくて、ゆっくりでも大量だと、抜けないで残るといった問題もある。

いくつかパラメータを紹介しましたが、それは僕の後輩が一生懸命に研究をして論文にまとめています。ただ、みなさんに一般理論として説明できるまでにはいたっていないのが現状です。

そのような基礎研究を別にすると、一つ大事なことは、ＪＡＭＳＴＥＣがシミュレーションして、漂着する場所とタイミングを計算してくれているということです。漂着すると地元に被害を及ぼすので、その前にできることがあれば準備しておくといいと思います。

それともう一つ、みなさんが心配して、僕によく質問としていただくのが「漂着した軽石は毒ですか？」という問題です。

これは毒ではありません。軽石のなかに人間にとって有害とされる硫黄やフッ素、塩素などが入っていることはあります。だけど、入っていても微量だし、二か月ぐらい流れているうちに全部消えていると思います。

ただ、持って帰って植物のために庭にまくことなどはやめたほうがいいでしょう。海水を含んでいるので、たぶん植物は枯れてしまうんじゃないかと思います。ちゃんと塩抜きして使えばいいかもしれませんね。

あとはもっと実用的になにかの産業の材料、たとえば断熱材などに使えませんかという話もあるけれど、それはそれでありかもしれません。

このような噴火はときどき起こるものです。たとえば百年以上前の話になるけれど、西表島《いりおもてじま》の海域で噴火が起きたときは、同じように軽石が流れました。

これはとても有名な話。なぜ有名かというと、その流れた軽石がうねうね蛇行して日本列島に近づき、それによって黒潮の流れがはじめて正確にわかったからです。いまはいろいろな方法で調べられるけど、方法がなにもないときに浮いている軽石を見て、黒潮の流れがわかったっていうのはすごい発見です。

軽石は厄介ですが、このように役に立ったこともあるという話です。

手渡されたもの

軽石が関係するものに「溶結凝灰岩《ようけつぎょうかいがん》」という岩石があります。せっかくだから、この話もしておきましょうか。

僕の師匠の小野晃司《こうじ》先生に、最初に阿蘇カルデラを案内してもらったのは車で阿蘇の周囲を何十キロメートルも走りながらでした。僕は中九州に来るのがはじめてで阿蘇山や周りの景色を見て驚いた。木がまったく生えてないんです。

平らな草原が広がっていて、ものすごく雄大な風景だった。その土台は九万年前の阿蘇山の噴火がつくったもので、僕の目の前には日本離れした風景が広がっていました。

ここで少し話が逸れるけれど、その雄大な風景は完全に噴火の影響ではなくて、木は生えていたけれど、明治の半ばに牧畜が盛んになって、人間が木をすべて切って草原にしたんです。一応、事実として紹介しておきます。

それで話を戻すと、その雄大な風景の先には別の火山がそびえ立っていて、蒸気が出ていました。小野先生は、その説明もしてくれたんですね。

「あれは九重山《くじゅうさん》で火山だよ」と。そして、九重山は阿蘇山とは三〇キロメートル離れていて、それぞれの関係はなく、独立した山だというんです。

「日本は火山国で、このような火山が二五〇もある」

「阿蘇山と九重山は活火山といって一万年前以降に噴火している」

「最近噴火した火山はまた近いうちに噴火する」

「九重山は阿蘇山ほど規模は大きくなくて、少し違うけれど、これはすごい山だぞ」

途中からは火山学の授業だったけど、とにかく小野先生はいろいろと教えてくれました。

その話が面白くて感動して、僕はそこから火山学にどっぷりと浸かったんですね。

なかでも特に僕を感動させたのは本物を示してくれたことです。阿蘇カルデラの岩石を手渡してくれたんです。その岩石はなにかというと、阿蘇4火砕流が固まった溶結凝灰岩《ようけつぎょうかいがん》です。なお、僕が感動した溶結凝灰岩のでき方をイラストで図に示しておきましょう（図4－8）。

その溶結凝灰岩がどうやってできたかというと、まずマグマが上空高くに上がった。その

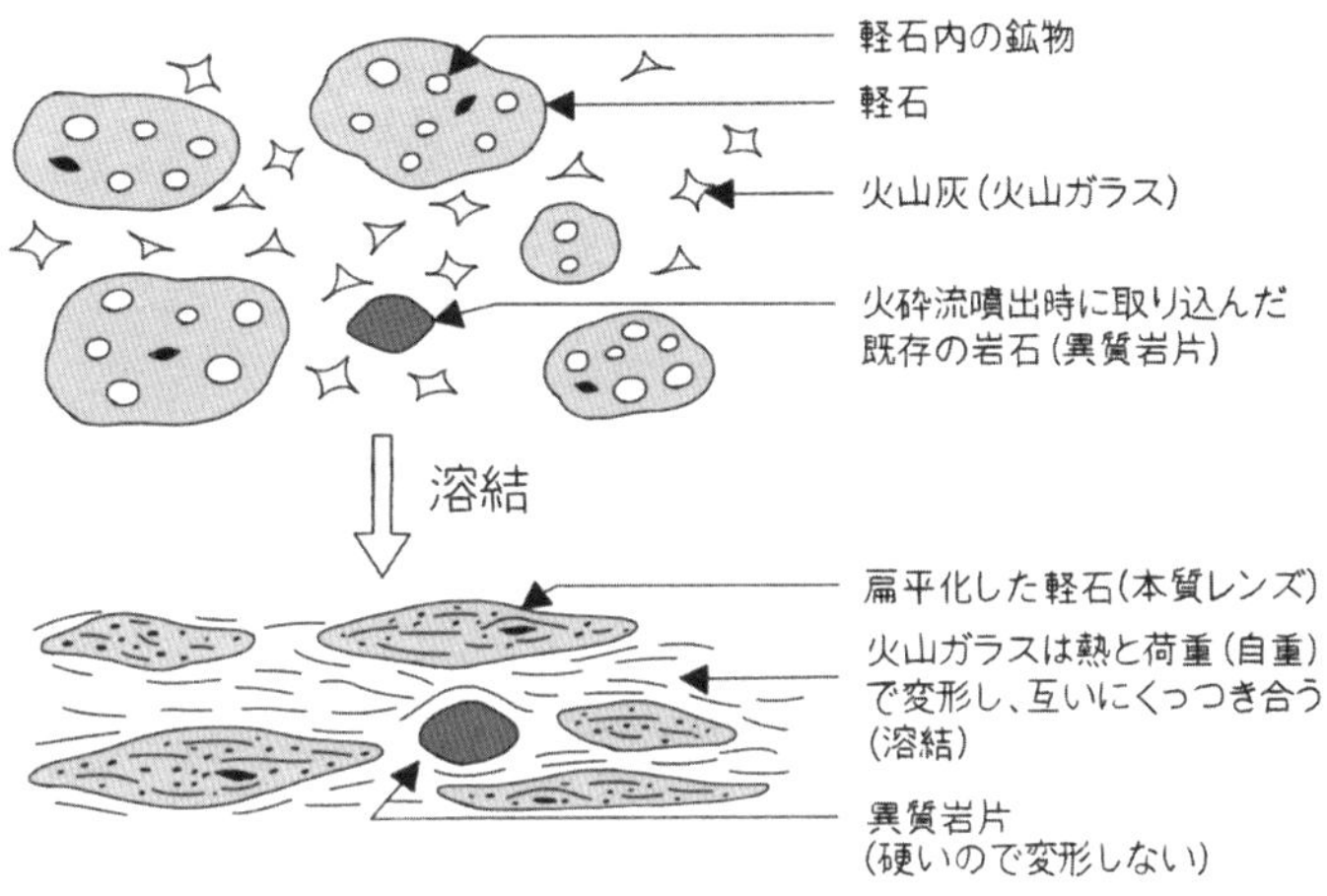

図4－8　溶結凝灰岩のでき方
原山智・山本明『「槍・穂高」名峰誕生のミステリー』(山と溪谷社)の図を一部改変

ときマグマのなかには水が五パーセントぐらい含まれているから、その水が発泡するんですよ。それで水蒸気になります。そうするとマグマのなかに水蒸気の泡がいっぱいできます。そして泡立ったものは固まると軽石になります。

前にもお話ししたけれど、軽石はいっぱい穴が開いた石で、昔はお風呂に入ったときなど軽石でかかとを擦ったものです。いまは化学繊維の「軽石」ですけどね、以前はちゃんと火山の軽石が売られていました。

それで、その軽石が九州全土に高温で流れました。そうすると流れた先のほうで上から下へギューッと収縮して、もう一回溶岩みたいに液体に戻るんです。図4－8を見るとわかるように、軽石のなかに含まれる空気が外に押し出されて、そのまま垂直に潰れてしまうんですね。溶結というのは、その状態を表しているんですが、戻るときに横の幅は変わらずに空気だけ抜けてベチャッとかたちが変わります。

そうすると「レンズ」のようなかたちになります。上から見ると丸くて、横から見るとレンズのように中央が膨らんでいます。それは「レンズの遷移《せんい》」とも言います。

温泉と鉱山は同じストーリー

阿蘇山の周りは美しい風景が広がっています。多くのほかの火山もそうで、図4－9のように日本の国立公園のおよそ九割は火山が関係しています。

たとえば霧島山と桜島、公園でいうと霧島錦江湾《きんこうわん》国立公園ですが、これは活火山です。それから阿蘇くじゅう国立公園も活火山がベースです。そこにある鶴見《つるみ》岳、由布《ゆふ》岳は別府のすぐ裏にあります。別府には京都大学の地球熱学研究施設があるんですよ。活火山のすぐそばで実は怖いところに存在します。鶴見岳は土石流を出したり、岩なだれ（岩屑《がんせつ》なだれ）を起こしていて、それらが別府湾のほうに流れてきているんです。

図中で第四紀というのは、地質年代という時代のわけ方です。現在は、新生代の第四紀の

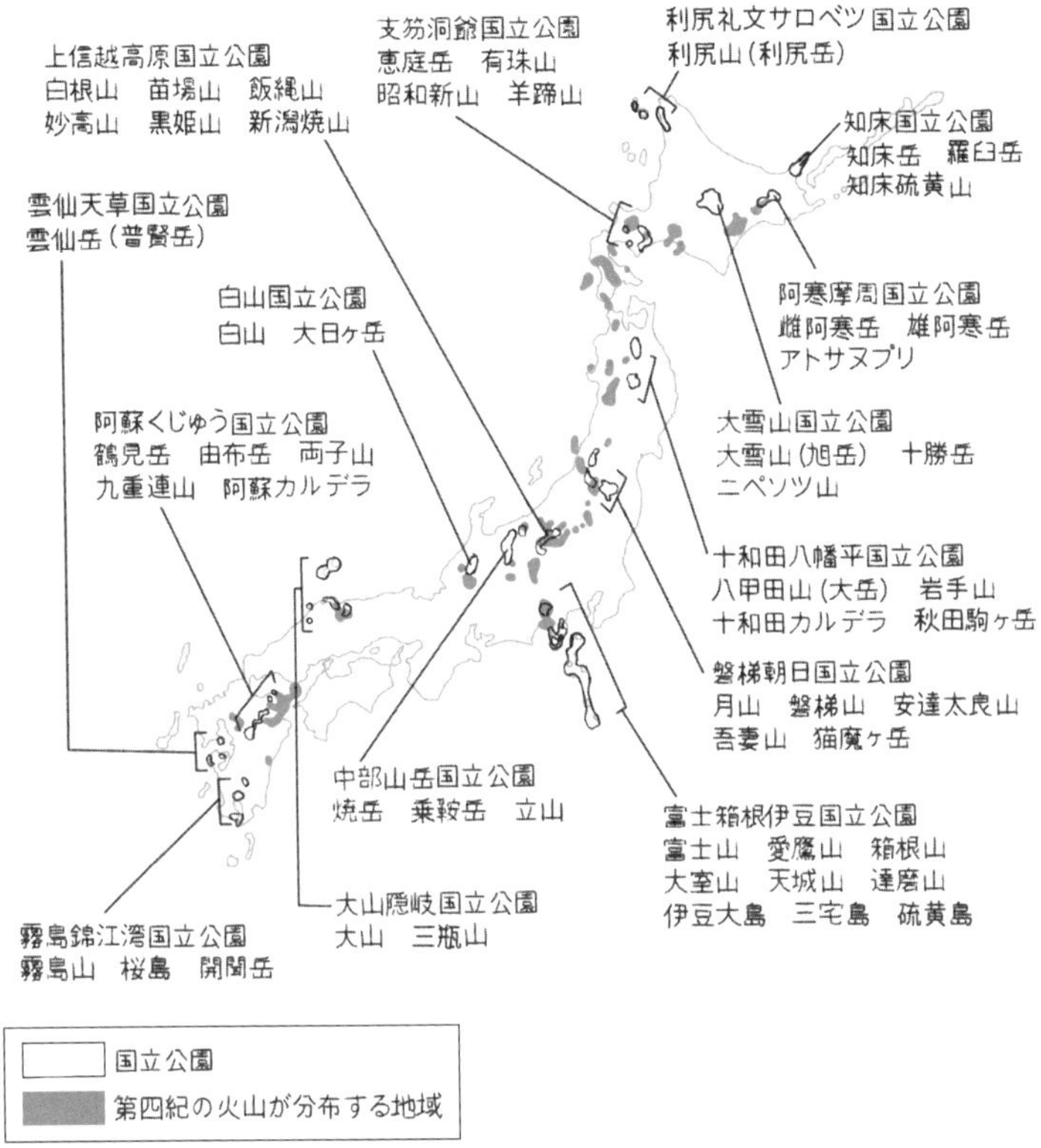

図４－９　日本列島の国立公園と第四紀以降の火山

鎌田浩毅『地球とは何か』（サイエンス・アイ新書）より

なかの完新世に当たります。第四紀は、およそ二百五十九万年前からはじまり、地球全体が氷河に覆われる「氷期」と、氷河が解けて温暖になる「間氷期」が交互に現れます。

雲仙岳も活火山です。北海道だと知床岳や知床硫黄山が活火山ですよね。それから支笏洞爺《しこつとうや》国立公園や阿寒摩周《あかんましゅう》国立公園も火山が関係しています。本州では富士箱根伊豆国立公園がそうです。

活火山のある地域は温泉が多いのも特徴です。あとは金などの金属が採れるところもあります（図1－7、五八頁）。金属と温泉って一緒なんです。

マグマがあり、そのマグマがずっと上がってきてマグマだまりをつくるのですが、それが周囲の地下水を温める。それで、温められた地下水が出てくると温泉になります。

ただ、地下水が出てこないこともある。その場合はマグマで温められた水、あとは硫化水素なども循環して、周りにある金属を溶かし、それがあるところでたまるんです。

周りにある金属とは、たとえば銅などの産業で必要なものがそうだし、金などの装飾品として使用されるものも同様です。日本では銅、鉛、亜鉛が多い。あとは黒鉱《くろこう》という「鉱床《こうしょう》」があって江戸時代から採掘されています。

いま、出てきた鉱床というのは、資源として利用できるものが濃縮している場所です。ほかにも金は佐渡金山、銀は生野《いくの》銀山がありますね。いずれも私たち人間にとっては有益です。

そのような熱水が関係する鉱物がまとまったところを「熱水性鉱床」といい、熱水性鉱床は海底火山の熱水の吹き出し口にもできます。陸の熱水性鉱床は一〇〇〇～二〇〇〇メートルの地下にできますが、陸地は隆起するからそのうち地上へ出てきます。それが人が稼行《かこう》する「鉱山」です。

いろいろな言葉があるけれど、いずれにせよ温泉と鉱山は同じストーリーのなかにあるものなんですね。

温泉はマグマの産物

僕はもともと火山学者です。大学は地学科でしたが学生時代は火山のことはまったく知らなかった。けれど、就職してから火山学を勉強しました。火山はいろいろ面白いんです。その一つの要素が「地熱」です。

国内にはたくさんの温泉がありますよね。湧《わ》き水がなぜお湯になるかというと地下に熱いものがあるからです。そして、その熱いものはなにかというとマグマなんです。だからだいたい温泉は火山の近くにある。

しかし、あまりに火山の近くにあると温泉は蒸発してしまいます。たとえばアメリカのイエローストーン火山は熱すぎて蒸気がブワッと出て適度な温泉にはならないんです。

新しい火山の近くにも温泉は少ない。約十万年前にできた富士山の周りも少ない。富士山は大きすぎて、温泉ではなくて、冷たい湧水の産地になっています。

つまり、適度に火山が古いと温泉が湧くんですね。面白いもので、ざっと百万年とか、二百万年とか古い火山のほうが周りに温泉ができるんです。

阿蘇山とか草津白根山の周辺には温泉がたくさんあります。火山の地下にあるマグマだまりの熱によって温められた地下水に、マグマ自体のガス成分や地下水の周りにある岩石に含まれたさまざまな成分が長い時間をかけて溶け込んでいきます。このようにして、さまざまな成分の温泉になるのです。

地熱から考えるエネルギー問題

温泉以外で地球科学が関係するもので、僕たち人間が利用できるものには「地熱」がありますね。地熱を利用するには、マグマと水があるところにボーリングで穴を掘って熱水を汲《く》み上げる必要があります。

僕が通産省（現・経済産業省）の地質調査所でやった仕事の一つは、お湯が沸いているとこ

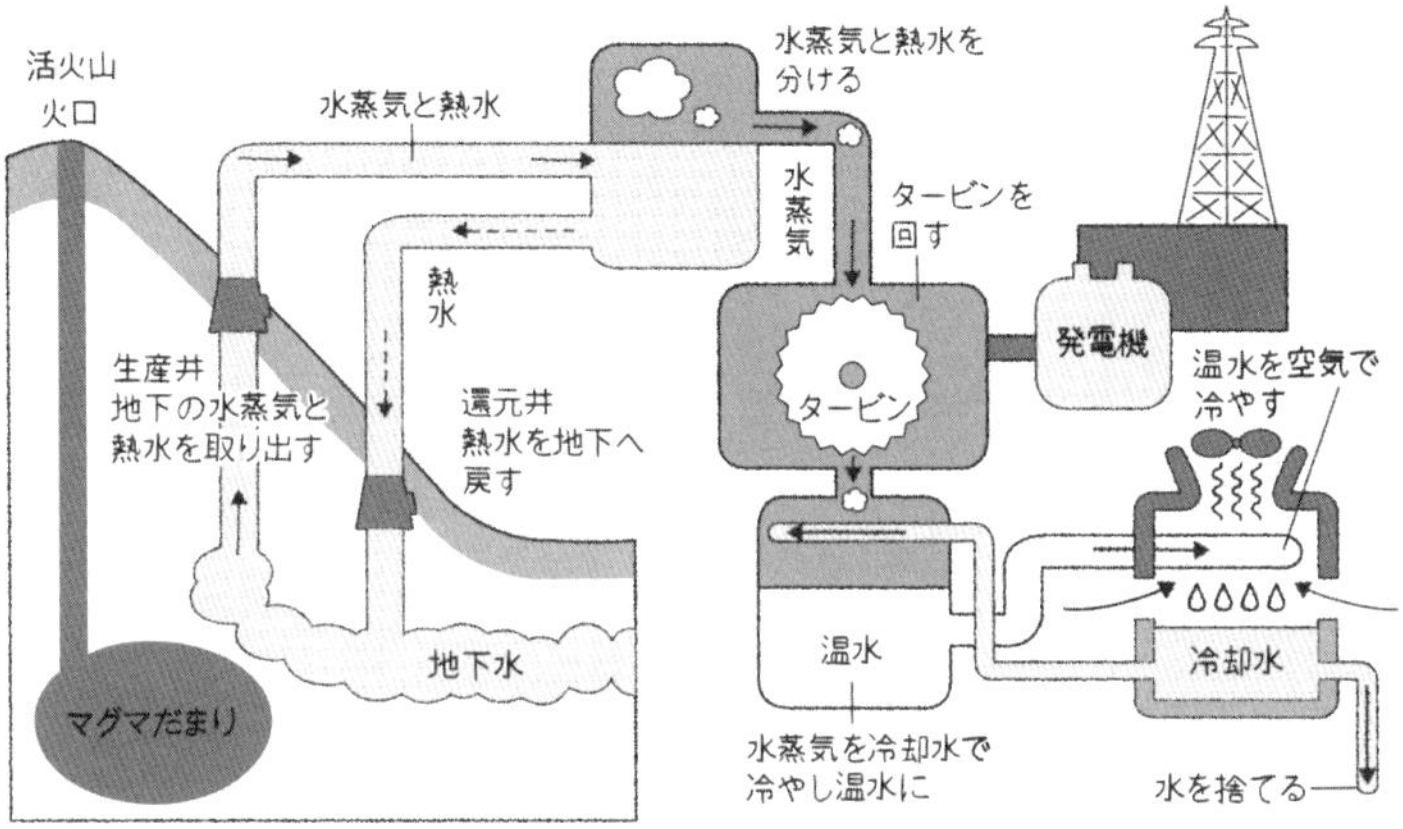

図4－10　地熱発電の仕組み
筆者作成

ろにボーリングで穴を掘るというものです。地下三〇〇〇〜四〇〇〇メートルぐらいまで掘って、蒸気を出して発電所をつくるんです。「地熱発電」ということで熱を出してタービンを回すんですね。

　掘る穴は二つで、一つ目でお湯を上げてタービンを回す。そこで熱交換をしてそのままお湯を二つ目の穴から返すんですよ。そうすると地下のお湯の量は減らないで、熱だけを取ることができます。

　二つの穴のうちの一つは「生産井《せいさんせい》」、つまり熱を生産するためのもの。もう一つは「還《かん》元井《げんせい》」で還元、つまり還すための井戸です（図4－10）。なぜ二つ必要かというと、熱水には硫黄、二酸化硫黄、硫化水素などの有害な物質が溶け込んでいるからです。それらをそのまま出すと環境が汚染される。だから熱水はそのまま還してやるのです。

いちばん浅いところでは一〇〇〜五〇〇メートルぐらいで熱水が出るのですが、そういうところはだいたいすでに温泉地になっています。温泉地には江戸時代、なかには奈良時代から続くものもあります。

古い温泉で思い出したけれど、飛鳥時代から奈良時代にかけて活動したお坊さんの行基《ぎょうき》（六六八〜七四九）は温泉が出る場所がわかったそうです。地面をトントンと杖で叩《たた》いたところを掘ったらお湯が出てきたという話があるそうです。なぜ彼は温泉の出る場所がわかったのか？

考えられる理由は二つあって、一つは仏さまの力。お坊さんですからね。

そして、もう一つは知識や経験に基づく直感です。

昔のお坊さんはとてもよく地面のことを研究していて、地面に対する観察力が鋭かったと言われています。空海（七七四〜八三五）などもそうですが地球科学者としての素養があったと思います。きっとご自身でもいろいろと勉強もしたんでしょう。

特に空海は唐に留学しています。実は、ちょっと調べてみたのですが、空海は実際に向こうで土木技術を勉強していたそうです（緒方英樹『土木史 僧侶たちの土木技術②』全日本建設技術協会『月刊建設』第五九巻第五号）。

だから実際にフィールドを歩けばだいたい直感的に温泉が出る場所がわかったのだと考えられます。実は僕も「ここは温泉が出そうだな」とわかることがあります。

話を戻すと、とにかく熱水が出る浅いところは昔から知られていて既得権がある。だから地熱発電には利用できません。そうすると三〇〇〇メートル、四〇〇〇メートルといった深いところを掘る。それで通産省がプロジェクトを計画して実行したのです。

いま地熱は、石油、石炭といった化石エネルギーに代わる新エネルギーとして脚光を浴びていますね。だけど、お金がかかるというとても大きな問題があります。場所によるけれど三〇〇〇メートル掘るのに数億円かかったりするわけです。しかも掘って終わりではなく、それから探査するんだけど、それも数千万円かかるとされています。

僕が携わったプロジェクトは総計二〇〇億円の国家プロジェクトでした。どのぐらいもとが取れたかというと一パーセントにもならなかったと思います。国の威信をかけたプロジェクトとして一生懸命にやって、それなりの成果はありました。僕もたくさん論文を書きました。もちろん発電もできる。だけどトータルの金額を考えるとまったく割に合わないわけ。

それで当時の通産省は地熱発電のプロジェクトを二十年ほどやったところでやめました。僕は中部九州で大規模地熱発電所をつくる研究の草創期から最盛期まで、地質調査所の地殻熱部に在籍していたわけです。そして、プロジェクトが店じまいをする直前に京都大学から声がかかって移籍しました。

最近は脱炭素政策で盛り上がっているけれど、基本的に経済的には割に合わない。太陽光発電も風力発電も同様です。では、割に合うのはなにかというと、現状では結局は石油や石炭、天然ガスぐらいなんです。

自宅で地中の熱を利用する

地熱については、高温の熱水が取れる場所は限られていますが、そこまで高温でなくても利用しようというシステムもありますね。図4－11のように「地《ち》中《ちゅう》熱《ねつ》」を利用するもので、二十年ぐらい前から実用化されています。

地中熱を使って、直接発電はしないのですが、その熱だけを取ることが可能です。簡単に家を暖めることができます。昔はセントラルヒーティングといって、建物の一か所に熱源を発生させる装置を設置して、それで各部屋を暖めるシステムがありました。でもセントラルヒーティングをいまやほとんど見ることはありません。それは効率がよくないからなんです。やはり各部屋にエアコンを入れて、それぞれの部屋で調整したほうが結果的には全体のエネルギーコストが下がるんです。

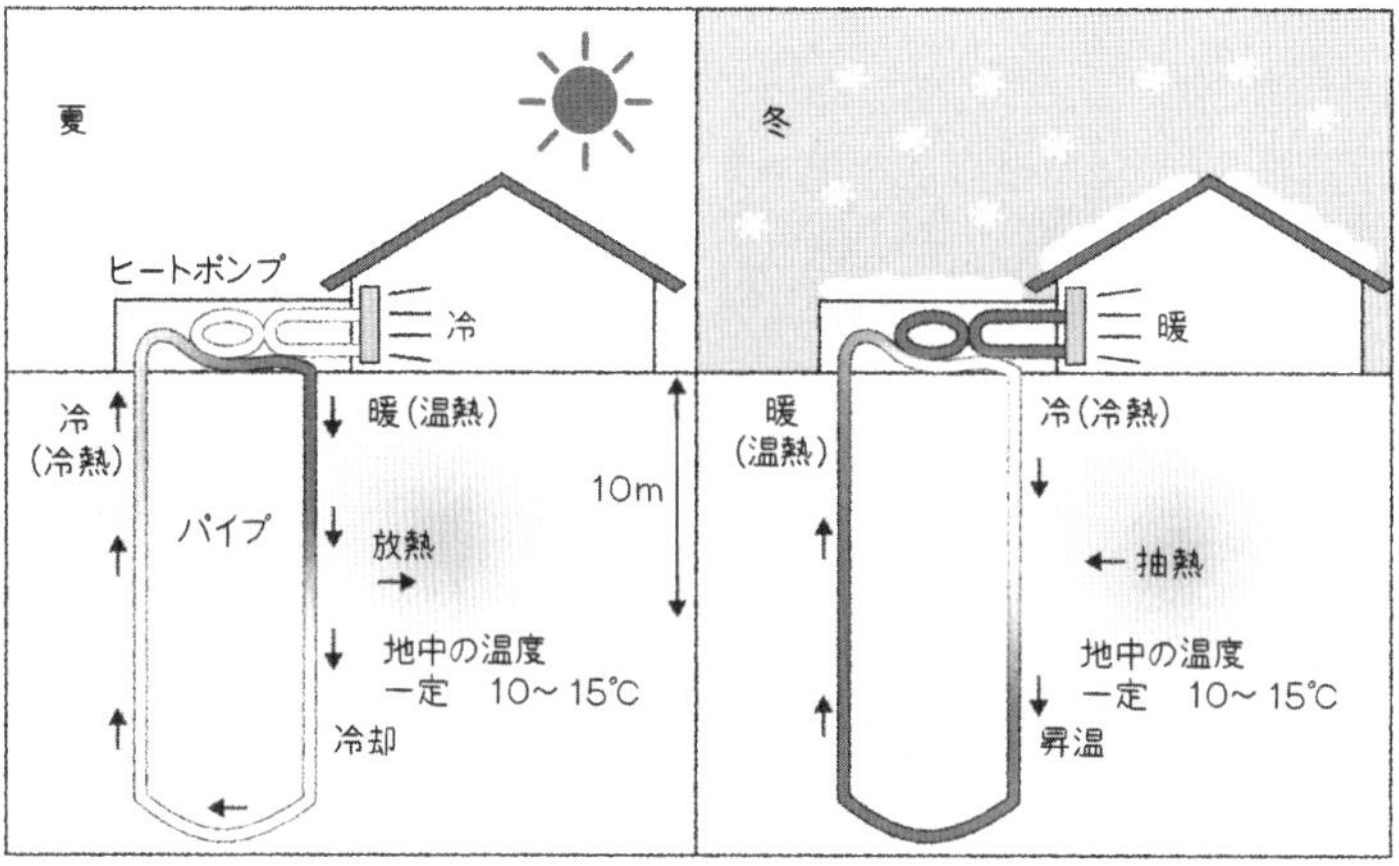

図4－11　地中熱の利用法
西川有司氏による図を一部改変

地中熱に話を戻すと、タービンを回して発電するほどの熱水ではないけれど、十分に熱いから、それを利用するということです。タービンを回すのには二五〇度ぐらいの高温の熱水が必要なんですよね。百数十度ぐらいだとそこまではいかない。けれど、とにかく温度差があれば暖房も、そして冷房もできるんです。

　このようにエネルギーだけを取り出すシステムを「ヒートポンプ」といいます（図4－11）。夏の冷房のほうは少しロスがあるけれど、技術の進歩でこういうことができるようになったということですね。

　さて今回の質問を見てみましょうか。

――富士山や伊豆大島の三原山《みはらやま》は、なぜ玄武

岩質の溶岩なんですか？

基本的には答えはわかりません。

一つ言えることとして、深いところからマグマが生産されて玄武岩質の溶岩が上がりやすいということがあります。富士山、三原山といった、このあたりの火山はすべて伊豆半島の成因が関係していて、フィリピン海プレートが沈み込んでいることがおおもとの原因です。それで富士山の場合はプレートが沈み込んで、地下六〇キロメートルぐらいのところでわかれて開いているのです。プレートが裂かれて開くような地面になっていて、そうすると深いところのマグマが上がりやすい。

これは地球表面では一般的な現象で、地面が開くところはマグマが上がりやすいのです。最大の場所は大西洋中央海嶺だし、富士山もそうだといえます。

では、すべての玄武岩質の溶岩があるところがそうかというと、そういう話ではなく、あくまでも一つの仮説です。やはりあんまりクリアな答えがない。

5W1Hという言葉があります。地球科学はWhy（なぜ）という質問には一割ぐらいしか答えられません。How（どのように）やWhen（いつ）、What（なにが）、Where（どこで）という質問には答えられる。そのような質問は詳しく調査して答えを突き止めればいいのですが、最終的に「なぜ起きたんですか？」というのはほとんど答えられないのです。

「地球はなぜできた？」という問いもそうですよね。太陽系に惑星がぐるぐる回って集まり、たまたま地球ができたんです。

では、なぜほかの星はそうじゃないかというとわからない。実験してみてもそうならないし、やはり偶然がたくさん重なった結果なのでしょうね。これは「複雑系」というのですが、地球のでき方や地球の内部の構造、もっといえば熊本で地震が起きる理由などにも同じことがいえます。5W1Hのなかで、Whyにはなかなか答えられないんです。

いま、お話ししたこともぜひ地球科学の本質として知っておいていただきたいんですが、たとえば小学校で授業をすると、いい質問がいっぱい出るんです。そして、その質問はだいたい答えられない。大人になればなるほどそのような質問はなくなってきますね。たとえば、「この化学組成は五八パーセントですか？」というような質問には、シンプルに知っているから答えられるというふうにね。

その反対に、子どもの質問がいちばんプリミティブというかナイーブというか、最上位の質問であったりするんですよね。

それでなぜ玄武岩質かっていうのは、かなり最上位の「なぜ」が入っているのでこのような答えになります。いい質問、ありがとうございます。

槍ヶ岳とカルデラ火山

――日本列島はユーラシアから引きちぎられてできたとのことですが、こういう陸地の裂け目は減ったところを埋めようとマグマが上がってくるという現象が起きないのでしょうか。もし起きたら陸続きになるのでしょうか?

大西洋は広がる。一方で太平洋プレートは沈み込む。日本列島の下に斜めに沈み込んで地震は起こすし、マグマをつくるでしょう。まずそれが全然違いますよね。

とても本質的なことで、もともと地球の陸地は「パンゲア(pangea)」という一枚の巨大な大陸だったのです。それが真ん中で割れるんですよ。それで広がっていくのが大西洋ね。

ざっと地球は三割の陸と七割の海からできていて三割の陸がまとまっていたのがパンゲアだけど、割れると七割の海が狭くなる。狭くなって困るから、別のところで沈み込んでいるのが、大西洋の反対側の日本を含めた太平洋にある環太平洋の沈み込み帯なわけです。

だから太平洋と大西洋は成因がまったく違うんです。

じゃあ、それはどれぐらいのサイクルかというと、だいたい四~五億年周期で大陸がくっついたり離れたりします。これまで四回ぐらい、そのようなことがあったと考えられていて、これを「ウィルソンサイクル」と呼びます。三章（一二三頁）でも出た用語ですが、ウィルソンは人名で、プレート・テクトニクス理論を最初に提唱したジョン・ツゾー・ウィルソン（一九〇八〜一九九三）です。プレート・テクトニクス理論を確立したパイオニアの一人ですね。

――槍《やり》ヶ岳はカルデラ火山の跡と言われていますが、地下のマグマが五百年以上高温を保っているようです。どうして保温できるのでしょうか？

槍ヶ岳は百六十万年ぐらい前の火山です。それが固まって隆起して、日本の最高峰、日本アルプスをつくっているわけですね。

ジョン・ツゾー・ウィルソン

保温できている理由は、かつてマグマが上昇して隆起した速度があまりにも速いから、固まったものがそのまま高温を保って地中の高い位置にあるということです。これは液体のマグマがあるというわけではなくて、マグマはすでに固まっています。

今でも溶けたマグマがあるのは一一一個の活火山の下だけです。

あとは質問にカルデラ火山とありますが、いまあるカルデラ、鬼界《きかい》カルデラや姶良《あいら》カルデラの下にはマグマがあって、それがあと百万年ぐらい経つと固まるわけです。そうすると日本列島は隆起しているから、百万年後の人類が見たら鬼界カルデラのマグマ、姶良カルデラのマグマ、と観察できるかもしれないんです。

――鎌田先生が好きな石はありますか？　ファッションが素敵ですが、宝石やジュエリーにも魅力を感じますか？

そうですね。宝石は好きです。ただ、僕は宝石のことは詳しくありませんが、少し宝石のこともお話ししましょう。

たとえばダイヤモンドは炭素です。二酸化炭素にも含まれている炭素ね。石墨《せきぼく》も炭素が固体化されたものですが、それがものすごい圧力で結晶化すると、ピカピカのダイヤモンドになるんです。高圧が必要で、地下二〇〇キロメートルぐらいのところでできます。

別の宝石だとオパール。オパールはダイヤよりも深くないところでできます。火山のマグマが石英と同じ化学組成の微細な鉱物をつくって地下で固まります。

まったく鉱物ではないけれど、生物由来の真珠も宝石として扱いますね。

ということで宝石はいろいろな地下の情報を含んでいるし、そういう意味では地球科学にとってもとっても貴重なものなんです。

――佐渡の金山はあってしかるべきという場所にあるんですね。秋吉台《あきよしだい》とかもあそこにある合理的な理由があるのでしょうか？

図1－8（六〇頁）を見てください。石灰岩が火山島の上にできて、プレートが沈み込むときに大陸プレートと海洋プレートの間に揉み込まれるんです。ここは地震や津波が起きる場所でもあるのですが、海の底の岩石や陸から流れてきた土砂、あるいは海の底で静かにたまった珪藻《けいそう》など、いろいろなものが混ざっているんです。

それが隆起して地表に露出したのが秋吉台や帝釈台《たいしゃくだい》です。その歴史のはじまりは三億年前とか五億年前とか古い時代の話です。

そういう意味では、すべての岩石のでき方にはちゃんとした理由があるのです。それはひと言で言うなら三章で説明した「付加体《ふかたい》」で、プレート・テクトニクスの理論によって、ちゃんと成因がわかっているものなんです。

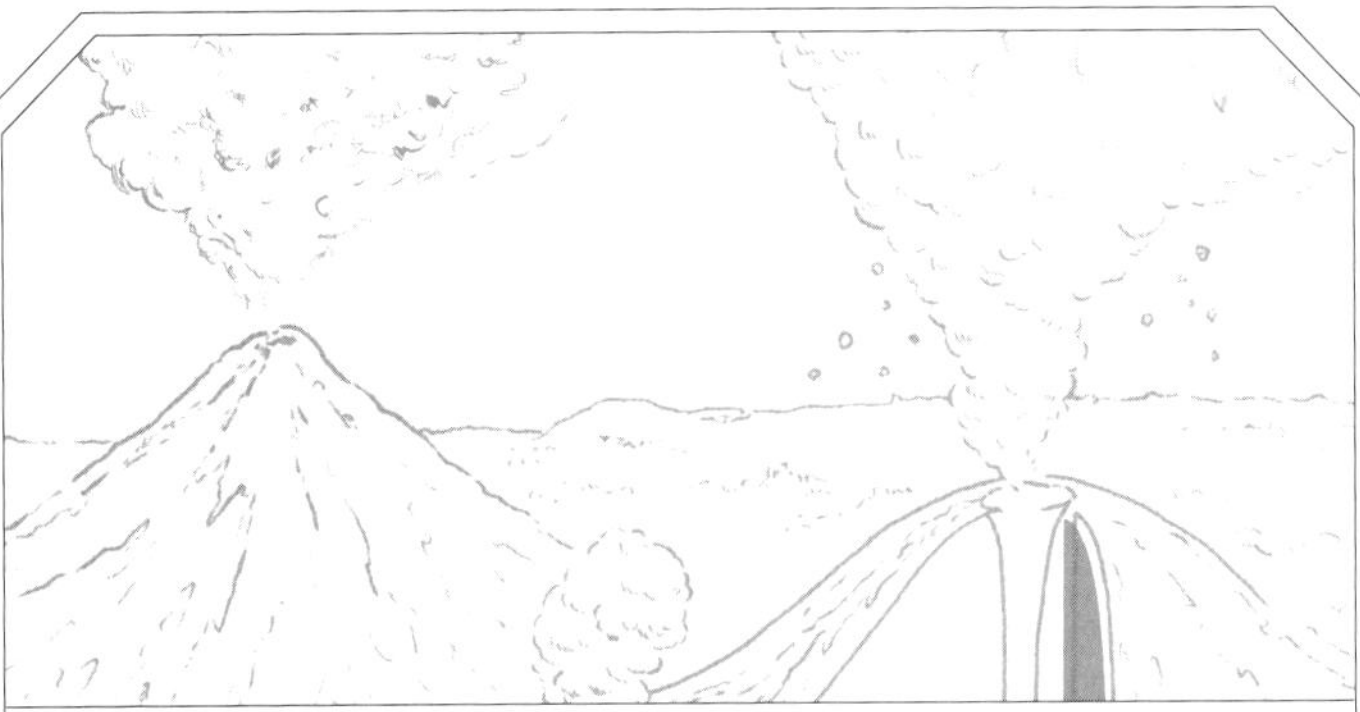

5章

巨大噴火のリスク

命の危険を感じた伊豆大島の噴火

この章では、冒頭に僕が伊豆大島で体験した大噴火について記します。一九八六年十一月十五日の夕方に起こった三原山《みはらやま》の山頂火口からの噴火は、日暮れとともに溶岩の火柱を立ち上げました。

そして、カルデラ床からの噴火がはじまると大量の溶岩をカルデラ内に流出。さらに噴火割れ目は北側の外輪山を越えて山腹へと伸長していきました。

伊豆大島火山で山腹割れ目噴火が発生したのは、五百二十八年ぶりといいます。噴火に伴って流れ出した溶岩が、人口の多い地区に迫ったこともあり、全島民の島外避難を決定。一万人あまりの島民は本土へ避難しました。

二〇二四年現在、気象庁による伊豆大島火山の噴火警戒レベルは「1（活火山であることに留意）」ですが、地下深部はマグマが蓄積された状態にあり、火山活動はやや高まっていると考えられます。

火山大国である日本では、地震だけでなく、これまでも多くの災害が記録されています。

今回は火山によって引き起こされる災害やそのメカニズムについて解説しましょう。

今から四十年近く前、伊豆大島でとても貴重な経験をしました。一九八六年十一月のことです。伊豆大島の三原山で噴火がはじまりました。最初は小さな噴火だったんです。それが、いきなりドンッと大きな噴火になって僕はマグマに追いかけられました。

どういうことかというと、最初は三原山の火口に溶岩がたまって、「噴泉《ふんせん》」が見られました。噴泉とはハワイなどでよく見られる、まさにマグマが泉のように勢いよく噴き出す現象です。その噴泉が終わるタイミングで僕は三原山に行ったんですね。

そのときの伊豆大島の噴火は、僕が現地入りする三日ぐらい前からはじまっていました。すぐに行きたかったけれど、僕はちょうどそのとき博士論文を書いていたんですね。博士論文は十二月に東大理学系研究科へ提出しなくてはいけないからもう必死で、寝る間も惜しんで書いていました。

そんな折に三原山が噴火したんです。

僕は、「なぜ、こんな忙しいときに噴火するんだ」って火山に向かって怒りました。まあ、怒ってもしょうがないのですが、噴火が終わってしまうのではないかと勝手に焦りながら、とりあえず博士論文をある程度まとめてから出かけたので、現地に着くのが三日も遅れてしまいました。

当時、勤めていた地質調査所の課長の曽屋龍典さんや東京大学理学部地学科の後輩の中野俊君も、それぞれ僕と同じように忙しくて、すぐには現地に行けなかった。三人とも、「噴火はじまっちゃったよ……。行きたい！　行きたい!!」という感じでした。ちなみに、二人とも拙著『地球は火山がつくった』（岩波ジュニア新書）に出てくる我々の業界ではけっこう有名人です。

結局、この三人は現地に向かうのが同じタイミングになったので、「じゃあ一緒に行きましょう」って三人で伊豆大島行きのフェリーが出ている東京湾の竹芝桟橋《さんばし》に向かいました。ターミナルでフェリーを待っていると、伊豆大島から帰ってきた、たくさんの同僚に出会いました。「鎌田くん、いま頃行ったってもう噴火のピークは終わったよ」などと声を掛けられたんです。

僕たち三人は、伊豆大島に着いたらすぐにジープを借りて、三原山の上のほうを目指しました。そうすると、なにか様子がおかしいんです。だんだん噴火が大きくなってきて、マグマがこっちに向けてドシンドシンと落ちてくる。そこで三人とも同時に危険を直感して、「退却！」という事態になったのです。

たしかに危険な状況で「危ない」と思ったけれど、僕たちはビデオや写真を撮影することに夢中で……。噴火のときに光の環ができる「光環《こうかん》現象」が見られることがあるのですが、それもしっかりと撮影できました。いま振り返ると、とても貴重な映像です。でも、ずっとそこにいるわけにはいかなかった。

本当に危険な状況でした。そのとき、ジープのハンドルを握っていたのはこれまでにたくさんの噴火に立ち会ってきたベテランドライバーの曽屋さんで、どうやって逃げたら助かるかを知っている人でした。火山灰が積もって砂漠のようになってしまったところを、命からがら必死に逃げたんです。

我々の真横にも火山弾《かざんだん》がボンボン降ってきて、なかには軽自動車ぐらいのサイズのものもあった。あれが直撃したら即死でした。本当によく生きて帰ったと思います。

その後、伊豆大島の大島警察署に行きました。

そこに噴火の現地対策本部が設置されていたからです。そこにはたまたま別の調査できていた、僕の地質学の先生である荒牧重雄教授と東京大学地震研究所名誉教授の下鶴《しもづる》大輔先生がいらっしゃって、みんなで「どうしよう……」という感じでしたね。とにかく予想外に激しい噴火でした。

噴火は、その後もどんどん大きくなって、火口が割れて広がりました。こうした噴火を「割れ目噴火」といいます。たとえば九州の豊肥《ほうひ》火山地域の大分－熊本構造線は断層の集合体で線がすべて割れ目に沿っています。その真ん中には活火山の阿蘇山もある。あとはアイスランドの一部もそうですが、マグマが大量に上昇してくると割れ目が全部噴火口になります。マグマが噴き上げると炎のカーテンのようになる。割れ目噴火になると規模が大きくなって単一の噴火口からの噴火と比べると、だいたい一〇～一〇〇倍ぐらいの量のマグマが噴き出るんです。

割れ目噴火がはじまったのが、僕たちが命からがら逃げてきた直後です。夜になると炎のカーテンがブワッと一五〇〇メートルまで立ち上がっていました。その光景は美しいといえば美しい。でも、そこでは地震もあって震度五強の揺れだったし、とても怖かった。

僕は大島警察署の屋上からビデオ班としてビデオを撮影していました。一階は対策本部で、荒牧先生、下鶴先生、それに大島町の町長や大島警察署の署長などが集まって町民の方々の避難の方法などを話し合っていました。

本当にすべてがはじめてのことで、皆いろいろと大変でしたね。

地震を観測している東大の伊豆大島火山観測所に溶岩が迫ってきたこともありました。僕たち地球科学者は地震を観測し、そこから地殻変動や地質などを考えて、それによってはじめて次の噴火予測が立つ。だから地震計はとても重要なんです。そのときは「なんとか観測所は無事であってほしい」との思いから僕の友人（千葉達朗さん）が木に登って確認して、「溶岩はあとどれぐらいでくる？」と尋ねると「あと五〇メートルです」と逐一《ちくいち》報告してくれました。結果、幸いにも溶岩は観測所の直前で止まりました。

噴泉は明け方の四時ぐらいまで続いたので、徹夜となりました。溶岩の観測は大切ですが、やはり町民の方々の避難が最優先です。それは前日、つまり僕たちが到着した日にはじまっていました。その日の夕方ぐらいから関係各所に連絡を取って、海上保安庁や海上自衛隊の船舶はもちろん、遊覧船、漁船、貨物船など、近くにあって動ける船をすべて動員してもらいました。旅客用に使用している港以外の漁港などもぜんぶ利用し、約一万人の住民と旅行者を本州の東京港や伊豆半島の港まで輸送しました。

東京都の対応は早くて、島民の方々はしばらく品川の公民館などで宿泊して、戻れるようになったのは一か月半後ぐらいだったでしょうか。

その噴火は五百二十八年ぶりの大噴火でした。とにかく一人の死者も出なかったのが本当に幸運でした。

観測していた僕の友達の目の前、約五〇メートル先で割れ目が開いたこともありました。彼がいちばん危なかった。僕たちはなすすべなく警察署の屋上からその様子を見ていたけれど、その友人火山学者はあわてて逃げて間一髪で難を逃れました。

すべてが薄氷を踏む思いだったし、同じことがあったら僕自身もあそこまでは噴火に近づかないです。なにせ五百年以上ぶりのことで、なにもわからないから、はじめて噴火に接するような素人の行動をしたのです。

そのときの写真や映像は、この二十四年間、必ず学生に見せてきました。僕が六十歳のときにはTBS系のテレビ番組『情熱大陸』できちんとした記録映像にしてくれました。いま振り返るに、そのときの火山学者たちの行動は実は反面教師で、「危ないから、このような行動はしてはいかん」ということです。

自然はこういうものなのです。自然の掟《おきて》はなにかというと、僕たち人間にとっては「想定外であること」だと思うんですよね。我々火山学者が蓄積してきた知識を総動員しても、なお「未知の現象」が起きるものなんです。

覚えておきたい三つの噴火のタイプ

それでは、そもそもなぜ火山は噴火するのかという話に移りましょう。

火山の噴火には四章で説明した図4−3（一八六頁）のように、三つのタイプがあります。

一つ目は図4−3のaです。マグマだまりに圧力がかかって、ギュッと押されると噴火する。これは、マヨネーズのチューブをギュッと押したら中味が出てくるのと同じイメージ。基本的にはなかの圧力が上がると噴火するということです。

二つ目は図4－3のbです。マグマが地下から供給されて、マグマだまりがパンパンになって膨れ、それでマグマが上に出て噴火します。これは長期的に富士山がやっていることです。富士山の地下からは、ずっとマグマが供給されています。

そもそも火山の寿命はだいたい百万年ぐらいで、その間はずっと深いところ、地下の数十～一〇〇キロメートルぐらいからマグマが上がってくるんです。それで、富士山では地下二〇キロメートルぐらいのところでたまる。火山ができてから百万年の間は、ずっと熱と物質が供給されているから冷えることはないし、それでだいたい百～数百年に一回噴火するということです。

なお、富士山の場合は、大昔は五十～百年の頻度で噴火していたんだけど、最近は二百～三百年休んでいる。前回の噴火から今日まで三百年間休んでいるでしょう。その一つ前は二百年休んでいた。ちょっと休みすぎです。休むということは、それだけマグマをため込んでいるわけだから、噴火すると大量に出ます。とても困った状況です。

地震も同じことで、小出しにしてくれればいいのに、ため込むと大きな災害になる。東海地震などはもっと早く小出しにしてくれればいいのに、まとめて二回分の借金を払うみたいな感じになってしまう。前回（昭和南海地震、一九四六年）には噴火が起きませんでしたから。富士山も五十～百年に一回噴火すればいいのに、いまは三百年もため込んでいるから、次は大噴火になるでしょうね。それがこの図4－3のbの状態です。

図4－3のcは三つ目のタイプで、水が泡になる、つまり水蒸気になって体積が増えて、マグマだまりのなかにたまっていられなくなって上昇して噴火します。

噴火の規模を示す指標

それにしても、僕が目の当たりにした一九八六年の伊豆大島の噴火はすごかった。だけど、本当に怖い噴火はこんなものではありません。そもそも地球の陸地を現在のようなかたちにしたのも噴火なのです。

三章でも述べたけれど、かつて地球の陸地は図5－1のようにすべてがつながっていました。ウェゲナーはこれを「パンゲア大陸」と名付けました。そのパンゲアが割れるきっかけになったのが、とても大きな規模の噴火です。この噴火は規模が大きすぎて、どれぐらいのマグマが噴出したのかというボリュームを測れないほどです。

噴火の規模の話ですが、火山の噴火の規模を示すものとしてＶＥＩ（火山爆発指数）という指標があります（図5－2）。

ＶＥＩはVolcanic Explosivity Indexの略で、噴出物の量（体積）が基準となります。

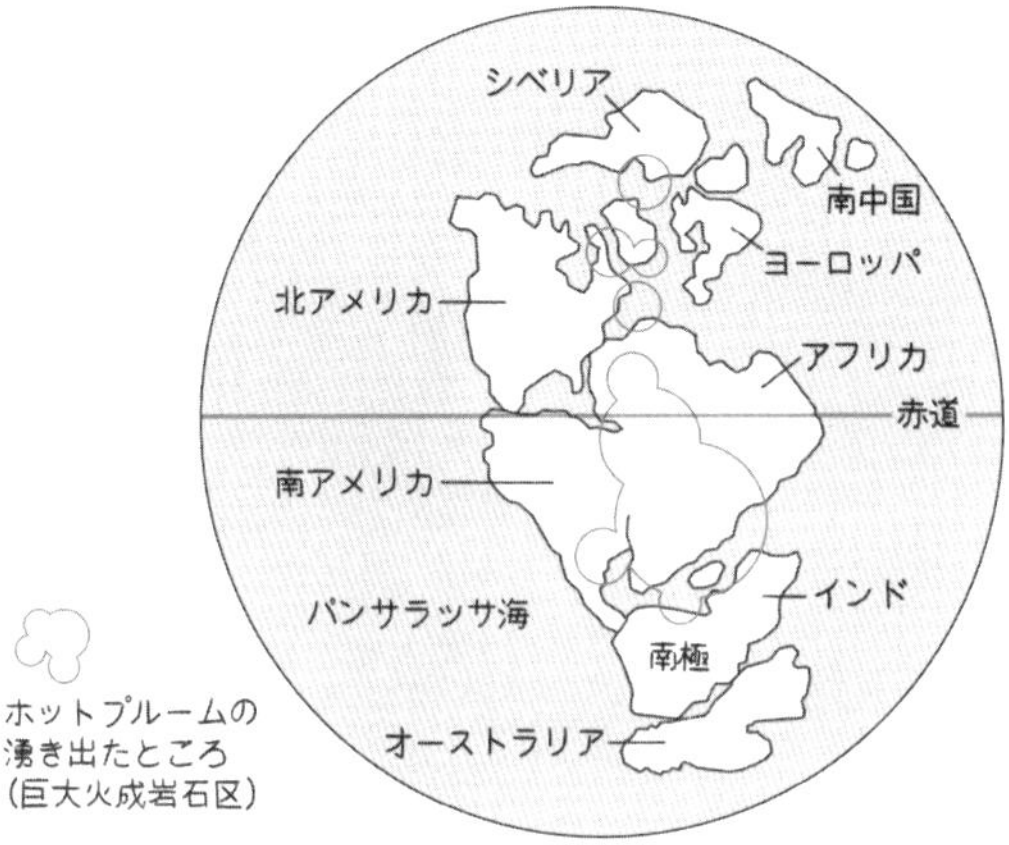

図5－1　パンゲア大陸の分裂と超巨大噴火
鎌田浩毅『地球は火山がつくった』(岩波ジュニア新書)より

ＶＥＩはわかりやすくて、1から8の八つの数字で噴火の規模を表します。数字が大きいほど噴火の規模が大きくなります。

簡単に言うと、1が小規模で、2が中規模、3がやや大規模、4は大規模です。5がどうしようもないほど大規模で、6は並外れて巨大です。7はちょっと英語が入ってしまうけれどスーパー噴火で、8はメガ噴火です。

こうして見るともうインフレでよくわからなくなってくるけれど、とにかく噴火の規模を表すＶＥＩというものがあるということです。

せっかくなので、噴火の規模をもう少し詳しく見てみましょう。

ＶＥＩは数字が基準になります。まず基準となる一立方キロメートルは一辺が一キロ

VEI	1回の噴出量	噴煙高度	成層圏の影響	噴火例
0	非爆発的噴火	0.1km未満	なし	ハワイ（ストロンボリ式噴火）
	0.00001km³			
1	小噴火	0.1～1km	なし	ハワイ（ハワイ式噴火） 雲仙普賢岳（1991～95年）
	0.001km³			
2	中噴火	1～5km	なし	有珠山（2000年） 御嶽山（2014年）
	0.01km³			
3	中・大噴火	3～15km	可能性あり	伊豆大島（1986年） 三宅島（2000年） 浅間山（2004年） 霧島山新燃岳（2011年）
	0.1km³			
4	大噴火	10～25km	明瞭	富士山（1707年） 浅間山（1783年） 桜島（1914年） 福徳岡ノ場（2021年）
	10億m³＝1km³			
5	巨大噴火	25km超	深刻	富士山（864～866年） 十和田湖（915年） 樽前山（1739年） ラキ火山（1783年） セントヘレンズ（1980年）
	10km³			
6				箱根カルデラ（6万年前） 白頭山（946年） クラカタウ火山（1883年） ピナトゥボ火山（1991年）
	100km³			
7	カルデラ形成			阿蘇山（9万年前） 姶良カルデラ（2万9000年前） 鬼界カルデラ（7300年前） タンボラ火山（1815年）
	1000km³			
8				イエローストーンカルデラ（64万年前） トバカルデラ（約7万4000年前）

図5－2　火山爆発指数とさまざまな噴火パラメータ

筆者作成

メートルの立方体で、一〇立方キロメートルはそれが一〇個あるということです。めちゃくちゃ大きいですよね。

ＶＥＩ１の噴出物が〇・〇〇〇一立方キロメートル以上で、ＶＥＩ２が〇・〇〇一立方キロメートル以上。ＶＥＩ３が〇・〇一立方キロメートル以上です。多くの被害者を出した一九九一年の雲仙《うんぜん》普賢岳《ふげんだけ》がＶＥＩ１、二〇一四年の御嶽山《おんたけさん》がＶＥＩ２、二〇〇〇年の有珠山《うすざん》の噴火もＶＥＩ２に入ります。有珠山はよく噴火の予知に成功したと言うけれど、規模としてはこれぐらいのものなのです。

ＶＥＩ４は〇・一立方キロメートル以上です。江戸時代、一七八三年に浅間山《あさまやま》が噴火したけれど、それがＶＥＩ４に入ります。あとはその浅間山と一緒に覚えておきたいのが桜島です。桜島は一九一四年に噴火をして、それで五〇名を超える方が亡くなりました。その噴火もＶＥＩ４です。

浅間山の噴火と同じ年にアイスランドではラキ火山が噴火して、その規模は浅間山の噴火の三〇倍ぐらい、ＶＥＩ５ですが、噴出物は一立方キロメートルで、メートルでいうと一〇億立方メートル。富士山の噴火はだいたいこの付近に入ります。

もう少し詳しく言うと、八六四〜八六六年に青木ヶ原《あおきがはら》溶岩をつくった貞観《じょうがん》噴火が一・三立方キロメートルでＶＥＩ５、一七〇七年の宝永噴火は〇・七立方キロメートルでＶＥＩ４とさ

図5－3　富士山

筆者撮影の写真より

れています。その宝永噴火では江戸に五センチメートルもの火山灰を積もらせました（図5－3）。

二〇二一年三月に富士山のハザードマップが改訂されたけれど、それで最大量の予測が〇・七立方キロメートルから一・三立方キロメートルに変更になりました。

あとは、これまでに触れた噴火でいうと福《ふく》徳岡ノ場《とくおかのば》の噴火がVEIでは4です。

VEI6の噴出物は一〇立方キロメートル以上で、映画にもなった朝鮮半島の白頭《はくとう》山《さん》（映画のタイトルは『白頭山大噴火』で製作は二〇一九年）が前回、噴火したのは九四六年で、VEI6とされています。

VEI7が一〇〇立方キロメートル以上です。VEI7は約九万年前のカルデラをつくった阿蘇山の噴火がそうですし、海外では一八一五年のインドネシアのタンボラ山の噴火がそうですね。

VEI8は一〇〇〇立方キロメートル以上で、アメリカのイエローストーンカルデラやインドネシアのトバカルデラの噴火がそうです。

さらに、ここには入っていない大きな規模のものがあって、それが先ほどのパンゲア大陸を割るきっかけとなった「超巨大噴火」です。こんな噴火は実際に見たことがある人はおらず、この先も誰も見られないでしょう。だって、この噴火で生物の九五パーセントが絶滅してしまうのだから。

九州の北半分を覆った火砕流

これまでの地球の歴史において起きた最大級の火山の噴火というと先ほど述べたインドネシアのトバ火山の噴火があります。これはいまから七万四千年前に起きた噴火で、その噴火でも巨大なカルデラができました。

カルデラについてはあとで詳しく説明するけれど、それは基本的には大きな穴で、トバ火山の場合は楕円形です。幅は一〇〇キロメートル、長さ三〇キロメートルぐらいというとてつもない大きさです。そのときの噴出物の量は二八〇〇立方キロメートルと言われています。

ここで注意したいのが、このトバ火山の二八〇〇立方キロメートルという噴出物の量は、マグマの量じゃなくて、軽石や火山灰など、噴出されたすべてのものを足した体積ということです。

ＶＥＩは基本的には噴出物の密度を一・〇（溶岩は二・五）と仮定して重量に換算します。ですが、噴出したものをすぐに換算するのは大変だから、防災上の観点から、とりあえずどれぐらい出たかを表現するのです。

ここは難しいところで、ほかの例では約九万年前の阿蘇山の噴火では阿蘇カルデラができて、直径一〇～二〇キロメートルのへこみができました。この噴火はＶＥＩ７とされていて、最大で四〇〇立方キロメートル、少なくても一〇〇立方キロメートルの噴出物があったとされています。

四〇〇立方キロメートルと一〇〇立方キロメートルだとかなりの差がありますよね。なぜこんなに差があるかというと、火山灰でたくさん飛んでいったので、その見積もりが難しいんです。この噴火では火砕流《かさいりゅう》が九州の北半分を覆いました。

いちばん厚いところで二〇〇メートルぐらい、薄くても数十センチメートル、山口県でも一〇～二〇センチメートルです。いちばん厚いところ、それは阿蘇山の周りになるのですが、二〇〇メートルぐらいというのはすごいですね。

それで、噴出物の計算では、それらを全部足すわけ。しかも、そのままではダメで、火山灰はフワフワになっているから、まずギュッと圧縮して岩石に戻して考えます。さらにそれをマグマに戻すんですね。

結局はマグマだまりの体積になるのですが、そういう計算をしなくてはいけないから、これだけの幅が出るんです。

ちょっと話は逸れますが、立方キロメートルって、にわかに想像できないぐらい大きなものを表す単位じゃないですか。聞いた話によると、仏教では同じように「劫《こう》」というとても長い時間を表す単位があるそうです。

体積が一六〇立方キロメートルの大きな岩があって、百年に一回だけ天女が天の羽衣でスッとなでるというんですね。そして、その岩が磨滅してなくなるまでの期間が劫なんですって。

それを年で表すと四十三億二千万年。地球の歴史って四十六億年だから、それに近い数字ですよね。仏教の教えにある数字が実際に僕たち地球科学者がいろいろと研究したうえで出した数字に近いので、僕は「仏教ってすごいー！」と思った記憶があります。

カルデラと地面の陥没

ざっとVEIをベースにこれまでの火山の噴火をまとめましたが、ちょっと出てきた言葉を整理しつつ、VEI6を超えるようなとても大きな規模の噴火、つまりはカルデラができるような大きな噴火が起きるメカニズムを見てみましょうか。

まずカルデラとはなにかという話です。

基本的な噴火のメカニズムは四章の図4－3（一八六頁）で紹介したけれど、火山の噴火には規模があります。それで、小さな噴火と大きな噴火ではなにが違うかというと、大きな噴火は噴火後にマグマだまりが空になります。

先ほどVEIの話で桜島に触れたけれど、桜島もカルデラの一部です。桜島は鹿児島湾にありますが、鹿児島湾にはほかにもカルデラがあって、いちばん北の部分も実はカルデラです。そちらは姶良《あいら》カルデラといって、二万九千年前の噴火でできました（図4－5、一九二頁）。

姶良カルデラは、直径は二〇キロメートルもあります。

ちなみにその噴火では火山灰が京都に一〇センチメートルぐらい積もったそう。平安神宮の近くの地面を掘ったら火山灰が出てきたということで、これは平安神宮火山灰と呼ばれています。

いまはそのあたりのカルデラは海のなかですが、海底噴火かどうかはわかりません。当時の鹿児島湾は陸上だったかもしれません。

その姶良カルデラの少し南にも阿多《あた》カルデラという十万年ぐらい前にできたカルデラがあります。鹿児島湾は南北に長い湾で、カルデラが重なって、いつのまにか南北に八〇キロメートルぐらいの長さの湾ができたんですね。

姶良カルデラがどうやってできたのかがわかるのが図4－5です。マグマだまりが二つあるけれど、大きいほうのマグマだまりが深さ一〇キロメートルのところにあって、直径は五キロメートルぐらいです。

二万九千年前の噴火ではこのAとBの両方が噴き出したんです。そうするとマグマだまりのなかのマグマがあった場所が空になって、そこがガバッと陥没します。こうしてできるのがカルデラです。

ちなみにカルデラ（caldera）の語源はスペイン語で、「大きな鍋」という意味です。このカルデラはマグマの通り道である火道《かどう》の岩石も落ち込んで、漏斗《ろうと》に近いかたちになっています。漏斗型《じょうごがた》カルデラとも言います。

注意したいのはカルデラができたからといって、それで火山の活動が終わるわけではないということ。マグマはだいたい全部は出なくて、噴出するのは三分の二ぐらいです。

だから、カルデラができた後も火山活動は続きます。それを「後カルデラ火山活動」と言い、現在も煙を噴いている桜島はまさにそうだし、阿蘇山もカルデラ内部で中央火口丘の中《なか》岳《だけ》などが噴火しています。

また、マグマの残りは熱があるので、この熱が周囲の水を循環させるんですね。阿蘇山はへこんだところにいっぱい温泉が湧《わ》いています。不思議なことにだいたい北側なんです。それで北側は温泉観光地になっています。逆に南側は水が湧いて、その湧き水は白水《はくすい》水源など阿蘇の名水として知られています。

三万メートルの入道雲

一九九一年六月に起きたフィリピンのピナトゥボ火山の噴火とちょうど同じ時期に、日本では長崎県の雲仙普賢岳が噴火しました。ほとんど同時に噴火したんです。

「雲仙普賢岳の噴火とピナトゥボ火山の噴火は関係あるのですか?」とよく聞かれるけれど、関係はありません。たまたまの偶然ですが、とにかく大変な年でした。

ピナトゥボ火山の噴火もとても大きな規模で、当時の写真を見ると火山灰がもくもく上がっています。入道雲なんてもんじゃなくて、三万メートルまで上がったんですね。

このときは火砕流を噴出して、カルデラができました。先ほども触れましたが、大きな規模の噴火の目安の一つはマグマだまりが空っぽ、もしくはほとんど空になることです。つまりはそれがカルデラをつくることになるのです。

さらに、もう一つあって、このピナトゥボ火山の噴火のように火砕流を出すことも大きな規模の噴火の特徴です。

あとはもっと大きな規模、超大陸パンゲア（図5－1）を割ったきっかけとなったとてつもない規模の噴火は「ホットプルーム」に起因するとされています。ホットプルームの直径は一〇〇〇キロメートルです。一〇〇〇キロメートルということは日本列島の北海道の北端から九州の南端までが約二〇〇〇キロメートルだから、その半分ぐらい。それは平面で見た場合ですが、とにかくとんでもない量のマグマが噴き出したということですね。

それと、僕が立ち会った伊豆大島の噴火はＶＥＩでは3ですが、かなり大きなものを見ているということになる。伊豆大島でも三十～四十年おきに規則的に噴火しているけれど、ちょっと溶岩を流すぐらいの小さな規模です。だけど一九八六年の噴火は「割れ目噴火」になるほどの規模で、五百年ぶりだったわけ。つまり、大きい現象はインターバルが大きいということです。

これは地震にも共通していて、二〇一一年に起きた東日本大震災の前回は八六九年の貞観《じょうがん》地震だから千百年ぶりです。マグニチュード9の巨大地震はそれぐらい起きないということです。これは地球の摂理というか、そういうプログラムで地球って動いているんですよ。

さらに火山について知っておきたいことに、噴火の仕方があります。

僕が体験した一九八六年の伊豆大島の火山の噴火では、最初に地下のマグマが地表に噴出する出口である火口ができて、噴泉として噴出し、それがやがて割れ目のように連なりました。噴火口が連なるのも大きな規模の噴火の特徴です。

では、噴火口はどこで連なるかというと、地面の弱いところです。線なので弱線と呼ばれますが、それは地面が引っ張られているところや、反対に押されて割れ目ができているところの場合もあります。

地球は無駄なことはしないから、弱いところにマグマが上がってくる。では最大に開いているところはどこかというと、海底の中央海嶺《かいれい》で、そこでは大量の玄武岩《げんぶがん》マグマがそのまま出てきて、それが海で冷えてプレートになるんです。

三章の図3－4（一三四頁）は地球の表面を覆うプレートを示した図ですが、ここで示されている点線（海溝）はプレートが沈み込むところで、これまでも説明してきたように、こういうところに火山はできます。

日本以外に目を向けると、ヨーロッパとアメリカの間の大西洋の真ん中に点線（海嶺）があって、その点線の北方、グリーンランドの南方に島があります。これはアイスランドで、アイスランドは氷の島ですが火山島です。大西洋のプレートが開いているところに位置しているため、地面が大きく割れているんです。それでアイスランドの噴火は規模がたいていかなり大きくなります。

アイスランドの地面が開いている様子を見るとまず平らですよね。平らなところに大きな割れ目がある。平らなのはなぜかというと、溶岩が地表を流れたからです。アイスランドは何千万年もの間、溶岩が流れて、平らな地形をつくりました。

それで、ここはプレート・テクトニクスで東西に引っ張られているから、平らにしたあと、今度はガバッと割れ目ができたんですよ。そして、割れ目のへこみを埋めるように次の溶岩が流れこみました。

ほぼ平行な断層で区切られ、峡谷のようなかたちをしている地形を「地溝」といいます。この図から連想してもらうとわかると思うのですが、アイスランドは大きな「地溝帯」です。豊肥火山地域の例で紹介する「火山構造性陥没地」の最も巨大なものですが、地震活動と噴火活動が密接に関連して起きます。まさに地溝帯や火山構造性陥没地ができること自体が、地震と噴火の相互連携活動によるものなのです。

噴火は期間が空くほど規模が大きい

火山の噴火のサイクルについても触れておきましょう。

日本列島では二万九千年前に姶良カルデラをつくった噴火があり、七千三百年前には鬼界《きかい》カルデラをつくった噴火がありました。十万年前まで遡ると、全部で一二回ぐらいのペースで起きていた。ざっくりというなら、日本列島は一万年に一回ぐらい大きな規模の噴火があるという感じです。

具体的に見ると、たとえば阿蘇山は九万年前だけではなくて、十二万年前、十四万年前、二十七万年前と計四回噴火しています。それで九万年前の阿蘇山の四回目の噴火は九州全土を焼きつくし、その火山灰は北海道にまで降った。それは大きい噴火で、阿蘇山はそのほかに小さい噴火を繰り返しています。だいたい十年に一回ぐらいは火山灰を出したり、噴煙を出したりしています。

もう少し大きな噴火だと、約百年に一回ぐらい溶岩を流すような噴火をしています。でも、その百年に一回の噴火でもマグマだまりのごく上のほうを噴出しているだけなんです。それに対して九万年前の噴火はマグマだまりにたまった大量のマグマの半分以上を噴出しました。

このように火山はときどき大きな噴火をしてマグマだまりをドンと空にします。たとえるなら先にも述べた閉店セールみたいな感じです。そうでないときはたまにバーゲンセールをやるというイメージです。

では、大きな閉店セールのような噴火はどれぐらいの頻度かというと、一つの火山の歴史で一回あるかどうか。火山の寿命は百万年ぐらいだから、百万年かけてマグマだまりをパンパンにして、まとめて噴火する。桜島を見ると、一九一四年に大正噴火という大きな噴火をしました。その噴火では、火砕流を出して、さらに地震も起こして五〇名以上が亡くなりました。それからすでに百年以上が経過しています。

先ほど百年に一回の噴火はマグマだまりの上のほうを噴出しているだけといいましたが、それでも百年前に比べるとある程度、マグマだまりにマグマがたまっていることは間違いありません。京都大学の桜島火山観測センター長をしていた井口正人教授は、二〇二〇年代にそうした大噴火があるだろうと予測しています。大変なことですね。

人類の九割が死亡した噴火

歴史的に、世界にどんな噴火があってなにが起きたか、これも知っておきましょう。「過去は未来を解くカギ」であり、過去の事象から未来を賢く予測するための知恵を得るのです。大規模な噴火の歴史があったインドネシアを中心に見てみます。

インドネシアは日本と同じ「弧状列島《こじょう》」で、多くの火山があります。島が連なる外側は海洋プレートが大陸プレートに沈み込んでいる。そこでマグマができて、火山をつくっています。個々のマグマだまりは百万年という寿命ですが、火山が連なっていて、結局は数千万年以上の歴史があります。

世界最大のカルデラがあるのがインドネシアのトバ火山です（図5－4）。噴火したのは七万四千年前で、この噴火は地球に広範囲の寒冷化を引き起こしました。気温が一〇度下がったということで、寒冷化というよりも小氷河期といえます。

この噴火は記録されているなかでは最大級の規模でした。なぜ、七万四千年前のことがわかったかというと一つは堆積物です。火山が噴火すると「硫酸エアロゾル」という物質が噴出されるのですが、それが大量に世界中にばらまかれるのは火山の噴火以外にはありません。南極にその痕跡があり、トバ火山の噴火がそこまでエアロゾルを飛ばしたことがわかっています。エアロゾルは火山の噴火を考える際のキーワードの一つなので、あとで詳しく紹介しますね（二六二頁）。ちなみにトバ湖は世界最大のカルデラ湖です。

話を戻すと、この噴火によって人類の九割が死亡したと言われています。

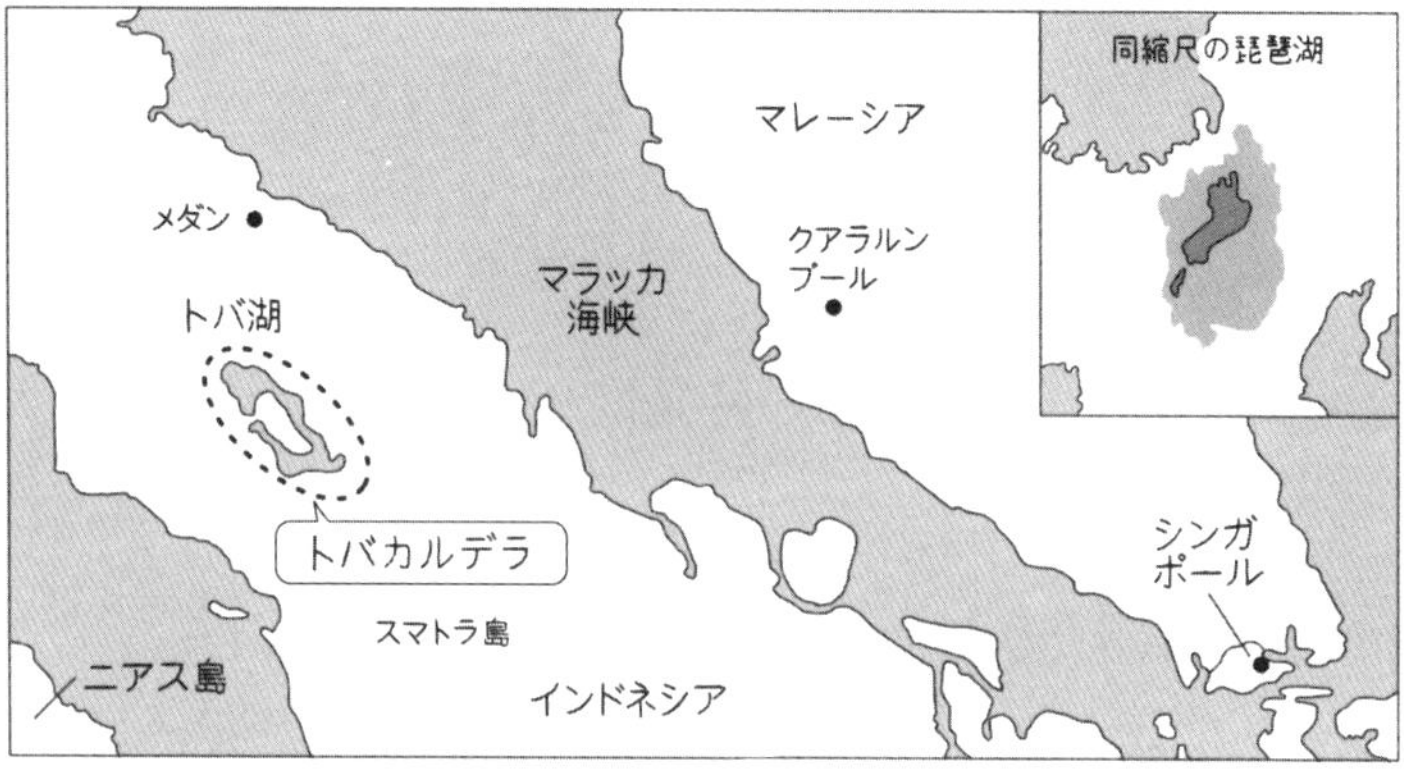

図5－4　トバ湖とトバカルデラ
鎌田浩毅『知っておきたい地球科学』（岩波新書）より

「ボトルネック」という言葉がありますが、直訳するとまさに「ビンの首」で、極端に進行を妨げる物事や事件という意味で使われます。それで、この噴火は人類の生存にとってのボトルネックと言われています。

　ミトコンドリアなどを詳しく調べて、その変化を確認したところ、この時期に急に人類の種類が減って、ひと握りの人類だけが生き残ったということがわかりました。一説によると四〇〇〇人まで減ったそうです。つまり、巨大噴火による大きな気候変動によって人類が大きく減ってしまったということです。

　それから、インドネシアで比較的、新しいところでは、一八一五年のタンボラ火山の噴火があります。この噴火では、三キロメートル以上の上空に火山灰が噴き上げられ、それが世界中にまき散らされました。

それと同時に、大量の火砕流が流れたわけです。火山があるスンバワ島は、だいたい直径五〇キロメートルぐらいの大きさだけど、そのすべてを火砕流が埋めてしまった。阿蘇山の噴火で九州の北半分が火砕流で焼きつくされたのと同じような現象ですね。

これによって多くの人が亡くなったし、なにより大変だったのは飢饉《ききん》になったことです。食料がなく、さらには疫病が発生したということで九万人を超える死者が出たとされています。

さらにその被害は世界中に影響を及ぼしたというのが次のストーリーです。

噴火の翌年の一八一六年から地球全体で寒冷化がはじまった。その寒冷化は数年も続いたんですが、その間は作物が十分に取れません。この噴火によってアメリカのトウモロコシ畑が全滅し、それがアメリカの東部の農民が西部へ移住し開拓するきっかけになったとも言われています。

そして、さらに一八八三年にはインドネシアのクラカタウ火山が噴火しています。この噴火ではカルデラができて、津波が発生しました。海底での噴火だったけれど、噴火によって火山の山頂付近が陥没したんです。

海底で陥没すると、そこに海水が一気に流入します。すると、その後に今度は反発して四方八方へと流れていきます。流れ込んだ海水が反発するというのは、簡単に言うと流れ込んだ反動で波が戻るイメージです。これが海底の火山の噴火が引き起こす非常に危険な津波なのです。

このときは大きな津波が太平洋を東へと渡り、南米のペルーまで到達しました。そこで災害を起こして、今度は跳《は》ね返ってインドネシアに戻る。それを三往復ぐらい行いました。海底のカルデラができるような大きな噴火は、このような災害も引き起こすんです。

あとは最近では二〇二一年十二月にはスメル火山が噴火しました。

このようにインドネシアは火山の噴火が多い。インドネシアは日本と同じように火山列島で、活火山が一四〇ぐらいあります。同じぐらいというよりも日本は一一一だから、もっと多いですよね。同様にインドネシアにはカルデラもたくさんあります。

巨大噴火と地球環境の変化

過去のインドネシアの大規模な火山の噴火を振り返ったところで、もう少し詳しく、「大きな規模の噴火が起きるとどうなるか？」について考えてみましょう。

日本列島だと九州の大分県に猪牟田《ししむた》カルデラがあります。その猪牟田カルデラは豊肥火山地域のど真ん中にあるのですが、九十万年前の大噴火でできました。図5－5のように、その大噴火の火山灰が大阪で五〇センチメートル、千葉で二〇センチメートル積もりました。

火山灰が五〇センチメートル積もったらどうなると思いますか？　そこには、とても生物は住んでいられません。二ミリメートルぐらいでも電車や自動車はストップします。五〇センチメートルだと浄水場も使えないし、なによりまず停電しますよね。ライフラインが全部止まります。

スコップですくって捨てることもできないから、とにかく積もる前に全員避難ですよね。余談ですが、火山灰の再利用や処理法は民間でも研究されており、活火山の桜島では火山灰による製品もあります。

さて、ではどこに避難するか。

桜島が大噴火すると関東でも一〇～二〇センチメートル積もると言われているので、そのまま住み続けるのは無理です。たぶん東北でも数センチメートル。海外への避難を考えないといけません。

このような巨大噴火は九十万年前に起きました。同じような規模の噴火が七千三百年前にも起きているし、先に触れたように日本列島では一万年に一回、世界中では千年に一回ぐらい起きています。

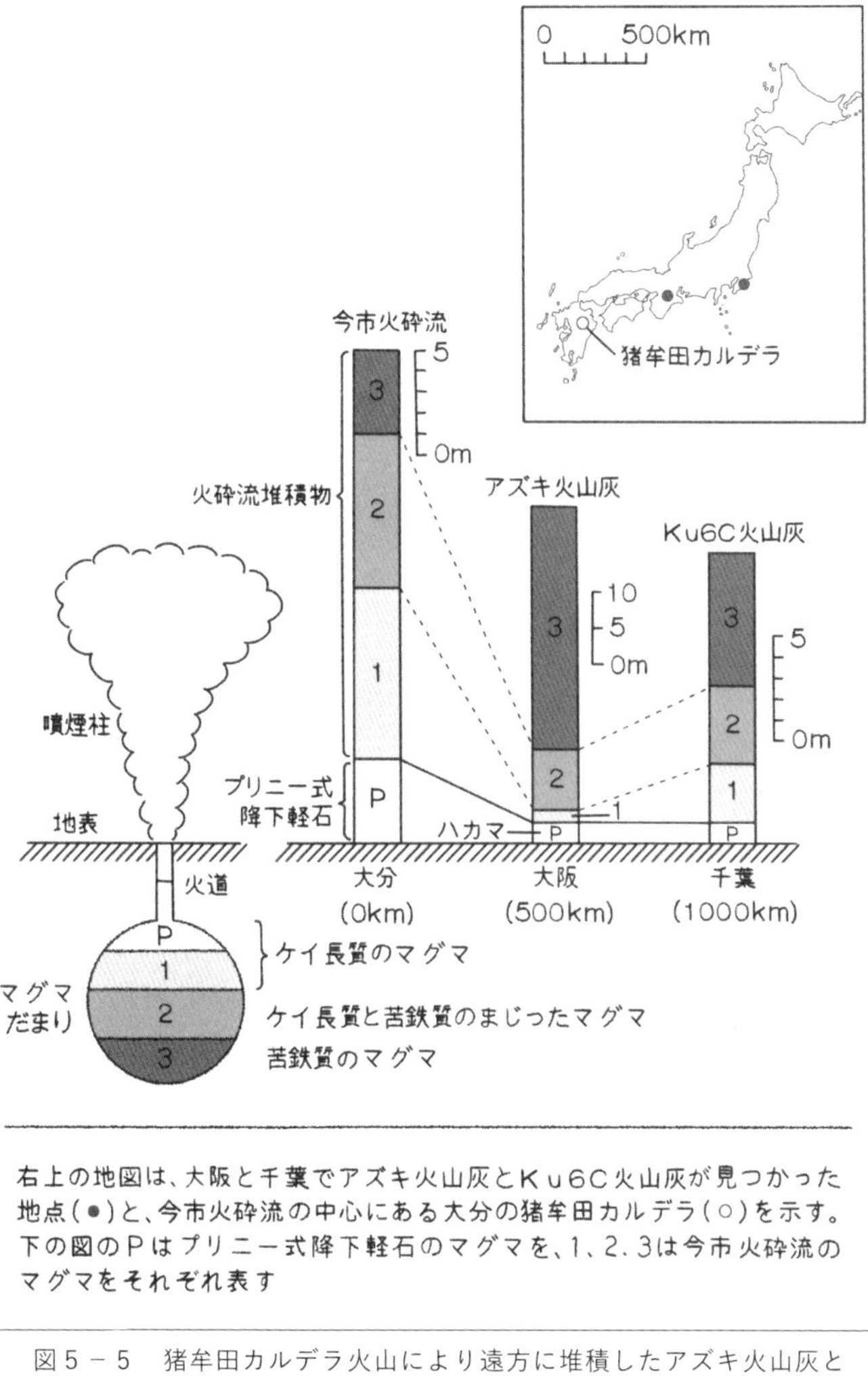

右上の地図は、大阪と千葉でアズキ火山灰とKu6C火山灰が見つかった地点(●)と、今市火砕流の中心にある大分の猪牟田カルデラ(○)を示す。下の図のPはプリニー式降下軽石のマグマを、1、2、3は今市火砕流のマグマをそれぞれ表す

図5－5　猪牟田カルデラ火山により遠方に堆積したアズキ火山灰と供給源の火砕流堆積物の対比

鎌田浩毅『地学ノススメ』(ブルーバックス)より

あとは、先ほど紹介した一八一五年のタンボラ火山の大噴火のように寒冷化を起こすこともあります。

日本は一九九三年に米不足になり、タイ米を輸入しました。これは大きな騒動となりました。直接の原因はその年の冷夏ですが、一九九一年のフィリピン・ピナトゥボ火山の噴火によって引き起こされたものと考えられています。

その噴火のＶＥＩは６でしたが、それで気温が〇・四度ぐらい下がったんですね。たしか国内の米の収穫量が六割ぐらいになったのかな。

寒冷化を引き起こすものの一つは細かい火山灰、特に細粒火山灰です。

それともう一つの指標としてエアロゾルというものがあります。

エアロゾルは二酸化硫黄が細かくなったもので硫酸エアロゾル（硫酸ミスト）とも言います。硫酸だから猛毒ですね。マグマにはもともと一〜二パーセントぐらいの硫黄が入っていて、それが細かいと硫酸エアロゾルになって上空に舞い上がるのです（図５－６）。

なお、細粒火山灰と硫酸エアロゾルでは寒冷化への影響はエアロゾルのほうが大きいと言われています。同じように空中を舞うけれど、どうも硫黄成分を含むエアロゾルのほうがより冷やすらしいのです。

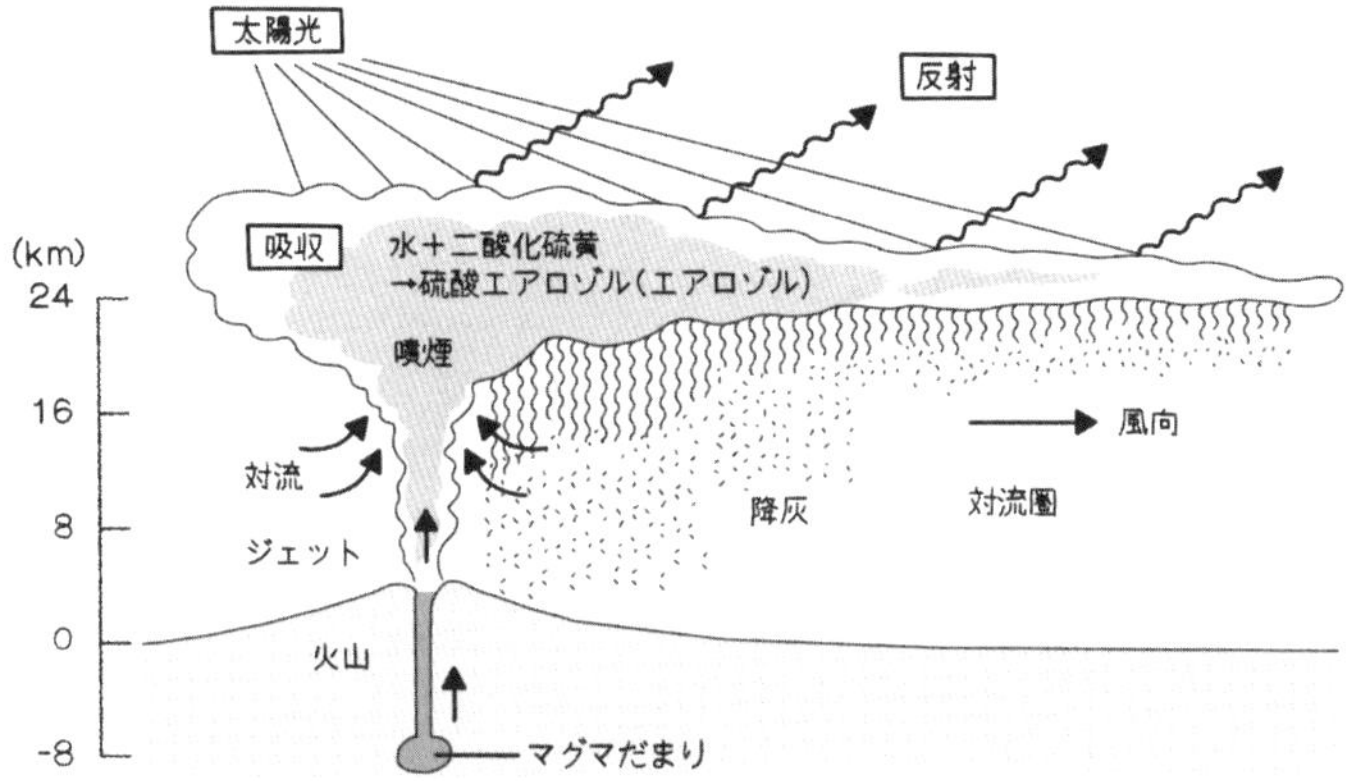

図5－6　火山灰の大量放出がもたらすさまざまな現象
高橋正樹氏による図を一部改変

天明の飢饉とエアロゾル

いずれにせよ、なぜ噴火が寒冷化を引き起こすのかというと、そのようなものが太陽光を反射して、あるいは遮《さえぎ》って、地上に達する熱の量が減るからです。そのぶん地上が温まらなくなって寒冷化が起きるわけです。

最近では二〇二二年一月にトンガで大噴火があったけれども、一九九一年のピナトゥボ火山の噴火に比べると、エアロゾルの量は四〇分の一と少なかった。そこから先の判断は難しいのですが、エアロゾルが少ないから寒冷化を起こさないという学者がいれば、そうはいっても火山灰が大量だから、どうなるかはわからないという学者もいるのです。

もう少し古い時代では、たとえば一七八三年、十八世紀です。浅間山が噴火した年に、アイスランドのラキ火山（ラカギガル火山ともいう）が噴火しました。日本ではその年に大噴火した浅間山が注目されがちですが、ラキ火山のほうが規模がさらに大きくて、当然、噴出物も多かった。浅間山のなんと三〇倍ぐらいだったそうです。そのときは、ラキ火山から出たエアロゾルが地球を覆ってヨーロッパに夏がこなかった。いや、ヨーロッパだけではなくて日本も同様です。

要するに地球全体に寒冷化を起こしたから、日本ではそれで東北地方で「天明《てんめい》の飢饉《ききん》」が起こり、一〇〇万人が亡くなったとされています。そのときの原因はエアロゾルで、やはり寒冷化への影響はエアロゾルがいちばん大きいのかもしれません。

寒冷化と恐竜の絶滅

ちなみに気候変動について、長い地球の歴史のなかでもっと大きいものがあるんです。いまから六千五百万年前、「中生代」の終わりの話。隕石が衝突して、それで地球が寒冷化して、恐竜が絶滅しました。その話をちょっとしておきましょう。

おおもとは図5－7のような巨大隕石の衝突です。

これもある意味、火山活動なんです。もともとの原因は地球内部のマグマの噴出物ではなくて衝突した隕石です。

衝突した隕石はそこまでは大きくなく、だいたい直径一〇キロメートルぐらいです。ただ、非常に高速で、エネルギーは速度の二乗になるため、運動エネルギーが熱エネルギーに変換されて、隕石がぶつかった地面は一気に溶けました。すると同時に「衝撃波」が発生する。

二〇二一年のトンガの噴火でも爆発力が衝撃波になって、日本に一・二メートルの津波がきたでしょう。あれは衝撃波による津波で、一般的な海底噴火によって生じる津波よりも三時間早く日本に届いたんですね。

これは僕も知らなくて、気象庁も驚いたのですが、専門家もこんな現象ははじめてだったわけです。ただ、とにかく衝撃波が太平洋の海面を揺らした結果の津波だろうと。そう考えると計算も合うわけです。

話を中生代の終わりの隕石の衝突に戻すと、衝撃波をもたらした爆発力で世界中に破片が、まるで火山の噴火で噴出された火山灰のように飛び散ったわけです。その飛び散ったごく細粒の破片が、上空の成層圏を回った。しかも量がとてつもなく多い。

衝撃波による津波も発生して、それは高さが三〇〇メートルとされています。そのような

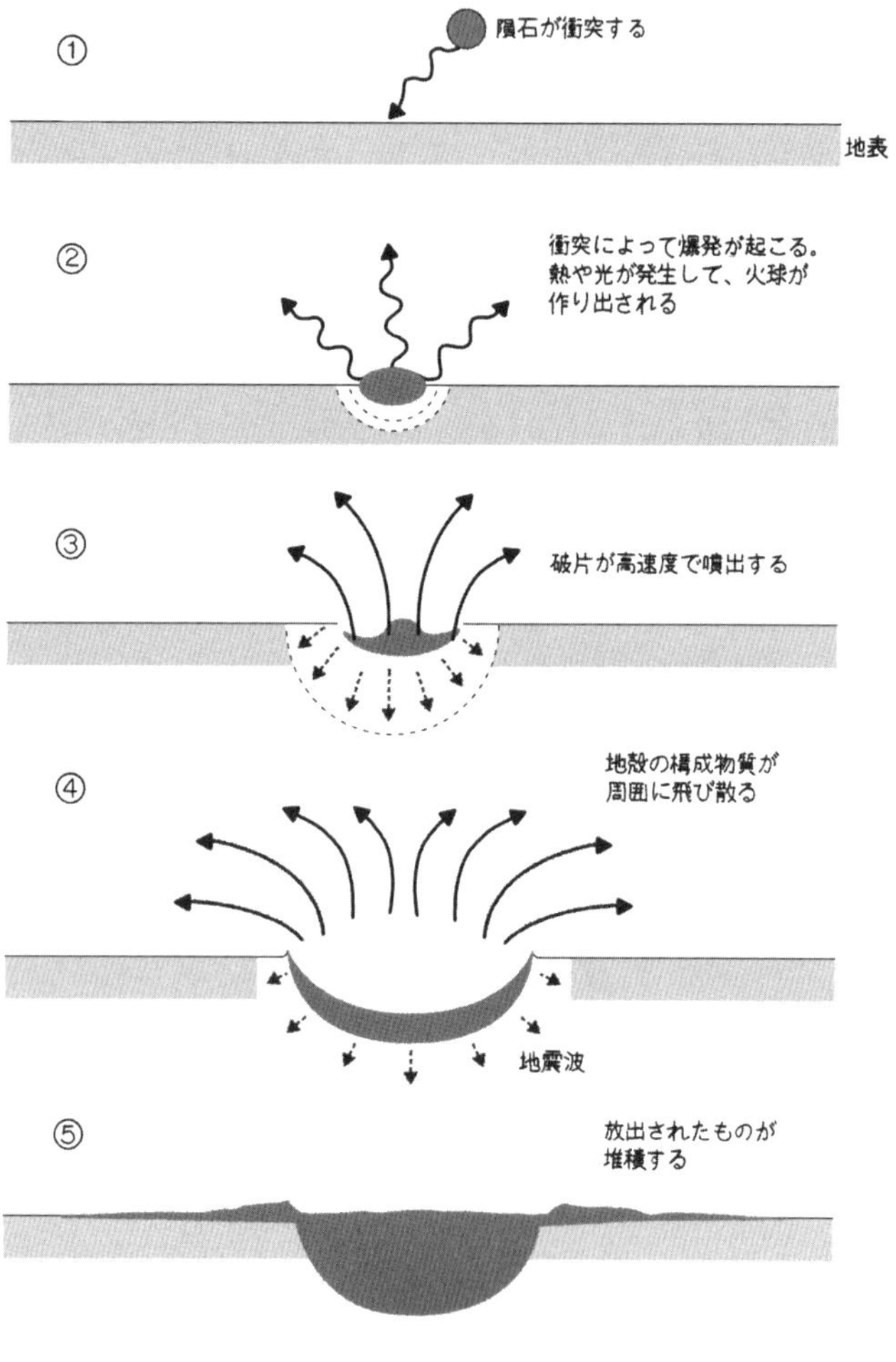

図５－７　巨大隕石の衝突でできるクレーター

D・モリソン、T・オーエンによる図を一部改変

痕跡が堆積物に残されているんですね。

衝撃波は出るし、津波は発生するしで、大変なことになった。寒冷化も数年なんてもんじゃなくて、下手したら五十年とか続いたかもしれない。こうしたことが過去の地球の歴史では起きているんです。

日本列島のカルデラ火山

これまで話したように、規模が大きな噴火はとても怖いものです。地震はある地域を壊滅させますが、巨大噴火は世界を滅ぼすんです。

そこで気になるのは、これからも巨大噴火があるのかどうかということですよね。先に答えを言うと噴火がなくなることはありません。まずは日本に火山がどれぐらいあるかを見てみましょう。

図3－11（一五一頁）は日本の活火山のマップです。国内の活火山は全部で一一一個あります。活火山とは最近一万年以降に噴火した記録がある火山で、それ以外、つまり一万年以降に噴火がないものは活火山に入れないということです。昔は休火山とか死火山とか言ったけれど、その定義が曖昧になってしまうこともあって、最近は活火山とそうじゃない火山に

わけています。

これはよいことですね。だって、防災上、活火山にだけ注目してほしいから。休火山、死火山というと、そっちのほうに気を取られることもあるから、それなら「活火山が危ないからそこだけ注意してください」ということです。

先ほどトンガの噴火はＶＥＩ６といいましたが、それと同じように大きな規模、カルデラがある活火山は日本に八つほど。九州の鬼界カルデラ、姶良カルデラ、阿多カルデラ、それから有名な阿蘇カルデラ。北海道は支笏《しこつ》カルデラ、洞爺《とうや》カルデラ、屈斜路《くっしゃろ》カルデラ、それに青森県の十和田カルデラで、これらはすべて国立公園もしくは県立自然公園です。

先ほども紹介しましたが、洞爺カルデラの横に有珠山という山があります。これは二万年ぐらい前にできた小型火山で、二〇〇〇年にも噴火しました。この山はだいたい二十〜三十年おきぐらいに噴火しているから、そろそろ噴火するかなと思っています。マグマはもうスタンバイ状態です。ただ有珠山は具体的にいつどこで噴火しそうかという噴火の予測が成功しやすい山です。

デイサイトという粘《ねば》り気の強い溶岩ができてゆっくり上がってくるから、予知から噴火までに時間がかかって逃げられる。ゆっくり上がるときに山を膨らますわけです。前回の二〇〇〇年の噴火も山が膨れて、数メートルも盛り上がり、地割れがたくさんできました。

噴火の前兆現象がわかりやすいのです。

話を国内のカルデラに戻して、その大きさがどれぐらいかというと、北海道の洞爺カルデラと鬼界カルデラの噴出量が一七〇立方キロメートルぐらい。直径でいうと洞爺カルデラは一〇キロメートルぐらいで、鬼界カルデラは海のなかにあるけれど同じように一〇キロメートルクラスです。

それから屈斜路カルデラは、直径はもうちょっと大きいけれど、噴出物は一〇〇立方キロメートルです。摩周《ましゅう》カルデラはちょっと小さくて直径が四〜五キロメートルぐらい。だから噴出物は一八立方キロメートル。それでも、一〇立方キロメートル以上で十分に大きい。三章の図3－11（一五一頁）は日本列島の主な活火山を並べてあるのですが、そのうちの八つがカルデラ火山で、それとほかのとは規模がまるで違うんです。

たとえばよく耳にする霧島山の噴出物は〇・〇二立方キロメートルで、一立方キロメートルにも達してないわけです。雲仙岳は〇・二七立方キロメートル、桜島で二・一立方キロメートルです。

ということで、僕たちが知っている火山はけっこう小さい噴火で、カルデラをつくるような巨大噴火とは規模がまったく違うということです。

あとは日本の八つのカルデラで知っておきたいのは、どれも十万年より若いということです。火山は若いほど、もう一回カルデラをつくるような大噴火をする可能性が高いから要注意です。

もう一つ、カルデラはどこにあるかというと、関東や関西などの日本列島の中央部にはあまりありません。だから「関東や関西に住んでいるから大きな噴火は大丈夫」と思うかもしれないけれど、もし九州で大きな噴火が起きると、偏西風に乗って関西や関東はもちろん、北海道まで火山灰が飛んでいきます。

台風は日本列島を縦断するけれど、それと同じで日本のあらゆるところに火山灰が降って被害がおよびます。実際、九万年前の阿蘇山の噴火では北海道まで火山灰が飛んでいます。

特に要注意の火山

二〇一一年の東日本大震災を引き起こした地震はとても大きなものでした。それにより日本列島は東西方向に引っ張られました。これは火山にも影響して、それによって火山体、もう少し具体的に言うなら火山の地下にあるマグマだまりが不安定になりました。地震で揺すられた結果ですね。

一般にマグマには約五パーセントの水が含まれていて、それが大きく揺すられると水蒸気になることがある。ビールとかサイダーを注ぐときに瓶を振ったら泡立ちますが、それは揺すったことにより、なかに過剰となる強い圧力で溶けている二酸化炭素が出てくる。同じように過剰圧で溶けている水が水蒸気になると図4－3（一八六頁）のように噴火するんです。三章で紹介した図3－11（一五一頁）で示されている活火山のなかには、東日本大震災で不安定になったものが二〇個あります。

具体的に見てみましょう。九州だと阿蘇山、九重山《くじゆうさん》、鶴見《つるみ》岳、伽藍岳《がらんだけ》、中之島、諏訪之瀬島《すわのせじま》です。阿蘇山は噴火したし、諏訪之瀬島はいまでもときどき噴火しています。

それから、関東だと新島《にいじま》、伊豆大島。伊豆大島は一九八六年に噴火して、いまはスタンバイ状態です。伊豆にはほかにも伊豆東部火山群がありますね。箱根山もそうで、こちらは二〇一四年に噴火しました。あとは富士山です。

中部地方では浅間山と草津白根山も噴火しましたね。ちなみに、草津白根山の二〇一六年の噴火では亡くなった方もいます。それから、日光白根山《しらねさん》、白山《はくさん》、乗鞍岳《のりくらだけ》、焼岳《やけだけ》。

北のほうにいくと秋田駒ケ岳、秋田焼山《やけやま》、岩手山。秋田駒ケ岳は一九七一年に噴火したし、活火山でいつ噴火してもおかしくない。岩手山には焼走り溶岩流といって一七三二年に噴火した長さ三キロメートルの溶岩が特別天然記念物になっています。

北海道の丸山は、実は常時観測火山じゃないんです。まだ噴火しないだろうと予想されていて、活火山であるけれども常時観測はしていません。ちなみに常時観測火山というのは、活火山のなかでも特に活動が盛んで、しょっちゅう蒸気が出ている、あるいは地震があって噴火の可能性が高いので常に観測している火山です。気象庁は国内の一一一の活火山のうち、五〇を常時観測として二十四時間体制で観測しています。

それで丸山ですが、常時観測の対象ではないけれど、なぜか地震が起きはじめました。こちらもスタンバイ状態に近づいているかもしれないということです。

大被害をもたらす富士山の噴火

駆け足で要注意の国内の活火山をチェックしましたが、やはり、みなさんが気になるのは富士山ではないでしょうか。

二〇一一年三月十五日に富士山のマグマだまりの直上に割れ目ができました。富士山の地下一四キロメートルのところでマグニチュード6・4の地震が起きたんです。割れ目ができたということは、マグマだまりの天井にひびが入ったということ。ひびが入ってそこから圧力が抜けると、マグマに含まれる水が水蒸気になる。幸いまだ噴火はしていないけれど、噴

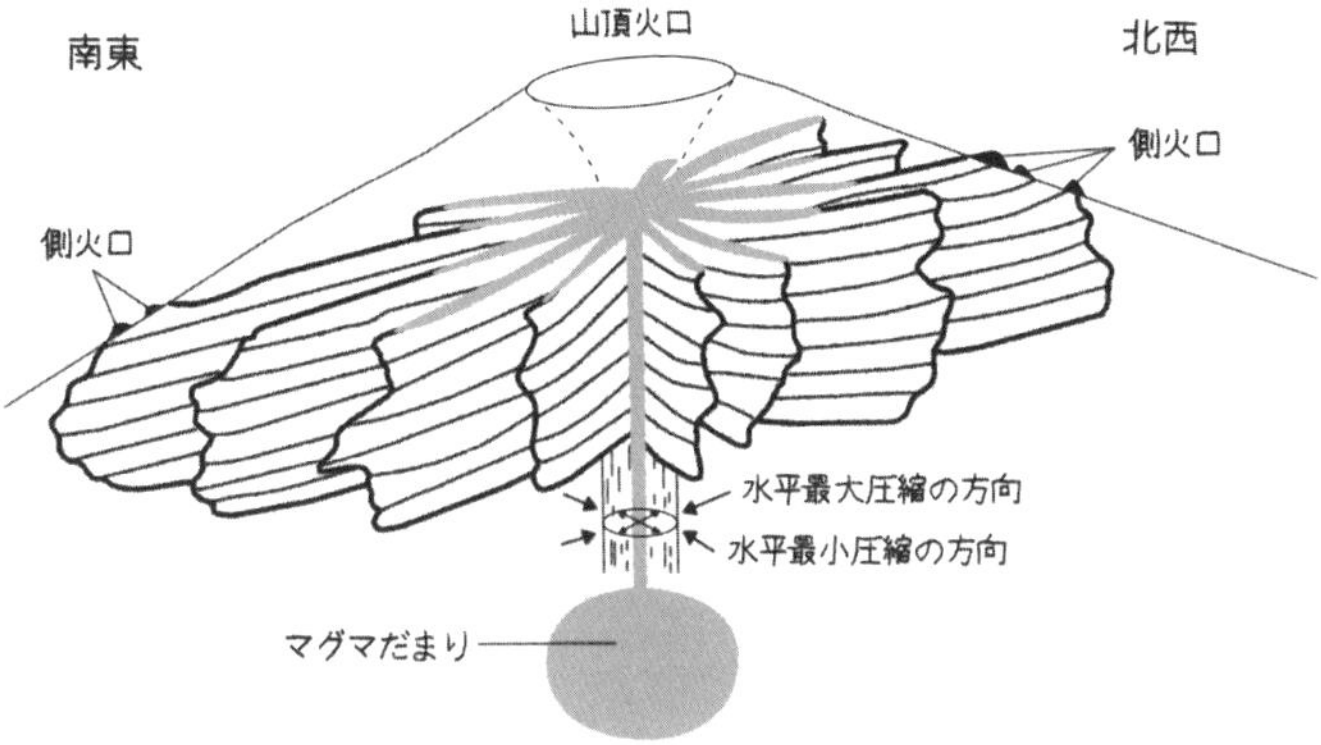

図5－8　富士山のマグマだまりから伸びる火道と側火口ができるメカニズム
鎌田浩毅『富士山噴火と南海トラフ』（ブルーバックス）より

火スタンバイ状態が続いているということです。

　富士山の地下にはマグマだまりから放射状に伸びる火道がいくつもあります（図5－8）。

　これらの火道によりできた火口は「側火《そくか》口《こう》」と呼ばれ、二千年前以降の富士山では側火口の噴火しか起きていません。一七〇七年、江戸に火山灰を降らせた「宝永噴火」など一〇〇ほどの側火口があるのです。その富士山の側火口が噴火すると、災害としてはかなり大きいものになります。

　それは、富士山が日本一高い山で噴火が大きいから災害も大きくなるというシンプルなことではなく、位置の問題が大きいのです。火山灰が降り積もる範囲に首都圏があるし、溶岩が南に流れたら、東名高速道路や新幹線

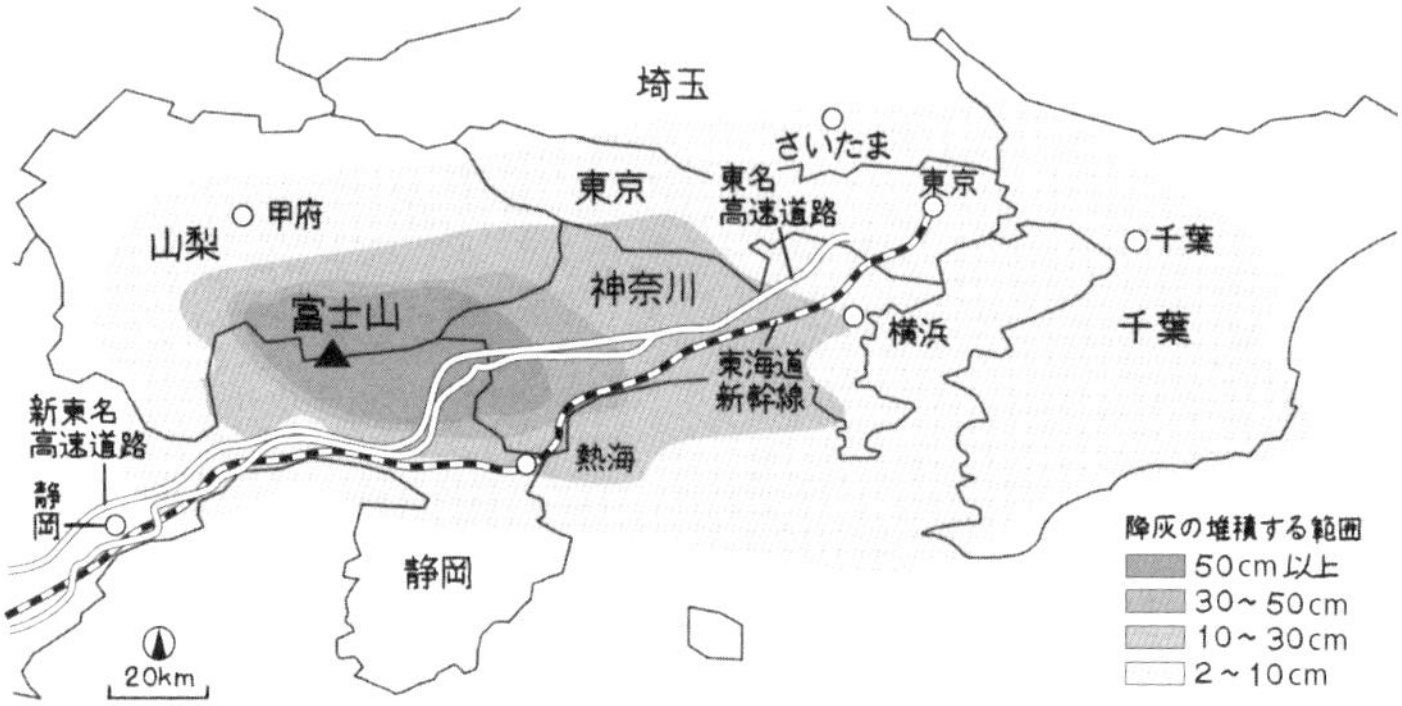

図５－９　宝永噴火と同規模の噴火が起きた場合の降灰可能性マップ
富士山火山防災対策協議会「富士山ハザードマップ検討委員会報告書」などより筆者作成

を分断します。もちろん、これまでお話ししてきたように気候変動の問題などもあるけれど、なにより噴出物が人や物の流れを切るので被害がより大きくなるんですね。

これは噴火のボリュームとは違う話で、災害を考える際にはとても重要な要素です。ちなみに二〇二一年のトンガの噴火は日本と距離が離れているから、日本にはそこまで大きな被害はなかった。トンガでも首都まで八五キロメートル離れているから、火砕流が出た可能性は高いものの、火砕流が多くの被害をもたらすことはありませんでした。

次回の富士山の噴火については、その被害予想総額が算出されており、その金額は二兆五〇〇〇億円です。ただ、それは二十年前、二〇〇四年の内閣府の想定で、僕はもっと大きいと予想している。なぜなら降り積もった火山灰はすぐには消えないからです。スコップで袋に詰めて運ばないといけない。

地震は最初の一撃の被害が大きくて、それによって建物が壊れたりするけれど、あとは揺れは小さくなっていく。でも火山の噴火は火山灰が積もってからが大変ですし、さらに火山の噴火はすぐには終わらず四～五年も続いたりもします。図5－9は近い将来に富士山に宝永噴火と同規模の噴火が起きた場合に火山灰が降り積もる地域と厚さの予測を示しています。

富士山も前回の江戸時代の宝永噴火では二週間ぐらい噴火が続いて、その後の一か月ぐらいは地表を火山灰が舞いました。噴火は地震と違って後片付けがより大変なんです。

火山のスペーシング

ちょっと話が飛ぶけれど、近年はSNSが普及していて、僕も見ていて「あ！　そういうふうにとらえるのか」と勉強になることがあります。玉石混交ですが、しっかりした方がきちんとした根拠とともに投稿していることもあるわけです。

二〇二二年は、山梨県でマグニチュード4・8、それと紀伊水道でマグニチュード5・4と連続して地震が起きたけれど、「これぐらいの規模では富士山は噴火しない」という内容の投稿があった。その投稿を見て感心しました。実は僕も同じ意見だったから。

その地震は震源が富士山から三〇キロメートル離れていました。火山のスペーシング(spacing)と言って、活火山はだいたい三〇キロメートルぐらい離れているんですね。これくらい遠いと活火山の活動は、隣の活火山に影響しない。だからたとえば富士山が噴火しても、三〇キロメートル遠くにある箱根山には影響しません。

これは不思議なもので、そもそも活火山が三〇キロメートルよりももっと離れていることがあるかというと、そういうことはない。日本列島の火山は三〇キロメートルぐらいのスペーシングで、五〇キロメートルとか一〇〇キロメートルは離れていないんですね。

これはマグマが地下深部から三〇キロメートルぐらいの間隔で上がってくるから、そうなっているのです。物理の分野でマグマのような高温の液体が上がってくるときにはやはり一定のスペーシングで上がってくることがわかっています。だから僕は地震などが起きたとき、三〇キロメートルくらい離れていれば大丈夫だろうと思うわけです。

ただ、これがマグニチュード7になったらどうか？　それはちょっとわかりません。

トンガの噴火とマグマ水蒸気爆発

続いて、最近起きた大きな規模の火山の噴火の話題です。

まずは世界の噴火から。

二〇二二年一月十五日にトンガで大噴火がありました。トンガは太平洋プレートが沈み込んでいる場所で、そういう意味では日本の福徳岡ノ場や西之島《にしのしま》新島の噴火と同じ状況です。

この噴火はとても規模が大きくて「マグマ水蒸気爆発」がありました。言葉としては「マグマ水蒸気噴火」とも言いますが一緒です。英語でいうと、フレアトマグマティック・エクスプロージョン（phreatomagmatic explosion）。フレアトは水蒸気で、日本語と英語では並びが違うのですが意味は同じです。

英語ではエクスプロージョンと似た言葉にエラプション（eruption）という言葉もあるけれど、エクスプロージョンはなんか爆発的な感じがします。エラプションっていうとやや静かで、たとえばハワイの溶岩流が流れる噴火は爆発しないので、そのようなときに使われます。トンガの噴火は爆発的なので、エクスプロージョンのほうがいいですね。

なぜ爆発的となったかというと、〝水蒸気〟です。マグマには水が五パーセントぐらい含まれているけれど、水が水蒸気になると一〇〇〇倍ぐらいに体積が増える。そうするとその膨張力が爆発を生むのです。

もう少し詳しく言うと、マグマが水と接触すると、フューエル・クーラント・インタラクション（Fuel-coolant interaction）という現象が起きます。わかりやすく言うなら、水に触れた途端にマグマはバラバラになる。水に触れて引きちぎられるような状態になって、それが二倍、四倍、八倍、一六倍と二のn乗でより細かくなっていくんです。

細かくなると表面積が増えるでしょう。その表面積の増えたところにさらに水が触れるわけで、その一個一個がさらにバラバラになる。そこでより多くの水蒸気が次々と生産されて、それで巨大な爆発力が生まれるんです。具体的には、水がどんどん水蒸気になっていく過程で、マグマがバラバラになる限界を迎える。それがさらに連続的に起こってマグマが細かくなっていくのです。

まさに連鎖反応ですね。ニュースでなにかの化学工場の爆発が取り上げられることがあるけれど、それも同じ理屈です。なんらかのアクシデントで、たとえば管の亀裂から水がちょっと入っただけで、連鎖反応を起こして大爆発しちゃうわけです。そうすると、工場そのものを壊すし、もっと大きな災害を地域にもたらすこともある。

それと同じことがマグマだまりでも起きるし、二〇五頁で紹介した水中の枕状《まくらじょう》溶岩で起きることもある。

これは海底火山噴火の怖さの一つで、海底ということは周りに水がたっぷりありますよね。枕状溶岩の場合は、表面が皮のように硬くなっていて、それが海水を遮るので、マグマがそのなかを流れているときは爆発しません。

ただ、マグマがあまりにたくさん出るなどして、海水とマグマが混合しはじめると、そこで急に爆発が起こります。そして、一回爆発すると、その爆発の力でしずしずと上がってい たマグマもかき乱されて、連鎖反応が起きる。これがマグマ水蒸気爆発のメカニズムです。

二〇一〇年四月、アイスランドで起きたマグマ水蒸気爆発は、世界に深刻な影響をもたらしましたので、記憶している方も多いと思います。

アイスランドにエイヤフィヤトラヨークトル火山という活火山があります。この火山は氷河に囲まれているのですが、地下で地震が起こり、マグマだまりからマグマが地上へ近づいてきました。このマグマによる熱で、山頂近くにある氷河が溶け、大量の水がたまりはじめ山頂を覆いました。

そこへ、火山の地下から上昇してきたマグマがその溶けた水に触れて、マグマ水蒸気爆発を引き起こしました（図5－10）。

火山灰を含む噴煙と水蒸気は、高度一万メートルまで噴き上がって、上空を吹く西風に乗

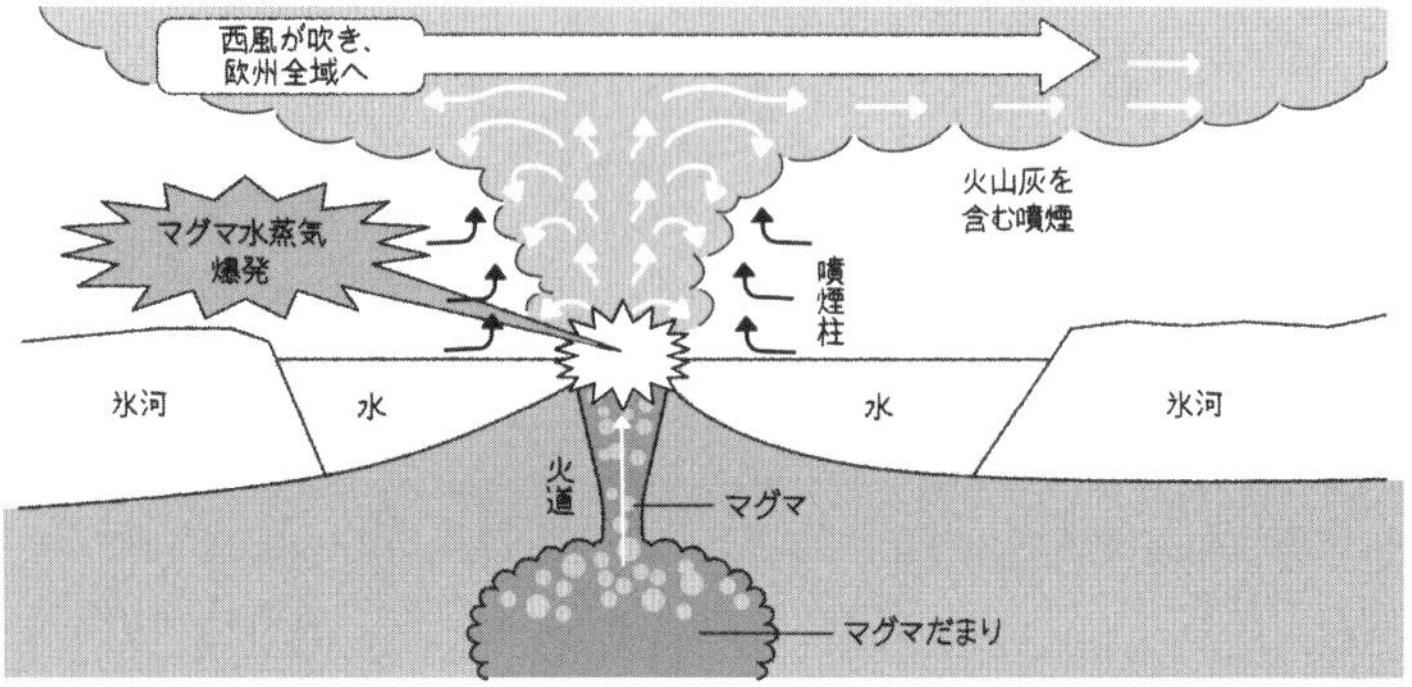

図5－10　エイヤフィヤトラヨークトル火山で起きたマグマ水蒸気爆発のメカニズム

鎌田浩毅『揺れる大地を賢く生きる』（角川新書）より

りヨーロッパ中に拡散したのです。大量の火山灰がヨーロッパ大陸を覆いつくし、航空貨物はストップし、二八か国で空港が全面封鎖になりました。航空会社の経済損失は当時のレートで一六〇〇億円（約一七億米ドル）に達しました。

マグマ水蒸気爆発に似た現象で、「水蒸気爆発」というものもあります。

たとえば二〇一四年に岐阜県と長野県の境にある御嶽山で起きた噴火は水蒸気爆発です（図5－11）。その二つの違いはマグマが入っているかいないかで、御嶽山の噴火の噴出物にはマグマは入っていません。御嶽山は一九七九年にも噴火していますが、そのときも同じでした。御嶽山は数千年間、マグマを出していなくて、出したのは何万年も前の話

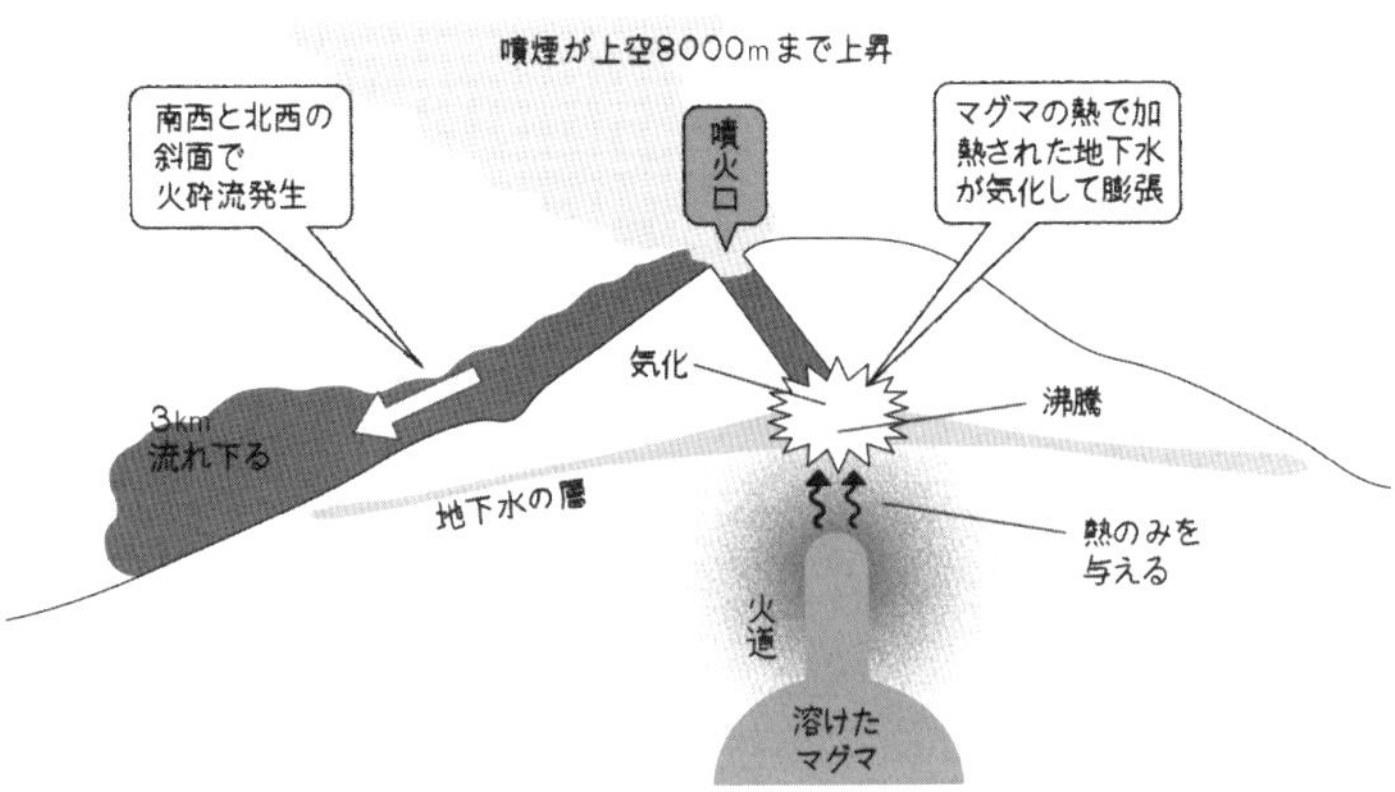

図5－11　御嶽山で起きた水蒸気爆発
鎌田浩毅『火山はすごい』(PHP文庫）より

です。

さて噴火の推移としては、まず水蒸気爆発、これは水蒸気噴火とも言いますが、それがあって、次にマグマ水蒸気爆発、それから最後にマグマ噴火となります。

水蒸気爆発とマグマ水蒸気爆発の違いをまとめると以下のようになります。一般に火山体のなかはガサガサで、雨が降ると地下水として水がかなり残っている。水は深さにして一キロメートルとか、それよりも浅いところにあります。マグマが下から上がってくるとまず地下水に熱だけを与えます。

そうすると水が水蒸気になって、体積が五〇〇～一〇〇〇倍となり、圧力が高まる。それで上の岩石を割って吹き飛ばすわけです。これが水蒸気爆発で、つまり水蒸気爆発ではマグマは熱を与えるだけで、それで水が沸騰して気化して爆発するということです。

さらに、もうちょっとマグマの勢いが強くなると、ここで地下水に触れる。マグマのなかにも水が含まれているし、それに加えてもともと山体内に地下水があるので、二つの要素の水が水蒸気になって爆発します。これがマグマ水蒸気爆発で、水蒸気爆発よりも大きな噴火になります。マグマ自身がバラバラになるし、なによりマグマが直接触れるから水蒸気爆発よりも熱量がはるかに大きいのです。与えられる熱量の桁が四つも五つも違いますから。しかも噴出物は全部火山灰になるんです。

水蒸気爆発とマグマ水蒸気爆発はどちらも火山灰を出すけれど、その質は異なりマグマ水蒸気爆発にはできたての火山灰が見られます。できたての火山灰と古い火山灰の違いは、古い火山灰はすぐ水と反応して粘土鉱物ができる。それに対して、できたての火山灰は発泡したてで泡がちょっと入っています。その違いは火山灰を顕微鏡で見て、小さな泡が入っているかどうかでわかります。

二〇一四年の御嶽山《おんたけさん》の噴火でもたくさんの火山灰を出しました。五〇名以上の方が亡くなったのですが、火山灰が積もった地面はベタベタで、助けに行った自衛隊が足を取られるぐらいでした。結局、それは水蒸気爆発の噴火だったのですが、その噴火では火山灰が一〇センチメートル以上積もりました。

御嶽山が特徴的なのは「低温火砕流」を出すところで、二〇一四年も一九七九年も同様でした。二〇一四年は少量で、一・六キロメートル流れただけでしたが。

一般的に火砕流は六〇〇度以上、阿蘇山では九〇〇度近い高温です。それが御嶽山では四〇度ぐらいの火傷もしないような温度だったのです。ちなみにだいたい一〇〇度ぐらいまでは、低温火砕流と呼ばれています。

同じような低温火砕流は二〇〇〇年六月の三宅島の噴火でも見られました。島にいた方の話によると、換気扇からフワッと生暖かい風が入ってきたそうです。後で調べたら、家屋や樹木にベタベタと火山灰がくっついていたと。これもマグマ水蒸気爆発ですが、住宅地に流れてきた火砕流が低温で助かったという事例です。

二〇二二年に起きたトンガの大噴火でも火山灰が出ました。最初に上空二〇キロメートルぐらい、最後は四〇キロメートルまで上がりましたね。四〇キロメートルということは対流圏を超えて成層圏です。そうすると上空には、ジェットストリーム、つまり強い気流が流れていて、火山灰が世界中を回ります。図5－12は世界の気流と海流を表した図です。

みなさんがいる日本列島のような中緯度では、「偏西風」で西から東に流れます。一方、赤道の周りは「貿易風」といって反対に東から西に吹いています。トンガは貿易風のところで、噴火の後の衛星画像で火山灰の広がったところが映りました。衛星画像ではまさにトン

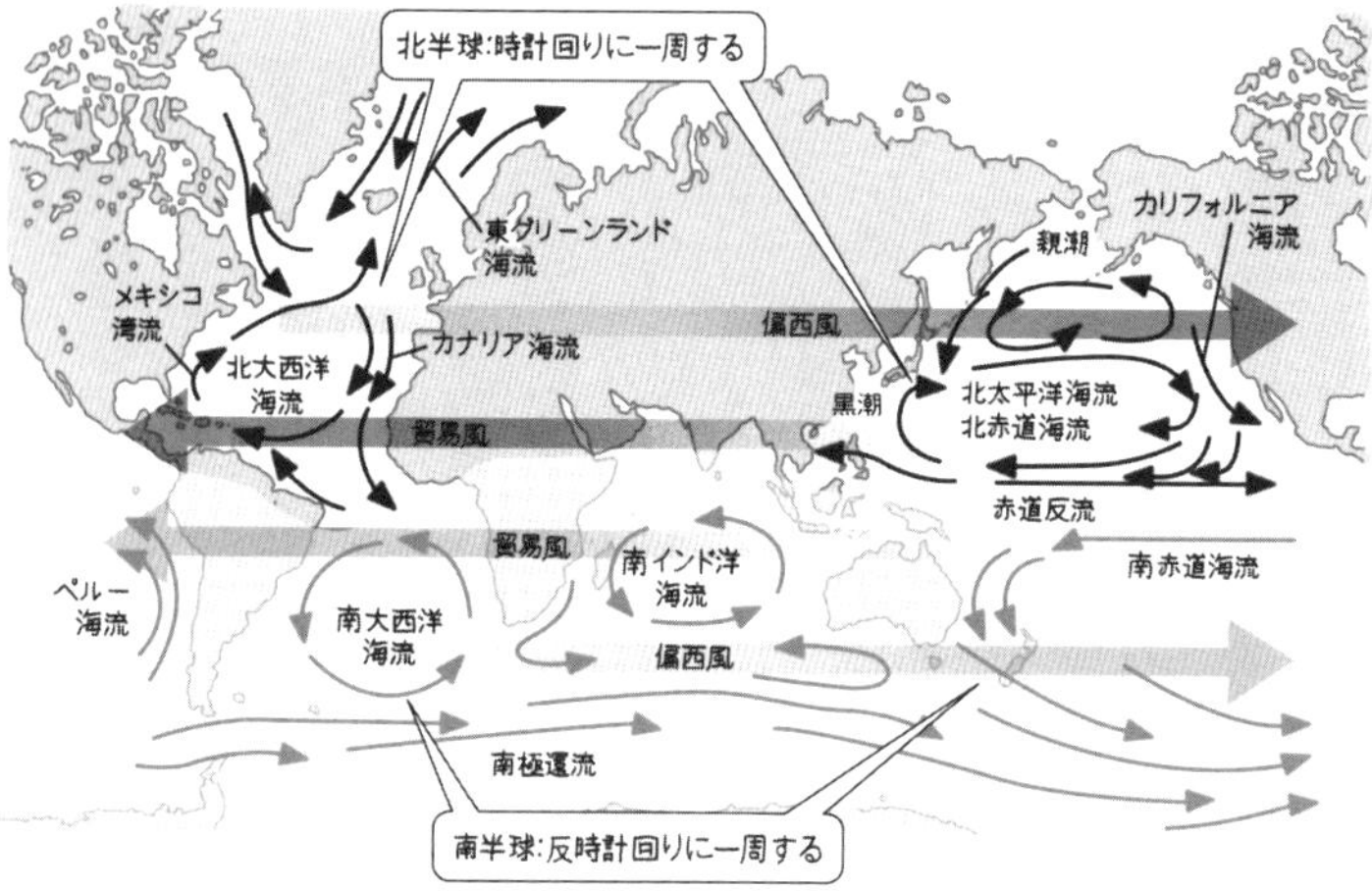

図5－12　海流と風の深い関係

鎌田浩毅『地学のツボ』(ちくまプリマー新書)より

ガの噴火による噴煙の範囲がわかります。モクモクと、火山灰が広がっています。

リアルタイムで僕たちが火山を観測できるのは衛星画像の噴煙の大きさや、地震計、傾斜計ですが、海底火山の場合は地震計も傾斜計も設置していないから衛星画像で規模を判断したわけです。この場合は同心円状で直径は五〇〇キロメートルです。

ちょうど北海道がまるまる入るぐらいで、すごい大きさですよね。それが数時間で広がったので、これは噴火としては大きいというわけです。

この噴火の中心と、トンガ王国の首都ヌクアロファは六五キロメートルしか離れていない。ということはトンガの首都は噴煙にすっぽり覆われたと。だから、火山灰が降ってきました。

これが最近起きた大きな規模の噴火の様子です。

おさらいすると、まず海中でマグマが海水と触れて粉々になる。それは水蒸気を含んでいて高温で軽いから上空に上がる。これは百年に一回の規模の噴火です。ＶＥＩでいうと6に近く、とても大きな噴火でしたが、このような噴出量の多い噴火はめったに起きません。

あとは津波について、先ほども触れましたが（二六五頁）、普通は噴火で海底が陥没することで津波が起き、それが海を渡ってきます。でも、今回はそれよりも空気を押す衝撃波が速くて、それが日本近海で津波をつくりました。これは新たに見られた現象なんですね。

薩摩硫黄島とトンガの海底火山

二〇二二年のトンガの噴火が日本の大きな噴火とどのように関連するのかも少し説明しておきましょう。図5－13は日本列島でこれまでに起きた大規模な火山噴火をまとめたもので、縦軸が年代です。

この図では古いほうは十万年前、最近は二〇一〇年ぐらいまでをまとめています。横軸が立方メートルで、一〇億立方メートルが一立方キロメートルです。大きい噴火は右のほうに

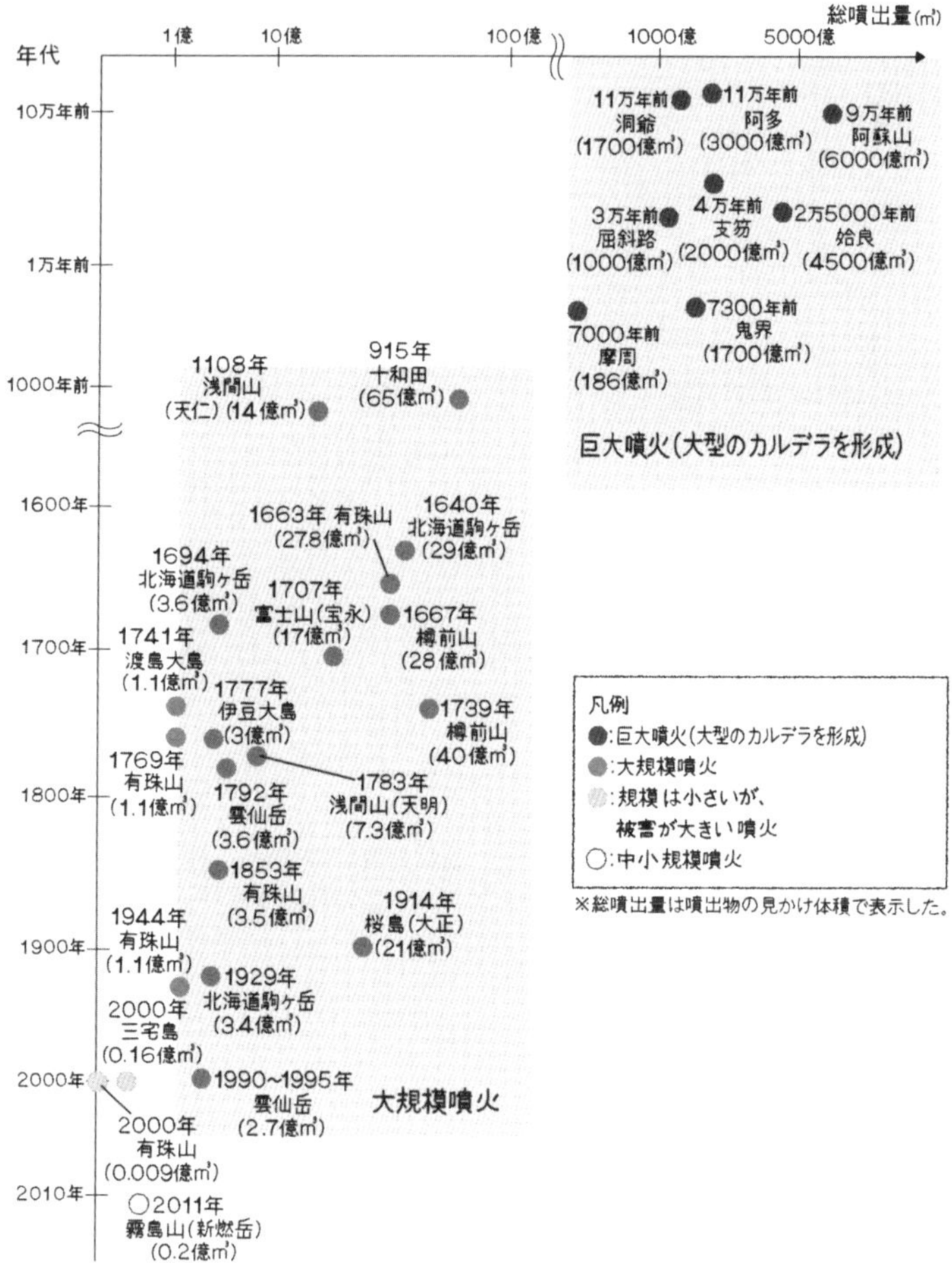

図5－13　日本列島で起きた巨大噴火と大規模噴火

鎌田浩毅『地球とは何か』(サイエンス・アイ新書)内閣府による原図を一部改変

示されています。大型のカルデラを形成するような大きな噴火は千年前以降はない。新しいものでも七千三百年前の鬼界《きかい》カルデラなどです。

カルデラはとにかくスケールが大きくて、実はトンガはカルデラの縁辺部、つまりヘリにあるんです。カルデラはなかがへこんでいて、そのへこみを取り囲むところにこの縁辺部があります。

このようなかたちをした火山を外輪山とも呼びますが、トンガはカルデラのへこみは海のなか、ヘリは海面から顔を出していて島となっているということです。そして、この噴火によって、その周辺の島の大部分が海没したそうです。

トンガの噴火はそれぐらい大きなものだったけれど、地下のマグマだまりのマグマをすべては出しつくしてはいないと思います。

たとえば日本の阿蘇山は四回噴火していますから。カルデラをつくるような大きな規模の火山はマグマを何万年もかけてため込むという性質があるのです。それで、たくさんためて一気に出すから空洞となる部分ができて、カルデラになる。しかしマグマはまだかなり残っている。そう考えると「今回の噴火でもう終わりです」とは言えなくて、長期的に見なくてはいけません。

このように大きなカルデラが海中にあって、外輪山の一部が海面から出ているという構造で、同じものに薩摩硫黄島《さつまいおうじま》があります。カルデラ名でいうと鬼界《きかい》カルデラです。鬼界カルデラはまさにいま詳しく調査していますが、海底に潜《もぐ》っていくとカルデラ地形があるし、やはり、その地下には熱いマグマだまりがある。

このカルデラができたのが七千三百年前ですから、まだ若いですよね。先ほど触れたようにカルデラは何回か噴火する可能性があって、ここは一回目の噴火でできたところだから、やはりこれからも要注意です。

海を走る火砕流

地球科学の好むフレーズ「過去は未来を解くカギ」で考えると、鬼界カルデラで起きた現象はトンガに応用できますよね。

では鬼界カルデラができたときはどうだったかというと、火山灰が上空三〇キロメートルぐらいまで上がって日本中を火山灰まみれにしました。

鬼界カルデラから起きた津波は三重県までいきました。三重県にはその津波の痕跡が残っています。あとは火砕流の堆積物です。火砕流ということは高温のマグマが海を越えたわけ。これがとても怖い。

火山用語で紹介すると、噴火によって噴き上げられる大量の火山灰や火山ガスなどからなる柱状のものを「噴煙柱」、噴煙柱をつくるような激しい噴火を「プリニー式噴火」といいます。噴煙柱の根元の部分はとても高温で六〇〇度ぐらいあります。もともとマグマは九〇〇〜一〇〇〇度ぐらいだけど、まだ完全に冷えていない状態で上昇をはじめます。

噴煙柱ができるときは、まず最初にマグマがドンと地上へ出るエネルギーで、火山灰や火山ガスなどは上にいくわけです。上にいくと位置エネルギーが減るから、一定の高度で、それ以上は上がれなくなる。そうすると大量の物質が上空二〇キロメートル付近にたまっていくという状態になる。

それで今度は高いところにあるので重力で落ちるんです。これは物理の問題で、このように噴煙柱が崩壊することを「重力崩壊」といいます。崩壊するとどうなるかというと、崩れ落ちたものが火砕流として一気に流れます。

陸上だったら「立ち上がって崩れたら横に流れていく」というのはなんとなく想像できるけれど、鬼界カルデラができたときは海で起きて、火砕流が海面を渡ったんです。いや、勢いがとても強いから海面を遠方まで走ったのですね。

火砕流が海上を走って南鹿児島、大隅《おおすみ》半島、薩摩半島に到達しました。それだけじゃなくて、陸上ですが遠くの宮崎県まで高温の火砕流が走ったわけ。距離にしておよそ一〇〇キロメートルです。

ちなみに、いまわかっていることでは、実は阿蘇山の噴火でも火砕流が海を走って、なんと関門海峡を越えて山口県まで達したとされています。

実は火砕流は高温で軽いんですね。軽いからホーバークラフトのように海上を走るわけ。しかもそこに空気の層ができて海水と接触しないから、温度が保たれる。

この鬼界カルデラから噴出した火砕流は名前が付いていて「幸屋《こうや》火砕流」といいます。このときに飛んだ火山灰も名前があって「アカホヤ火山灰」といいます。どちらも有名で地球科学者はみんな知っている。そして、その火砕流が南九州にいた縄文人を絶滅させたのです。

「ほとんど見つからない」

二〇二一年十月二十日に阿蘇山が噴火しました。

これは大分県と熊本県の間、大分–熊本構造線という活断層が集まった境界上で起きたんですね。この阿蘇山の噴火は地震と火山の連動がはじまったということで僕は注目しています。もう一つ、先ほど紹介したマグマ水蒸気爆発というのもポイントです。

幸い、今回は火口の周りでは規制がかかっていて誰もいなかったから、亡くなった方はもちろん、怪我をした方もいなかった。けれど、もし観光客がいたら大変なことになっていたでしょう。実際に一九五〇年代には修学旅行の高校生が亡くなっています。

阿蘇山には直径二〇キロメートルぐらいのカルデラがあるのですが、そのなかに中央火口丘群があって、そのほぼ中央に中岳《なかだけ》という火山があります。中岳は阿蘇山のなかで最も活発な活動をしている火山の一つです。

阿蘇山は活火山だから当然、地下にはマグマだまりがあって表面にはお湯がたまっている湯だまりがあります。マグマの活動が上がると湯だまりの蒸発量が増えてお湯が減ります。干上がって底が見えることもある。また、この湯だまりのなかから噴火を起こすこともあって、これが起きると水蒸気爆発となります。

阿蘇山の噴火はこの水蒸気爆発が多いのですが、二〇二一年の噴火はちょっと大きく、火砕流が出たんです。噴煙も高く上がって、たしか二〜三キロメートルでした。

このとき湯だまりは干上がって水がなかったのですが、僕は地下水がある帯水層で水とマグマが触れてマグマ水蒸気爆発を起こしたと思うんですね。だけど、そうとは言い切れない部分もあって、産業総合技術研究所の火山学者が調べたら、火山灰に新鮮な火山灰がほとんど見つからなかったらしいんです。

この「ほとんど見つからない」という表現が難しいところで、「ほとんど」というなら少しは見つかったのかなと思う。それなら、マグマ水蒸気爆発なので実際の量を知りたいと思っています。そこが火山学的にはとても面白いというか、今後どうなるのか、とても興味があります。

マグマだまりのマグマは活動に応じて上下していて、活動が低下して下がったら水蒸気爆発で古い火山灰しか出ないし、反対に活動が盛んになって上がったらマグマ水蒸気爆発で新しい火山灰を出して、最後はマグマ噴火になる。噴火を予測するという意味でこうした火山灰の変化は重要な存在です。

なので今回に限らず、研究者は降ってきた火山灰をすぐに取りに行くんです。いつ噴火するかわからないから危ないけれど、ヘルメットを被って、すぐに逃げられるようにしています。

なぜ火山灰が降ったことがわかるかというと、たとえば車の上にうっすら積もっていることがある。また観測機器を見ても、昨日拭《は》いて帰ったのに、今日は積もっているということもある。アナログの手段ではあるけれど、それでいつ降ってきたかを特定して確認します。「何月何日に噴火する」などの細かいところまではわからないけれど、噴火は確実に大きくなっているなど、だいたいの傾向はわかる。火山学者たちは現在の状況をリアルタイムで知るというのと、シンプルにいろいろな現象を記載しておくという両方の視点で、今回の阿蘇山の噴火を注意深く見ています。

北朝鮮の大規模噴火

　ここまでは過去、そして最近の新しい話題を見てきましたが、実は地球史上、最大級の噴火は近未来に起こる可能性があります。

　アメリカのワイオミング州にイエローストーンカルデラ、またカリフォルニア州にロングバレーカルデラという二つの大きなカルデラがあって、この二つの地下ではいまでも静かにマグマがたまっているのです。

　僕は一九八八年から二年間アメリカへ留学したのですが、そのときにその二つのカルデラを調査しました。アメリカの地質調査所の研究者が連れて行ってくれたんです。巡検っていうんですが、それで見に行きました。

　調査では主に岩石や地質を見るのですが、そこでは地球物理学者が常時観測しています。地下のマグマの温度や地震や火山ガスなどを見ているのです。富士山もそうですが、マグマが動き出すとまず火山性の地震が起きます。

　あとは地面の傾斜も測定していました。マグマが上昇すると山が膨れて、地面が傾斜する

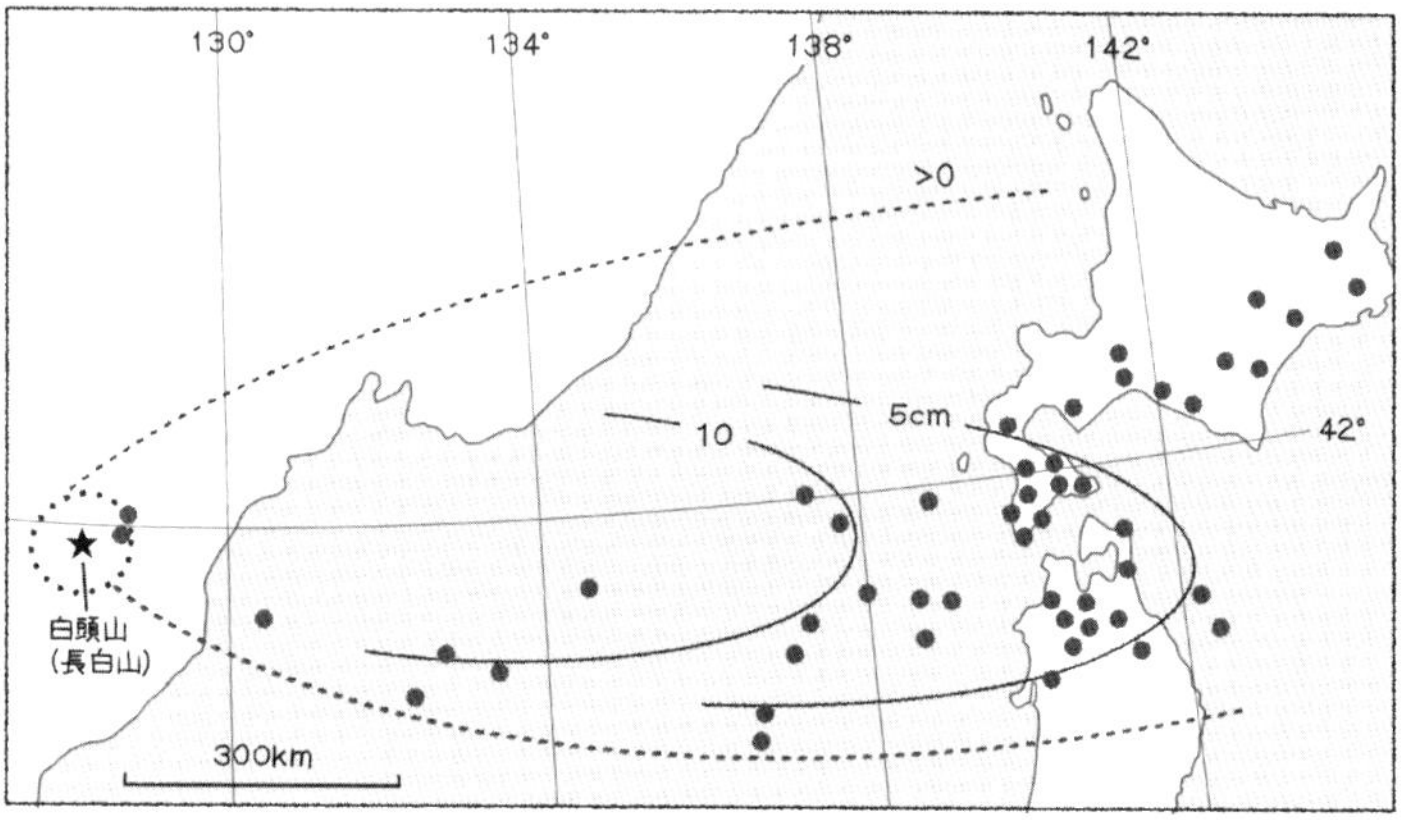

図5－14　白頭山の噴火(946年)で飛来した火山灰の厚さ
町田洋氏と白尾元理氏による図を一部改変

からです。それで傾斜がキツくなったところがあると、そこはマグマが次に上がってくるところだと判断するんです。

それから噴火の前には火山ガスの成分と量比が変わるので、その観測もしていました。そのようなことをイエローストーンでもロングバレーでもずっと観測しています。

未来の噴火で注意が必要な火山として、アジアでは白頭山《はくとうさん》があります。韓国語ではペクトゥサンと読みますが、これは中国と北朝鮮の間にある活火山です。

白頭山は九四六年に大噴火を起こして、その火山灰は日本列島まで飛んできていました。その様子を示したのが図5－14です。九四六年とわかったのは古文書で残っている記録からです。

また、十世紀頃の地層に火山灰があるのが日本列島周辺で見つかっています。海底をボーリングで掘りました。たかだか千年前だからまだ上のほうの地層です。白頭山の火山灰は地層のなかでも白っぽくて比較的わかりやすい。掘っていく途中の砂泥に火山灰が入っていて、分析すると白頭山と化学組成が一緒でした。

これは中国と日本のちょうど真ん中ぐらいの海域の話ですが、白頭山から降ってきた火山灰の層の厚さは一〇センチメートル以上あるんですね。かなり厚い。

そして白頭山はその後、噴火していないためマグマがたまっています。こちらも噴火したら大変で、国際情勢にも影響するわけです。まず北朝鮮がとても大きな被害に遭います。韓国も同様です。韓国の研究施設がシミュレーションしたものがメディアで取り上げられていたけれど、北朝鮮で火山灰が数メートルも積もるという見積もりでした。

図5－15は、白頭山が噴火すると、その火山灰がどれぐらいの時間で到達するかを表しています。この図では二十四時間後、一日以内に朝鮮半島を全部覆いますよね。そして日本列島にも降ってくると。日本の中国地方、島根とか鳥取に最初に到達するわけです。風向きによっては中国側にもいくでしょう。

では住んでいる人はどこに避難したらよいか。

北朝鮮から韓国や中国には簡単に行けません。そうした意味で白頭山が大噴火すると、ど

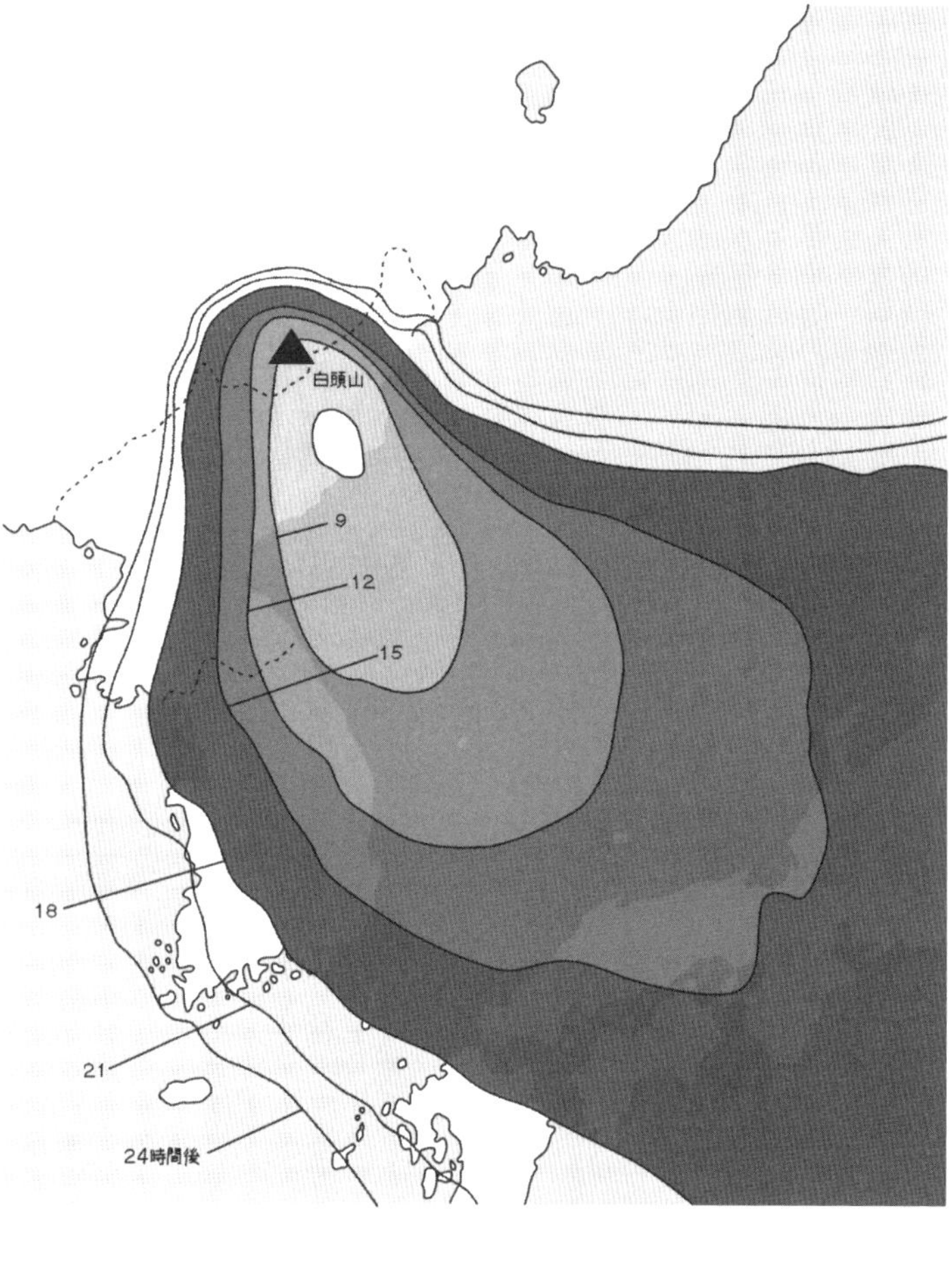

図5－15　白頭山の噴火から24時間後までの火山灰の拡散状況
産経新聞による図を一部改変

のようなことが起きるかは予測がつかないんですね。国際情勢だけでなく政治経済の問題にもなります。

前述のように白頭山の噴火は最近、映画になりました（二四四頁）。日本国内では二〇二一年八月に公開されて日本語のパンフレットもつくられました。僕はそのなかで解説を頼まれたこともあって、その映画を公開前に観ました。みごとな映画でしたよ。

その解説文では白頭山だけじゃなくて富士山の噴火にも触れました。みなさんにとっては、そのほうが怖いかもしれません。

富士山が噴火する日

何年か前に二〇二一年八月二十日に富士山が噴火するという噂がありました。どうも有名な漫画家が二十数年前にいろいろなことを予言していて、その漫画のなかに「二〇二一年八月二十日に富士山噴火」と記されていたようなのです。

これはデマで実際に噴火は起こりませんでした。

まず地球科学者、火山学者は「何月何日に噴火」とは言えません。

たしかに富士山は噴火のスタンバイ状態でいつ噴火してもおかしくない。それから、噴火したら大変なことになる。前回は二百年休んで、江戸の町に五センチメートルの火山灰を積もらせました。今回は三百年休んでいるから、そのぶんのたまったマグマを全部放出すると、大変な災害になることは間違いない。

一万年前に、新富士火山と言われる現在のようなかたちになって、二千二百年前からは山頂の火口を使ってない。そうすると次の噴火も山腹に穴を開けるわけですね。どこかはわからないけれど、静岡県側に穴を開けて大量の溶岩が出たら新幹線、東名高速道路を分断する。そういうことを予測はできる。ここまでは言えます。

富士山が噴火して火山灰が東京にくると、首都圏でライフラインが確実に止まる、被害総額は二兆五〇〇〇億円で三〇〇〇万人が被災するみたいな、そういうことです。

ただ、「何月何日に噴火」という予知はできません。

基本的には現代の科学はそこまで追いついてないんです。マグマだまり、というか地球の内部自体が複雑すぎて、そこまではどんなに精度を上げても無理。だから二〇二一年八月二十日と断定できる科学的な根拠はまったく存在しないんです。

「何月何日に噴火する」という予知はできないが、でも、どのような状況になり、想定される被害などの予測はしっかりできる。白頭山もそうだし、すべての活火山について、どうやって災害を減らすのが現実的かっていうふうに考えてほしいんです。

平安時代(9世紀)	震源	現代(21世紀)
850年　三宅島		2000年　有珠山、三宅島
863年　越中・越後地震	新潟県中越地方	2004年　新潟県中越地震(M6.8)
864年　富士山		2009年　浅間山
867年　阿蘇山		2011年　新燃岳
869年　貞観地震	宮城県沖	2011年　東日本大震災(M9.0)
874年　開聞岳		2013年　西之島 2014年　御嶽山、阿蘇山
878年　相模・武蔵地震	関東地方南部	不確定　「首都直下地震」(M7.3)
886年　新島		
887年　仁和地震	南海トラフ	2030年代　「南海トラフ巨大地震」(M9.1)

図5－16　地震と火山の噴火の発生状況
筆者作成

ただし、日本にも過去に起きた巨大地震のあと、火山活動が活発化した記録は残っています。特に平安時代と現代を比較してみると、地震と火山の噴火の発生状況が似ていることに気づきます（図5－16）。

あとは余談ですが、よく受ける質問は「どうせ富士山が噴火するんだったら、地面に穴を開けて、そこからガス抜きをすればどうですか？」というものがあります。地震なら「日本海溝、あるいは南海トラフに杭を打ってプレートの沈み込みを止められませんか？」とかね。

そのようなことができればよいけれど、現実には無理。事象のエネルギー量の桁が人間が扱える規模とまったく違うのです。そうしたことを考えるなら、噴火しそうなときは

「まず逃げること」が大切です。この感覚は地球科学的な視座に立つとわかるし、そういう直感も大切だと思うんですね。このあたりが少し身につくと、世の中の誤った噂にあんまり振り回されなくなると思います。

富士山については今回の講座でもたくさんの質問をいただいているので、ここで紹介しますね。

――次の富士山の噴火はいつ頃でしょうか？

これは先ほどもお話ししましたが、ひと言で、いつ頃かはわかりません。でも噴火のスタンバイ状態です。マグマだまりのマグマはパンパンで、いつ起きてもおかしくない。いま噴火したら大変で、三百年分ため込んだ大量のマグマが出ると予測しています。

これは地震も一緒ですが、科学者がわかる未来とわからない未来があります。わからないのは「何月何日」という具体的な日にちです。よくテレビや雑誌、あるいはインターネット上で「何月何日に噴火！」と予知されていますが、それらはすべて根拠がありません。科学的には火山の噴火も地震もいわゆる複雑系を相手にしていて、年月日のレベルでは予知できない。それははっきりしています。

ただ、ある程度のスパン、たとえば十年単位で、いつぐらいということは言えます。

だから「予知」はできないけれど、「予測」はできると僕は思います。

ちなみに、話は飛びますが、物事を人に伝える技術として、「富士山の噴火はいつ頃でしょうか?」と聞かれて、「それはわからないので、パス」と答えたら、伝達技術としては足りないんですね。

先ほども予知に関するアウトラインと構造をお話ししました。このように、僕は質問に対してなにも答えないということはしないようにしています。だって、その質問をした方はもう二度と聞く機会がないかもしれない。だから、僕はわかる範囲で必ずお答えします。これは僕の教育の根本で、時間がない場合には、いちばん大事なことだけをお話しするようにしています。「一期一会《いちごいちえ》」という言葉を大切にしているんですね。

――富士山の噴火って遠い遠いと思っていたけど、近いうちに起きると思わないといけないのですか?

そうです。富士山はいつ噴火してもおかしくない状態にある。

ただ、噴火する一か月ぐらい前には兆候があるので、地震のように突然起きるということはない。

富士山だけじゃありません。日本列島にはそういうスタンバイ中の火山が二〇ぐらいあります。お住まいの近くに火山があったら、そちらも確認してみてください。

ちなみに富士山の勉強をすると、ほかのすべての火山がわかります。プレート・テクトニクス、プルーム・テクトニクス、それから火砕流、そして気候が寒冷化するという地学までね。ぜひ富士山からスタートして勉強してみてください。

――富士山の構造は数十万年前にできた小御岳火山、古富士火山などの四階建てと言われています。ところが、富士山の年齢は十万年前からの小学生にあたると、どの本にも書いてあります。火山の年齢は過去の噴火とは関係なくなにかの基準で決められるのでしょうか？

これもいい質問で、個別の話と全体の話があるんですね。

個別として富士山は古富士火山が十万年前にできて、一万年前に新富士火山に成長したということで、火山の寿命である百万年のうちの一〇分の一でしょう。人生百年時代に十歳だから小学生ぐらいということです。繰り返しますが、これは個別の話です。

それで火山の寿命が百万年というのは地球上にある火山を全部見て、マグマだまりが完全に冷える時間があるし、マグマだまりは移動するし、カルデラをつくるような大きな噴火をすると早く消耗するし、ということを総合的に見て推定されたものなのです。大きな噴火をしても下からたくさん供給されれば長持ちする場合もあるけれど、そうはいっても百万年を超える火山は少ないわけです。

個々の火山の話と、何千もある地球の火山の全体を見た場合の数字は出し方が違うんですね。

えてして「うちの近所の桜島は……」ということで個々の火山だけを見がちですが、たとえば桜島でも大昔からわかっているわけではなくて、せいぜい百年ぐらいしか観測の歴史がないのです。よって、未来の予測は、世界中のいろんな火山で、火山学として蓄積された事実をもとに予測するということです。

富士山、伊豆大島、有珠山

富士山は東日本大震災があっても幸い噴火しなかった。マグマだまりの上にひびが入ったけれど、それでも噴火していない。

つまり噴火の引き金となる要素が二つあるんです。それは、マグマだまりが巨大地震などで大きく揺すられることと、マグマだまりの圧力が抜けてマグマのなかの水が水蒸気になることです。

一つ目は、東日本大震災で富士山のマグマだまりが大きく揺すられた。それからもう一つ

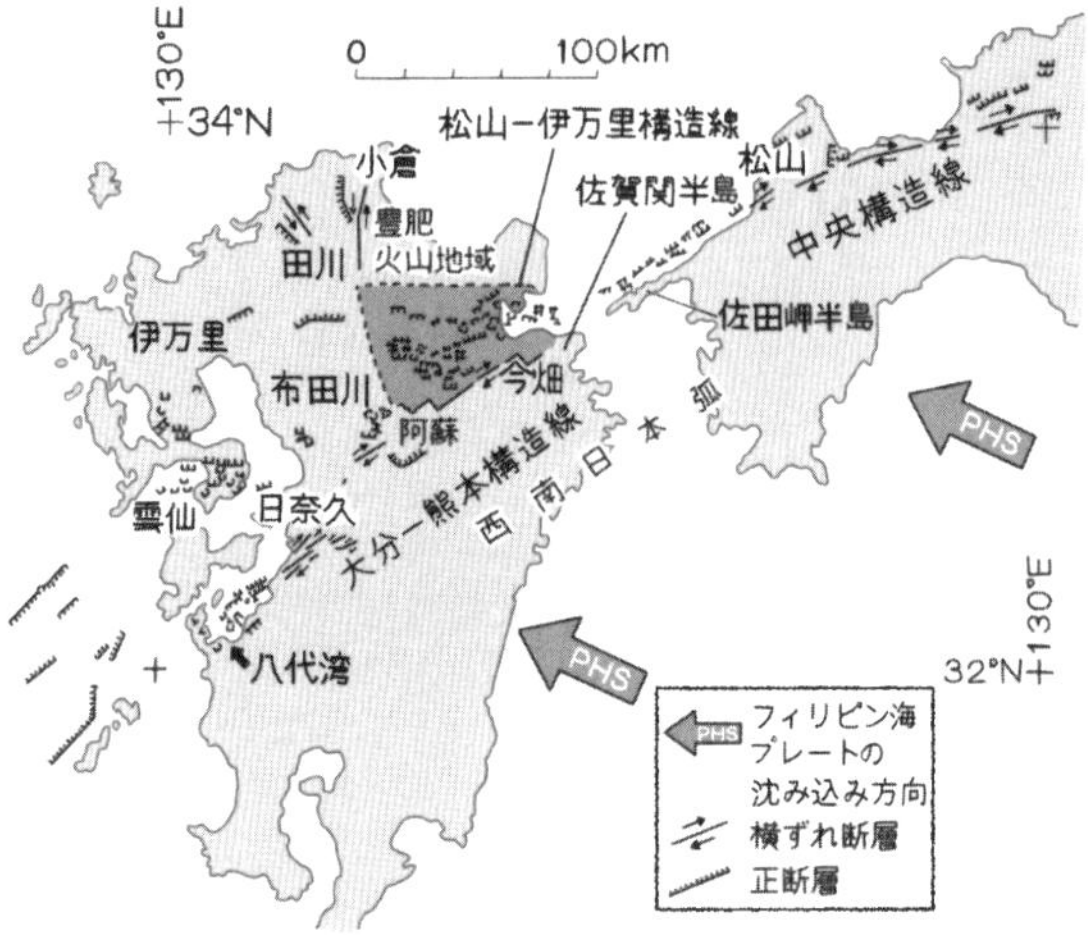

図5－17　豊肥火山地域の地質構造
鎌田浩毅『日本の地下で何が起きているのか』（岩波科学ライブラリー）より

は、マグマだまりの上部にある岩盤が割れる地震が起きた。いずれも大変な事件ですが、マグマだまりの圧力が抜けて水が水蒸気になる、ということは幸い起きていない。

二つの要因があっても噴火してないから、いまのところかろうじてセーフです。だけど、次の南海トラフ巨大地震ではそうはいかないだろうと思っています。というのは次回は富士山に近い東海地震も連動するから。

あとは富士山以外でいうなら、伊豆大島は完全に噴火のスタンバイ状態ですね。それと先ほど述べた北海道の有珠山《うすざん》です。いずれも次回の噴火はもう近いかもしれません。ちなみに、一五一頁の図3－11で紹介した二〇の活火山のなかでも、特に注意が必要なのは、この三つの活火山でしょう。

阿蘇山はずっと噴火していますが、今度は違うストーリーで、図5−17の大分−熊本構造線が動き出しました（六章であらためて説明します）。二〇一六年四月の熊本地震（震度七）で一部の活断層が活発化して、そのあとに阿蘇山が噴火しました。これはたぶん百万年単位で起きている現象の一部で、地震と火山が連動しているから引き続き注意が必要です。

——カルデラができるときの火口付近の崩壊について、バラバラに起きる崩壊と中心へストンと筒状に落ちる崩壊があるという話を聞きましたが、実際はどうなんでしょうか？

かなり勉強されていますね、すばらしい。これは崩壊したところがバラバラになって崩落するのか、それともストンと固まったまま崩落するのかという話です。

阿蘇山はバラバラ型の崩壊です。「漏斗《じょうご》型カルデラ」といって、まさに漏斗のように下にいくほど細くなっています。これは僕が研究した大分県の猪牟田《ししむた》カルデラもそうです（二五九頁）。

そして、もう一つ、カルデラには別のタイプがあって、それは「ピストンシリンダー型カルデラ」といいます。自動車のエンジンのピストンのようにまっすぐストンと下へ落ちていくんですよね。

アメリカのバイアスカルデラ（Valles Caldera）やロングバレーカルデラ（Long Valley Caldera）

などが、そのタイプです。アメリカも火山学が盛んで、アメリカの地質調査所にとても優秀な火山学者がいたんですね。ボブ・スミスという人です。その人は僕の師匠である小野晃司《こうじ》先生の先生です。

一九四〇年代の話で、火山学の事始めですね。その人を含めて当時のアメリカの学者はアメリカ国内の火山を研究して火山のカルデラはすべてピストンシリンダー型だとしていました。教科書にもそう書かれていましたね。

一方、日本では小野先生の同級生の荒牧重雄先生が「それは違うのではないか」と言いだしたわけです。それで漏斗型カルデラ、英語では「funnel-shaped caldera（ファネル・シェイプト・カルデラ）」というのですが、荒牧先生がその名前を付けて論文で発表しました。

そこからは喧々諤々《けんけんがくがく》の論争です。当時、荒牧先生は若くて三十代です。かたや世界のボブ・スミスに正々堂々と挑んだわけ。結果、いまは二つのタイプがあるということになっています。

僕も火山学者として駆け出しの頃に荒牧先生の授業を受けました。それが、あるところから研究者としてご一緒させていただいて、それで僕が研究したのが猪牟田カルデラなんです。猪牟田カルデラは漏斗型カルデラで、荒牧先生の論文を引用して、自身の論文を書き上げました。豊肥《ほうひ》火山地域に、特有の火山と地震の相互活動の産物なのです。

さらにここから先が面白い。アメリカと日本の違いは、アメリカは大陸で、日本は弧状列島ということ。僕の論文は地球全体を見ると地面の力の加わり方が違うので、それが火山のカルデラの違いにつながったのではないかという内容でした。

つまり、アメリカは安定している大陸だからピストンシリンダー型になったんです。でも日本は変動帯でしょう。地震も起きるし、それで火山の源であるマグマだまりも安定することができないということです。すると、テクトニクスの話で、つまり単に火山の話だけじゃなくて、地震を含めた地球全体の応力も関係してくる。

僕は火山学からはじめましたが、あるところから地震学や地球の歴史が関係してきて、結果として荒牧先生や小野先生とは違う火山学になりました。このカルデラのタイプの違いは、もう火山学というよりは変動学です。

リゾート地の活火山

——最近スペイン領カナリア諸島のラ・パルマ島で、火砕流が島を流れていく映像を見て驚きました。この火山は噴火する可能性が高いと明らかになっていたのでしょうか？

結論からいうと、可能性は高いとされていました。いわゆる活火山ですから。

問題は、そこがリゾート地ということなんですね。無人島だったらよいのですが、多くの人が押し寄せていて、そこで噴火したから大変でした。なにせ、そのスペイン領の島は食べ物がおいしくて、気候がよくて、それに火山の地形が美しいと、リゾート地になる要素がたくさんありますから。

あまりにも遠くて僕は行ったことはありませんが、いつか訪れたいと思っていたところです。二〇二一年四月にカリブ海の島国セントビンセント・グレナディーンのセントビンセント島で噴火がありましたが、そこも有名なリゾート地ですよね。

活火山があるところにお金持ちが別荘を建てるということはよくありますが、そういうところは噴火と隣り合わせです。ハワイのキラウエア火山も、前回の噴火で溶岩が流れて、ずいぶんと家が埋もれました。キラウエアは僕も何度も足を運んでいて、住みたいとも思っています。でも噴火が不安で、そのことを考えると、だいたいハワイは簡単に住むところではないんですよ。だって、百年ぐらい前まで戻ったら、どこも溶岩が流れていて、そうでないところがあっても、それはジャングルのなかですからね。

——アイスランドでは噴火による火災が起こっています。隣のグリーンランドに活火山がないのはつながりがないからですか？

いい質問ですね。よく勉強されている。大西洋中央海嶺が上陸したアイスランドと大陸地殻の減っているグリーンランドの地質の違いです。

少し話は飛びますが、二〇二一年の五月にアフリカのニーラゴンゴ火山が噴火しました。国でいうとコンゴ民主共和国です。コンゴはルワンダの隣でケニアなどに近い。そのあたりはどういう場所かというと、大地溝帯があるんです。つまり地面が大きく開いている。ここの場合は東西方向に開いています。

それで地面が開くと、下からマグマが上がってきます。開いているということは隙間があって、その隙間を埋めるように下からマグマが上がってくるんです。プレート・テクトニクスで隙間はどんどん大きくなるから、そのぶんをマグマで埋めて釣り合いを保っています。そこでは、そのようなことを何百万年もやっています。これは国内では九州の豊肥火山地域と同じです。言葉を換えると大地溝火山帯があると。

それで、今回はその火山帯にあるニーラゴンゴ火山が噴火した。これは珍しいことではなく、十年おきくらいに噴火しています。ただ、二〇二一年の噴火は規模が大きくて、たしか数十人が亡くなって、約四〇万人が避難しました。ポイントの一つは、やはりそばに町があると被害が大きくなるということです。

たとえば西之島新島は東京から一〇〇〇キロメートル離れているから、直接的な大きな被害は出ていません。だけど、ニーラゴンゴ火山は隣にゴマという町があって、たくさんの人が住んでいます。そこに溶岩が流れていって、家は焼かれるし、巻き込まれた方もいました。

また、大きな地溝帯の噴火が怖いのは、噴火がはじまるといつ終わるかわからないところです。マグマがどんどん下から上がってきやすいわけですね。

それで大きな地溝帯といえば質問に出てきたアイスランドもそうです。アイスランドでは二〇二一年三月に噴火が起きて、関心がある方の間ではネットでも話題になっていました。つまり、アイスランドとコンゴの現象は同じもので、地球の現象はどこでも共通なんです。

活火山とそれ以外

――地形の写真を撮っています。北海道の硫黄山など、噴気孔の近くでの撮影は危険でしょうか?

僕も硫黄山に行ってきました。硫黄山ではいまも硫黄を採掘しているし、危険ではないけれど、基本的に噴火真っ最中の噴気孔は危険です。

まず火山の状態には「定常的」と「非定常的」があります。定常的というのは、北海道の硫黄山、それにたとえば立ち入りを制限されていないときの箱根の大涌谷《おおわくだに》や阿蘇山の中岳火口付近、それに海外ならアメリカのイエローストーンもそうです。観光地になっていることが多いけれど、観光ができる状態のときは大丈夫です。

だけど、非定常的、つまり御嶽山《おんたけさん》で噴火がはじまったとか、伊豆大島で噴火がはじまったとかいう場合は近づかないことです。実際、僕は伊豆大島で噴火がはじまって非定常的にもかかわらず出かけていって、マグマに追いかけられて、命からがら逃げ帰りました。もう写真を撮るどころではありません。写真を撮るなら噴火が終わってからにしましょう。

事前にいろいろと勉強しておいて、リアルタイムの情報を得て、その火山の状態が定常的か非定常的か知ったうえで行動する。そのように考えるとよいと思います。

――日本には全国に火山がありますが、近畿、中国、四国にはなぜか活火山はなく、休火山や死火山ばかりです。未来永劫《えいごう》、活火山にならないと考えていいのでしょうか？

未来永劫ということはありません。千五百万年前の日本列島は大陸にくっついていたわけだから、そういう意味では何億年のスケールではまったく予想がつかない。三〜四億年も経てば大陸はもう一回全部くっつきますからね。それはちょっと見てみたいなあ。

だから活火山になる可能性はあるけれど、現状だと、この先一万年ぐらいは活火山になりません。この一万年という数字は活火山の定義で、一万年以内に噴火したものを活火山といいます。一万年は長すぎるにしても、千年以内、百年以内に活火山になることはないでしょう。あとは活火山の知識として、たしかに近畿や四国に活火山はありませんが、中国地方は島根県の三瓶《さんべ》山、山口県の阿武《あぶ》火山群といった活火山があります。

それと言葉の問題ですが、休火山、死火山という言葉は使わなくなりました。かつて富士山は休火山と言われていたけれど、いまは、そう表現はしません。

いまは活火山とそれ以外というわけかたです。休火山、死火山は定義ができないのです。先ほど一万年以内に噴火したものを活火山というと紹介しましたが、それなら、それぐらい噴火していないものは休火山、死火山と言ってもいい。でも、仮に死火山が噴火したら、死んだ人が生き返る感じで、あまりイメージが湧《わ》かない。だから、僕も活火山とそれ以外というわけかたがいいと思います。

なにより、休火山や死火山というと、その言葉に安心して、もう噴火しないという感じになるでしょう。それは防災上、困ります。僕のように「これから噴火に注意してください」という立場からすると、活火山にだけ注目してほしいのです。

――火山活動が続いているということはマグマを噴き出して地球を冷やしているということですが、それが収束して火山活動がなくなれば、地球は安泰な状況が続くのでしょうか？

これはかなりスケールの大きな話で、地球が冷えているという過程での一つの事象が火山活動です。地球の熱が核からマントルに移って、マントルから地殻に移って、マグマだまりから噴火するという流れです。

それで、火山活動がなくなれば、違う表現をすると地球が冷え切ったら、地球は安泰な状況が続くのかというと、それはそうです。つまり熱がなくなればすべてが止まる。たとえば金星とか火星のような状態です。プレートも止まって地震がなくなるかもしれない。

でも、それはどういうことかというと、地球は死の星になるということです。

また、別の面から考えると、太陽は寿命の百億年のうち五十億年経ったところで、今後太陽の活動が大きくなって、やがて地球は太陽に飲み込まれる。十億年経つと地球上の水がなくなるし、四十億年も経てば完全に太陽に飲み込まれるわけです。火山活動が収束するのには長い年月が必要で、同じようなスケールで考えると、今度は地球の外の問題もあるということです。

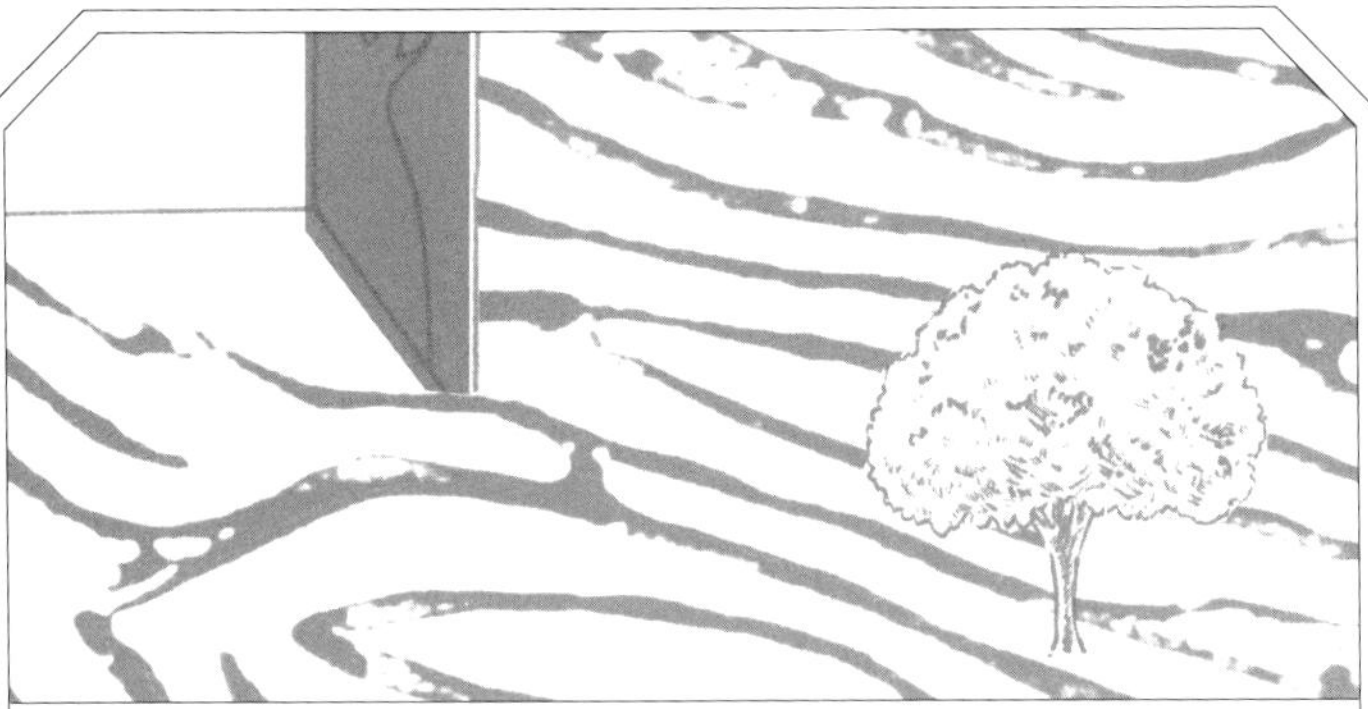

6章

今後
必ず起きる
超巨大地震

巨大地震と津波はどうして起こるのか

東日本大震災は千年に一回起こるかどうかという、非常にまれな、日本の地震観測史上最大規模の大地震でした。しかもマグニチュード（M）９・０という大きな本震のあとに、余震としてM７クラスやM６以上の巨大な余震が何度も起こっています。

よく、「東日本大震災の地震で大きなエネルギーが解放されたので、もうエネルギーは残っていない。したがって当分は地震がこないのではないか」という質問を受けます。

これはとんでもない間違いで、プレートにたまったエネルギーは、これからも震源域をどんどん広げながら解放される可能性が高くなっています。

東日本大震災は、北米プレートに乗っている東日本の地盤のひずみ状態を変えてしまいました。ですから、東日本大震災以降、地震発生の形態がかなり変わってしまったのです。日本列島の内陸部でも、二〇〇〇以上ある活断層が活発に動き出す懸念が生じています。

地震を考える際に欠かせないのがプレート・テクトニクスです。これまでにお話しした部分もありますが、おさらいも兼ねて、その話からはじめましょう。

三章の図3－5（一三六頁）をご覧ください。日本列島は四つのプレートが取り囲んでいます。海洋プレートが二つ、大陸プレートが二つです。海洋プレートは太平洋プレートとフィリピン海プレートで、大陸プレートは北米プレートとユーラシアプレートです。これらの四つのプレートがひしめき合っていて、「変動帯」となっています。変動帯とは地殻変動などが激しくて活発な帯状の地帯のことです。

ウェゲナーが最初に「大陸は移動する」というアイデアを出して、それが実証されてプレート・テクトニクスになりました。地球上の表面は一〇枚ほどのプレートがあって、それが水平に動くということです。水平に動いたプレートはどうなるかというと日本列島でぶつかって片方が斜め下に沈み込むんです。

図6－1は日本列島の地中の様子です。日本列島が乗っているところで、海洋プレートが年間に八～一〇センチメートルの速度で沈み込んでいます。大陸プレートはそれに応じて引きずられる。どんどん引きずられていくんですが、あるところで限界に達すると跳《は》ね返ります。これがプレートを原因とする大きな地震の仕組みです。

ボンと跳ね返るのですが、海のなかの話だから、海底が隆起することになる。すると、その海底の上の海水は高さ三〇メートルぐらい持ち上げられ、行き場を求めて左右（東西）に動くんです。左（西）側に動くと日本列島があるので津波になります。

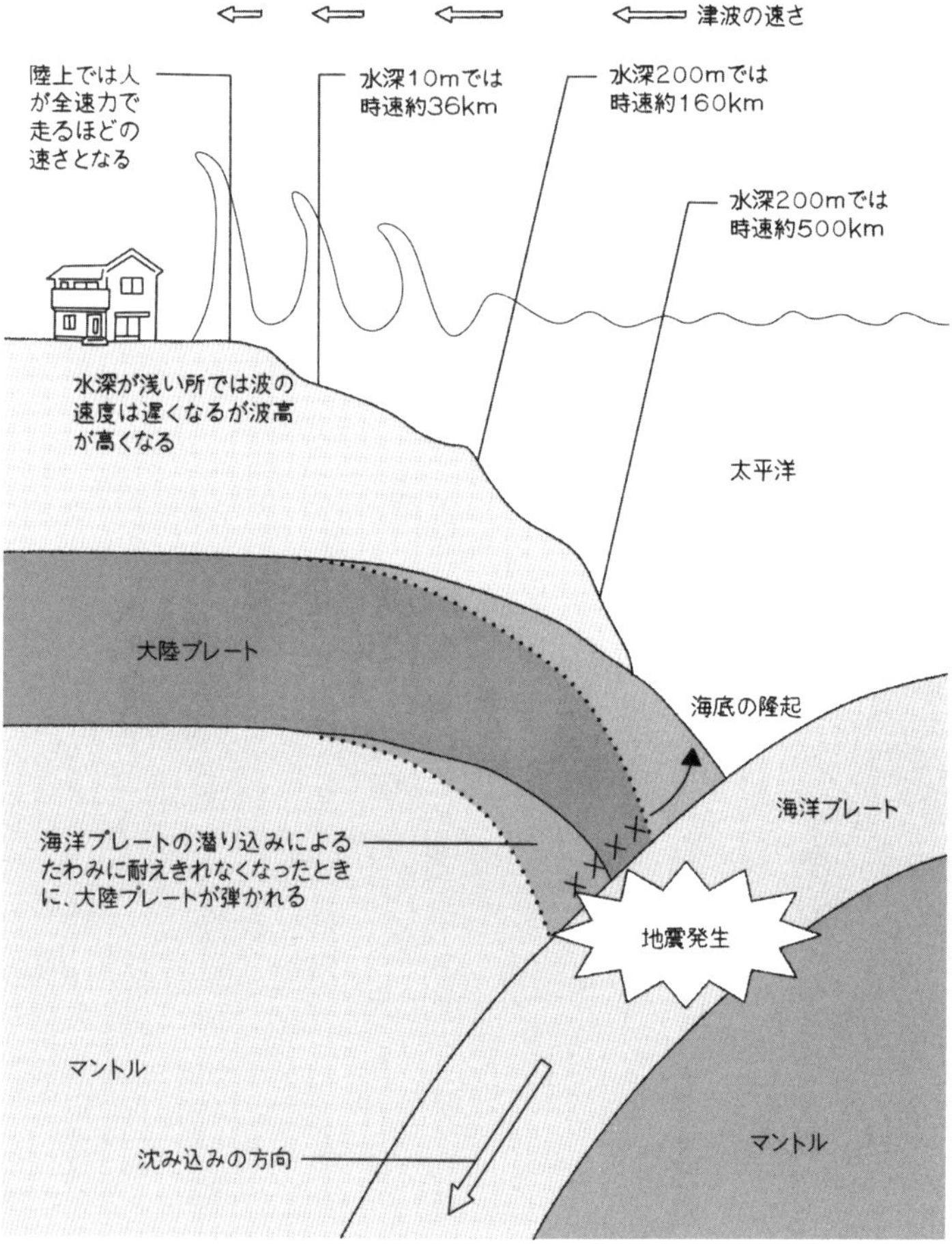

図6－1　地震と津波が発生する仕組み
筆者作成

津波は最初とても速い速度で、時速は約五〇〇キロメートルもあります。陸上に近づくと遅くなりますが、その一方で、波が高くなっていくわけですね。二〇一一年の東日本大震災（学問上の正式名称は東北地方太平洋沖地震）では最大で高さおよそ二〇メートル近い津波に襲われました。

東日本大震災はどこで起きたかというと、図6－2のように日本海溝です。海溝とは読んで字のごとく、深くて溝になっているところですね。ここで太平洋プレートが北米プレートに沈み込んでいる。

深さにして一万メートルぐらいのところで、太平洋プレートによって引きずり込まれた北米プレートが跳ね返って起きたのが東日本大震災です。この地震はマグニチュード9・0という地震でした。

これまでもマグニチュードという言葉を使ってきましたが、今回は地震がテーマだからあらためて説明すると、マグニチュードとは地下でエネルギーが解放される大きさです。跳ね返る部分の面積が広いと数字が大きくなる。そして、マグニチュード9・0という規模の地震は、これまで日本列島では千年間なかった。つまり東日本大震災は千年ぶりの超巨大地震だったんですね。

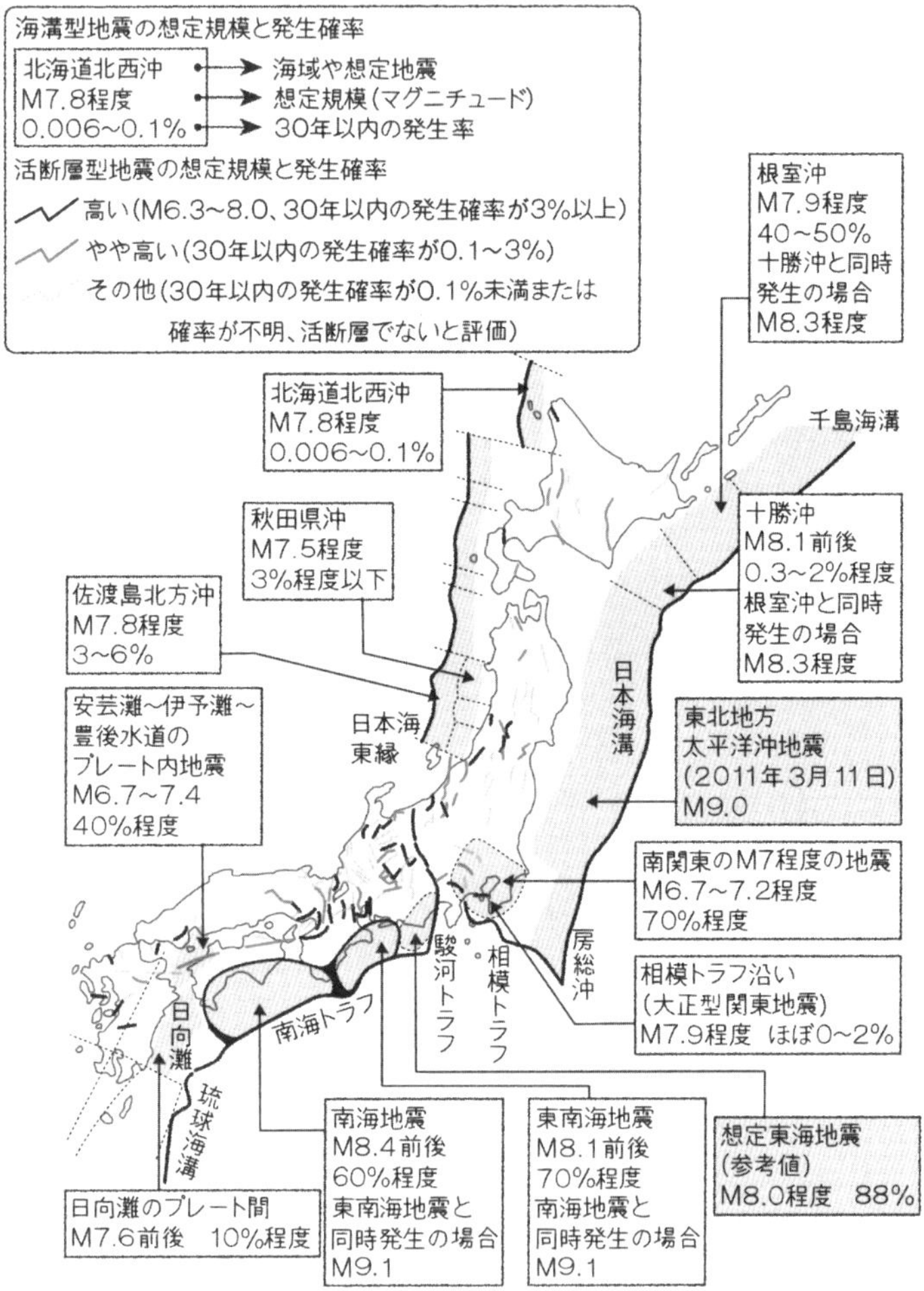

図6－2　日本列島で想定されている大型の地震

政府の地震調査委員会の資料をもとに筆者作成

南海トラフ巨大地震の脅威

東日本大震災が起きた東日本に対して、西日本はどうかというと、同じような地震が発生する可能性があります。

それが南海トラフ巨大地震です。

トラフとは海底の細長い窪みのことで、海溝よりは浅くて幅が広い。南海トラフは図6－2では左のほうにあります。南海トラフは静岡県から紀伊半島、四国、九州の沖合まで伸びています。

南海トラフ巨大地震の対象は三つの場所（静岡沖の東海地震、名古屋沖の東南海地震、四国沖の南海地震）にわかれていて、さらにもう一つ九州の日向灘《ひゅうがなだ》地震もあって、いったん地震が起きると、この四つが連動します。

南海トラフ巨大地震が予想されるのが、二〇三五年をピークにしてその前後の五年です。わかりやすく説明するなら二〇三〇年代で、いまから約十年後です。

その地震が起きると、どのような被害が出るか、先にそのことをお伝えしましょう。

東日本大震災は死者の数が二万人ぐらいで被害総額はおよそ二〇兆円でした。一方、南海トラフ巨大地震は死者の数が三二万人、被害総額二二〇兆円とされています。恐ろしいことに、被害が一桁も大きくなります。これほどの被害の差がある最大の理由は、南海トラフ巨大地震の影響を受ける地域に人が多く住んでいるからです。つまり、人口密度の高い地域ほど災害が拡大するのです。

巨大地震の歴史

南海トラフ巨大地震はこれまでも何回も起きていて、その都度大きな被害をもたらしてきました。図6－3が、その南海トラフ巨大地震の歴史です。だいたい百年に一回ぐらいですが、一七〇七年の江戸時代に宝永地震、一八五四年の幕末に安政南海地震、近年でいうと昭和二十一年、一九四六年に昭和南海地震が起きています。

次の南海トラフ巨大地震が起きる時期はしっかりと予測されていて、それは先ほどお話しした二〇三〇年代です。これまでの歴史で見ると、一七〇七年の宝永地震では東海地震、東南海地震、南海地震が三つとも連動しました。江戸幕府五代将軍・徳川綱吉の頃ですが、三つが連動して二十秒以内という短時間ですべてが起きたとされています。

次の一八五四年の安政南海地震は東南海地震と南海地震が三十二時間の差で起きました。

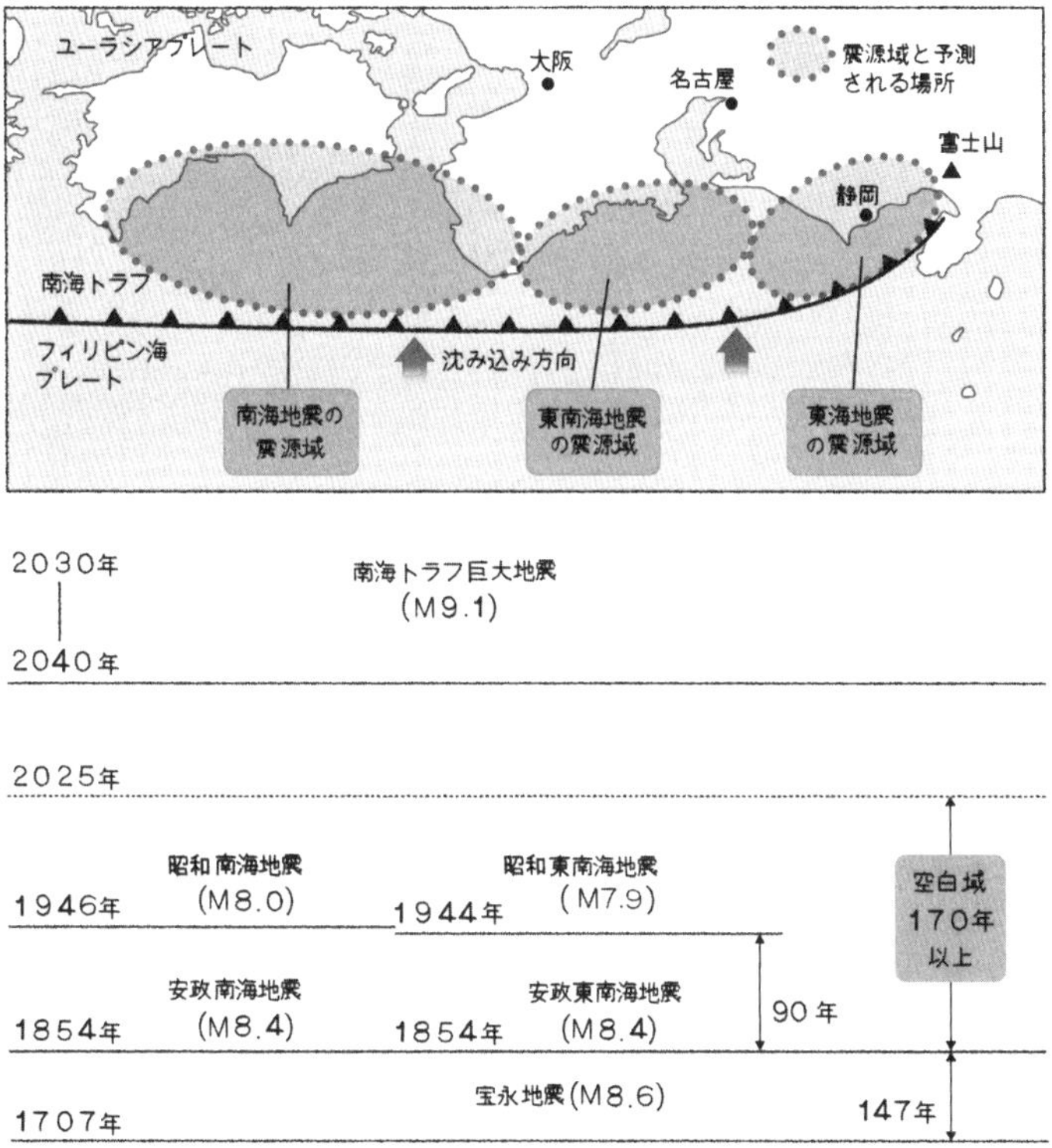

図6－3　東海地震・東南海地震・南海地震
鎌田浩毅『日本の地下で何が起きているのか』(岩波科学ライブラリー)

まず名古屋沖が動いて、その一日半後に四国沖を震源とする地震があったわけです。

それから次の一九四六年の昭和南海地震は二年の差になった。昭和東南海地震が一九四四年に起きて、二年後に昭和南海地震が起きています。

整理すると南海トラフ巨大地震の連動は、江戸時代は二十秒、幕末は三十二時間、終戦直後は二年という時間の差があるわけです。いずれにせよ、名古屋沖の東南海地震、静岡沖の東海地震、そして四国沖の南海地震の順番で起きていることはたしかでしょう。

注意してほしいのは静岡沖の東海地震です。一八五四年に安政南海地震は動いているけれど、そこから東海地震は動いていないんですよ。東海地震はいつか起きると言われているけれど、長いこと起きていないので、多くの人が「全然起きないから結局は起きないんじゃないですか?」「もう東海地震は考えなくていいんじゃないですか?」と思っています。地球科学者が〃オオカミ少年〃状態になっている。

でも、これまでの南海トラフ巨大地震の歴史では、だいたい三回に一回は三つの地震が連動している。最新はいま、お話しした一七〇七年の宝永地震です。地層には二〇回ぐらいの地震の跡が残っていて、いま、研究中ですが、けっこう規則的なんですね。そのため、次はきっと三つの地震の連動が起こり、東海地震のパスはない。

怖いのは、しばらく起きていないということは、それだけエネルギーをため込んでいるということなんです。途中で地震が起きてエネルギーを解放してくれればいいんですが、ため込むとプラス二回分のエネルギーが追加されるわけです。借金が二倍になるような感じです。毎回、借金を返済していたら、それほどの額ではない場合でも、二回分、三回分をまとめてだと、どんどん額が大きくなっていく。それが東海地震なんです。

二〇二四年時点で前回一七〇七年の地震から三百十七年の空白があるわけですが、いまは一年ごとに利息がついている感じです。それで次に地震が起きたら、全部を払わないといけないことになる。だから、「東海地震は起きないよね、危険ではないよね」と安心している人は、ここで考えを切り替えてほしいですね。

次の巨大地震に富士山は耐えられるのか

恐ろしいことに地震は火山の噴火へとつながることもあります。

いまお話しした南海トラフ巨大地震が起きることによって、富士山が噴火するだろうと予測されています。

京都から東京方面に東海道新幹線でいくと、富士川を渡る手前まではトンネルが多い。それが富士川周辺でガバッと開けるので、山がなくなるわけです。それはそこに断層があるからです。その断層は「富士川河口断層」といいます。

富士川河口断層は南にいくと海（具体的には駿河湾《するが》です）に入り、そのまま南海トラフにつながっています。つまり富士川河口断層は、南海トラフがそのまま上陸した地点にあるわけです。富士川河口断層は南北に走っていて富士山のほうまで伸びています。ど真ん中ではなくて、ちょっと西側ですが。そして富士川河口断層は直下型地震を引き起こす活断層なのです。

先ほど紹介したように南海トラフ巨大地震は東海地震、東南海地震、南海地震という三つの区分があり、そのなかで最も東にあるのが東海地震です。ということで、南海トラフ巨大地震が起きると、きっと富士山の一帯も大きく揺すられることになります。

実は、富士山は二〇一一年三月の東日本大震災ですでに揺すられているので、大きく揺らされるのは二回目というわけです。

僕は、二回目は耐えきれないのではないか、つまり噴火してしまうと思っています。

これには歴史的な証拠もあって、一七〇三年の元禄《げんろく》関東地震と一七〇七年の宝永地震の二つです。特に宝永地震のあと、同じ年に富士山は宝永噴火という大噴火をしています。地震が起きてから四十九日後のことでした。まさに巨大地震が噴火を誘発したのです。

これで大変な災害のストーリーができ上がってしまいましたね。

二〇三〇年代になにが起きるかを再確認しておきましょう。

まず南海トラフ巨大地震が起きるでしょう。これはマグニチュード9・1の巨大地震です。

その数か月後に富士山が噴火する可能性が高い、ということです。

和歌山県の地震と困った話

南海トラフ巨大地震に関することで、二〇二一年十二月に和歌山県で起きた地震に僕はちょっと驚きました。最大震度で五弱を観測した地震です。

東日本大震災は太平洋プレート（海洋プレート）が北米プレート（大陸プレート）の下へ沈み込んで、それで大陸プレートも一緒に引きずられ、その大陸プレートがボンと跳ね返ることで起きました。この仕組みは二〇三〇年代に起きると予想されている南海トラフ巨大地震も同じです。

和歌山県の地震ですが、プレートの動きを調べてわかったのが、その南海トラフ巨大地震と同じ方向でプレートが動いたということです。同じ方向で動いたということは、南海トラフ巨大地震を早出し、小出ししてくれたのかなと考えられます。

早出しが少しずつはじまったと思うととても怖い。被害総額は二二〇兆円で、高知県や和歌山県には地震が起きてから二～三分後に最大の高さ三四メートルの津波がきて、日本国民の半数にあたる六八〇〇万人が被災するという地震です。それが早まったら困る。まだ十年あるのでいまから準備してくださいと、僕もこうして全国を回って講演しているわけですよ。それがもし早まったら非常に危険だという話が一つです。

もう一つは反対によいことで、こうやって小出しでため込んだエネルギーを解放してくれたら、もしかしたら、そこまで大きな地震はこないのではないかということです。地震を借金にたとえると、このような小さい地震が起きるということは少しずつ返済しているような感覚です。これは希望的観測でして、そんなものでは巨大な借金は返せないかもしれない。地震を早めるほうと遅くするほうのどちらになるのか、わからないですけどね。

ここで、南海トラフ巨大地震が関係する質問を紹介します。

――二〇二二年一月二十二日に発生した日向灘《ひゅうがなだ》地震はマグニチュード6・6なので、マグニチュード6・8以上が対象とされる南海地震の関連は議論しないとのことでした。この線引きは本当に正しいのでしょうか?

とても勉強されている人の質問ですね。

二〇二一年十二月三日にも地震がありましたが、そちらの震源域は紀伊水道で、二〇二二年一月二十二日の地震は震源域が日向灘で震度五強でしたね。

まず南海トラフは図6－3のような位置にあります。ここでフィリピン海プレートがユーラシアプレートの下へ沈み込んでいます。

そして、図6－3のように震源域が三つあります。これは先に説明した東海地震、東南海地震、南海地震です。

今回の地震が起きた日向灘は宮崎県の沖合い、地下六〇キロメートルぐらいの深いところなんですが、そこが、まさに地震が起きる場所の一部なんですね。

防災面には決まりがあって、なんでもかんでも南海トラフ巨大地震に結び付けるのではなく、一定の大きい地震が起きたらしっかりと考えようということなのです。

今回の日向灘地震はまだマグニチュード6台で、8や9ではない。南海トラフ巨大地震はマグニチュード9・1とされます。東日本大震災よりちょっと大きく、それで東京から九州まで壊滅的被害に遭う可能性があるわけです。

だから、なにかあればすぐに専門家を招集して、南海トラフ巨大地震につながるのかどうかを判断する会議を開きます。その基準がマグニチュード6・8以上なんですね。今回はマグニチュード6・6で少し小さかったから様子見で会議を開かないことにした。

でも、その線引きが正しいかどうか、今後日向灘でもっと大きな地震が起きるかどうかはわからないんです。

この問題は「スロースリップ」が起きるかどうかによります。

スロースリップとは、通常の地震と違い、ゆっくりと断層が動いて強い地震波を出さないで（ほとんど地面を揺らさないで）、ひずみエネルギーを解放する現象のことです。観測機器の進歩により、計測できるようになりました。通常は、一秒間におよそ一メートルという高速ですべり、地震が発生します（つまり地震波を出します）。

スロースリップが起きると、そこで少しだけ岩盤が割れて、巨大地震にならずにちょっとずつ小出しの地震が起きる。だから小出しになることからはじまって、それで十何年後の二〇三〇年代にドンといくかもしれない。

南海トラフ巨大地震では三つの領域が動きます。三二二頁で紹介したように最初に動くのは東南海地震で、その次が東海地震、最後が南海地震です。次回の南海トラフ巨大地震ではその三つの領域の岩盤がすべて割れるのですが、一部が割れた状態を地震学者は「半割れ状態」と表現します。

一応、順番は決まっているとはいえ、自然のことだから、必ずそうなるとは限らなくて、たとえば西側の南海地震が先に起きて、そこから東側にいくかもしれません。いずれにせよ時間差があるのはわかっているから、どれぐらいのタイムラグで連動していくのかを知りたい。

今回の日向灘地震のように、南海トラフ巨大地震が関係する位置を震源とする地震はすごく重要なんですね。もし西の日向灘ではじまったら、あとは東にいくわけでしょう。岩盤の割れが一旦は止まってても一九四六年の昭和南海地震のように二年後に動くかもしれない。

だからマグニチュード6・8以上の地震があったら、そのあとは観測して、情報を精査するんです。いくつも場合わけして、それでとにかくマグニチュード9・1の南海トラフ巨大地震が起きる前に、ちょっとでも早くみなさんに避難してもらおうと。そんなイメージで僕たちは取り組んでいます。

――日向灘では以前からスロースリップが起きていましたが、二〇二二年一月の日向灘地震が南海トラフ巨大地震の決定的なトリガー（引き金）となる可能性はどの程度あるのでしょうか？

こちらも二〇二二年一月の日向灘の地震が関係する質問ですが、この地震が南海トラフ巨大地震のトリガーになる可能性の度合いはわからないですね。

だから僕たち地球科学者はなにか異常があったらすぐにそれをチェックして、次にどうな

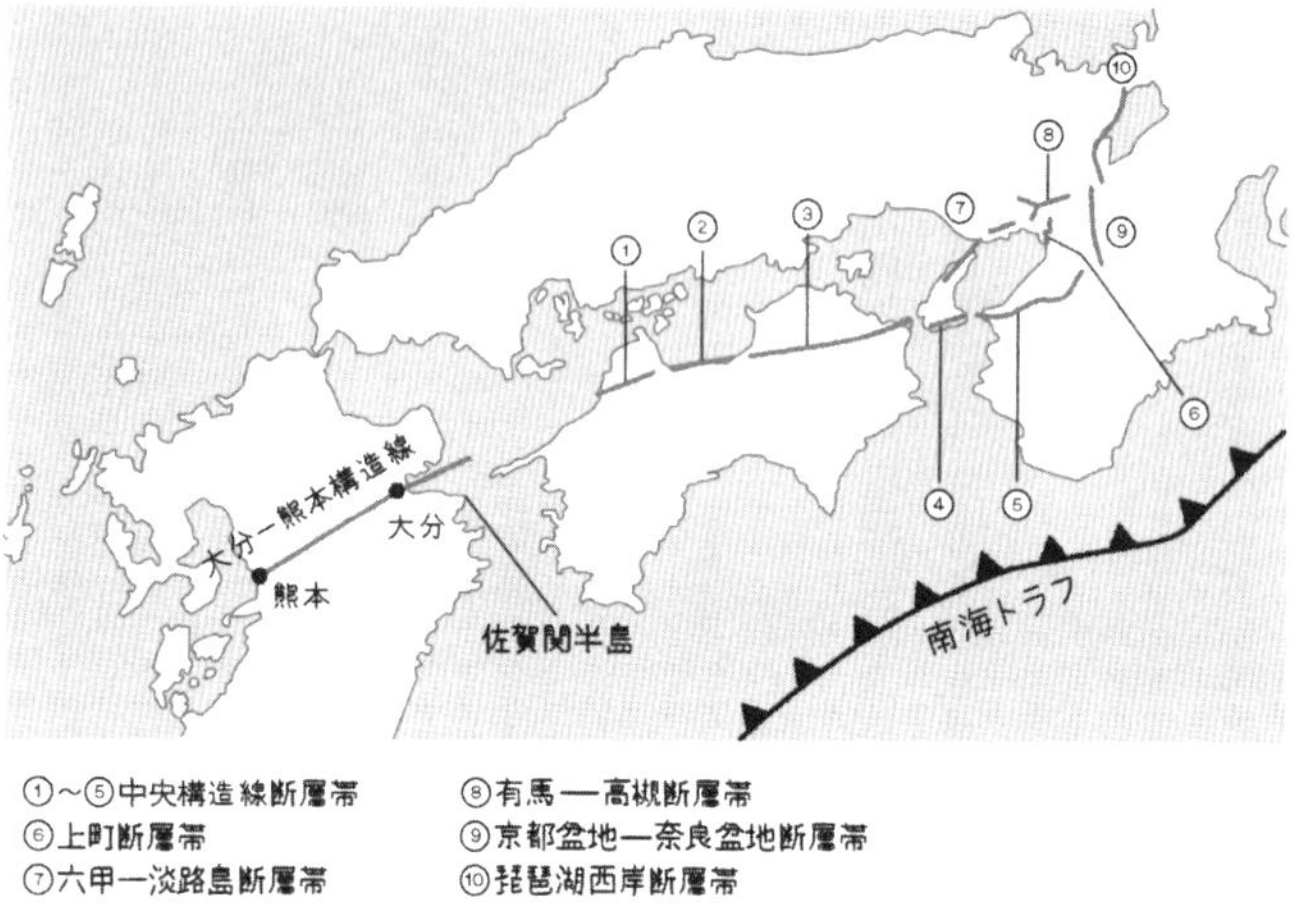

図6－4　中央構造線と大分－熊本構造線、南海トラフの位置関係

筆者作成

るかというシミュレーションをする。シミュレーションは簡単で、コンピュータにかければいろんなことがわかるんです。それでケーススタディを積み重ねていく。

西側の岩盤が割れたときに、東側にどれぐらいのストレスがかかり、あとどれぐらいで割れるか、という計算です。いまは技術が非常に進んでいて、スーパーコンピュータを使って地震学の方程式を解いたら、ある程度の答えは出ます。今後もそのようなことは続けてやっていこうという状況です。

なお、あとで出てくる中央構造線および大分－熊本構造線と南海トラフとの位置関係は、図6－4を参考にしてください。そして図5－17（三〇四頁）では周辺の地質構造を解説しています。

いろいろな地震の種類

東日本大震災を振り返ると、まず震源地となったのは岩手県沖から茨城県沖で、南北で約五〇〇キロメートル、東西で二〇〇キロメートルぐらいのエリアです。

なにが特異的だったかというと、大陸プレートの跳ね返りが大きすぎて、その跳ね返った大陸プレートが引き延ばされてしまったことです。普通、大陸プレートが跳ね返ると、元に戻って終わりです。でも、東日本大震災はあまりにも大きくて、大陸プレート、ここでは北米プレートですが、この周辺の北米プレートが五・三メートル、アメリカ側に引き延ばされました（図6－5）。

これが、地震や火山の噴火を引き起こす原因になるんです。プレートにしてみると、ずっと押されているストレスがあったのだけれど、そこに急に引っ張られる反対のストレスがかかったわけです。

その新しいストレスが別の地震を引き起こす可能性があって、こちらが原因となる代表的な地震が、よく耳にする首都直下地震です。

首都直下地震は主として首都圏地下の活断層で起きるのですが、そもそも活断層は日本列

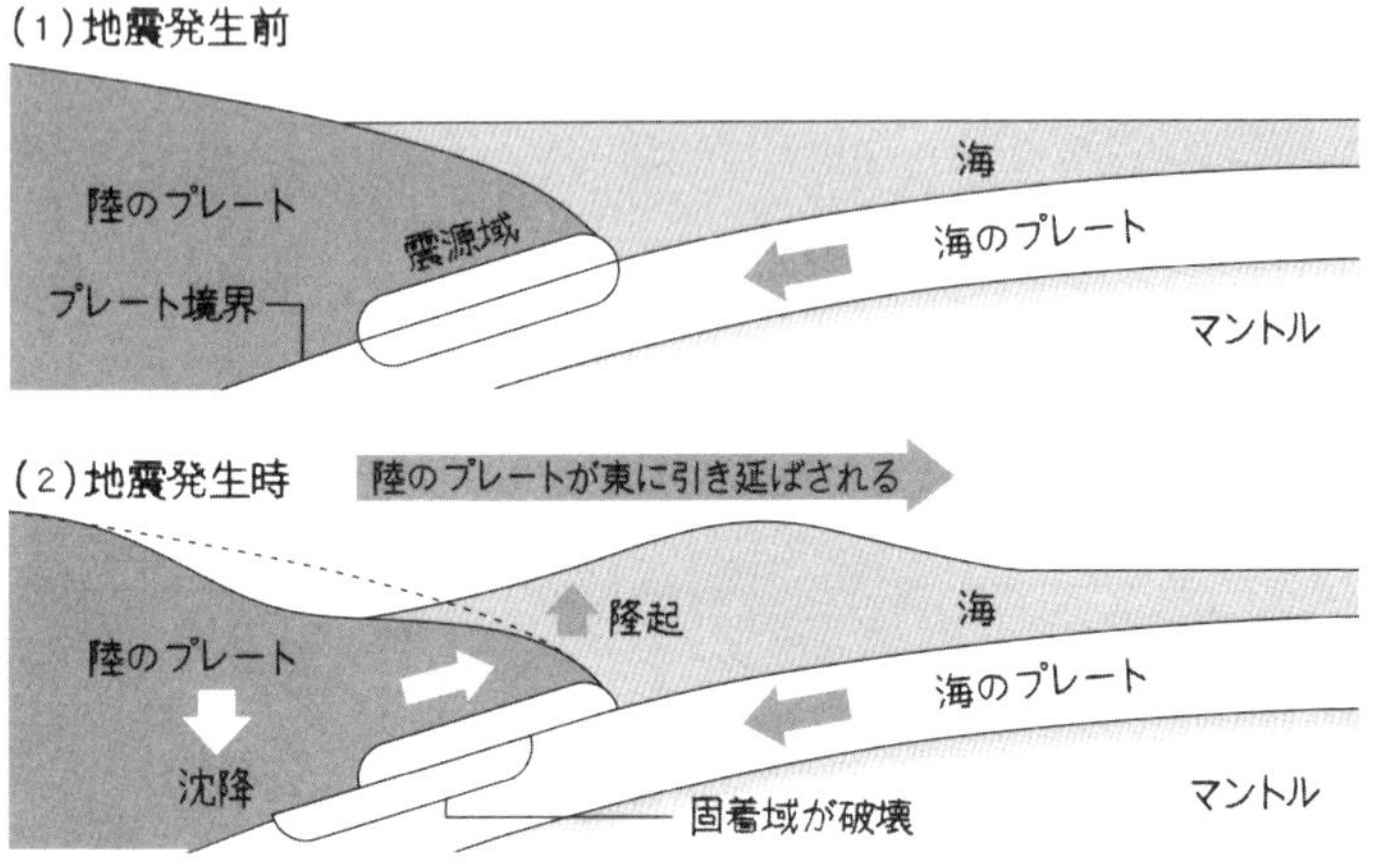

図6－5　陸のプレートと海のプレートの地震発生前後の位置関係
鎌田浩毅『首都直下　南海トラフ地震に備えよ』(SB新書)より

島にくまなくあります。図6－2で日本列島の陸上で線が入っているのは、すべて活断層です。日本列島に活断層は二〇〇〇本以上もあるんです。京都大学がある京都盆地は花折《はなおり》断層や西山断層などで囲まれています。

さて、大陸プレートが東側に五・三メートルも引き延ばされた結果、これらの活断層が不安定になった。不安定になると動きやすくなる。そして活断層が動くと地震が起きる。

いちばん怖いのは、先述した首都圏の下に一九か所もある活断層です。首都圏ということで、東京都内に限らず、神奈川県や千葉県、埼玉県なども含みますが、とにかく動く可能性のある場所が一九か所もあるんです。

地震が関係する用語を紹介すると、東日本大震災や南海トラフ巨大地震のように海溝を震源地とする地震は「海溝型地震」と言います。簡単に言うなら「海の地震」です。それに対して、陸地の活断層などを震源地とする地震を「陸の地震」と呼びます。すでにお気づきでしょうが、その舞台が首都圏なら首都直下地震となります。

首都直下地震はそれによる被害が想定されています。

経済学的被害は約一〇〇兆円で、これは東日本大震災よりも五倍も大きい数字です。

東日本大震災でも大きな被害がありましたが、南海トラフ巨大地震はその一〇倍、首都直下地震は五倍。これぐらい大きな被害が出るということは、ぜひ覚えておいてください。

首都直下地震では建物の老朽化も問題

首都直下地震についても詳しく見てみましょう。

日本列島はどこでも直下型の地震が起きる可能性がありますが、特に首都圏は被害が大きいので、防災上、強調して首都直下地震と呼んでいます。内閣府の中央防災会議でそういうふうに決められたんですね。それはいい発想だと思います。

あんまり細かくわけたところで一般の方はわからない。だから細かいことは抜きにして、首都直下地震にみんな気をつけてくださいということです。

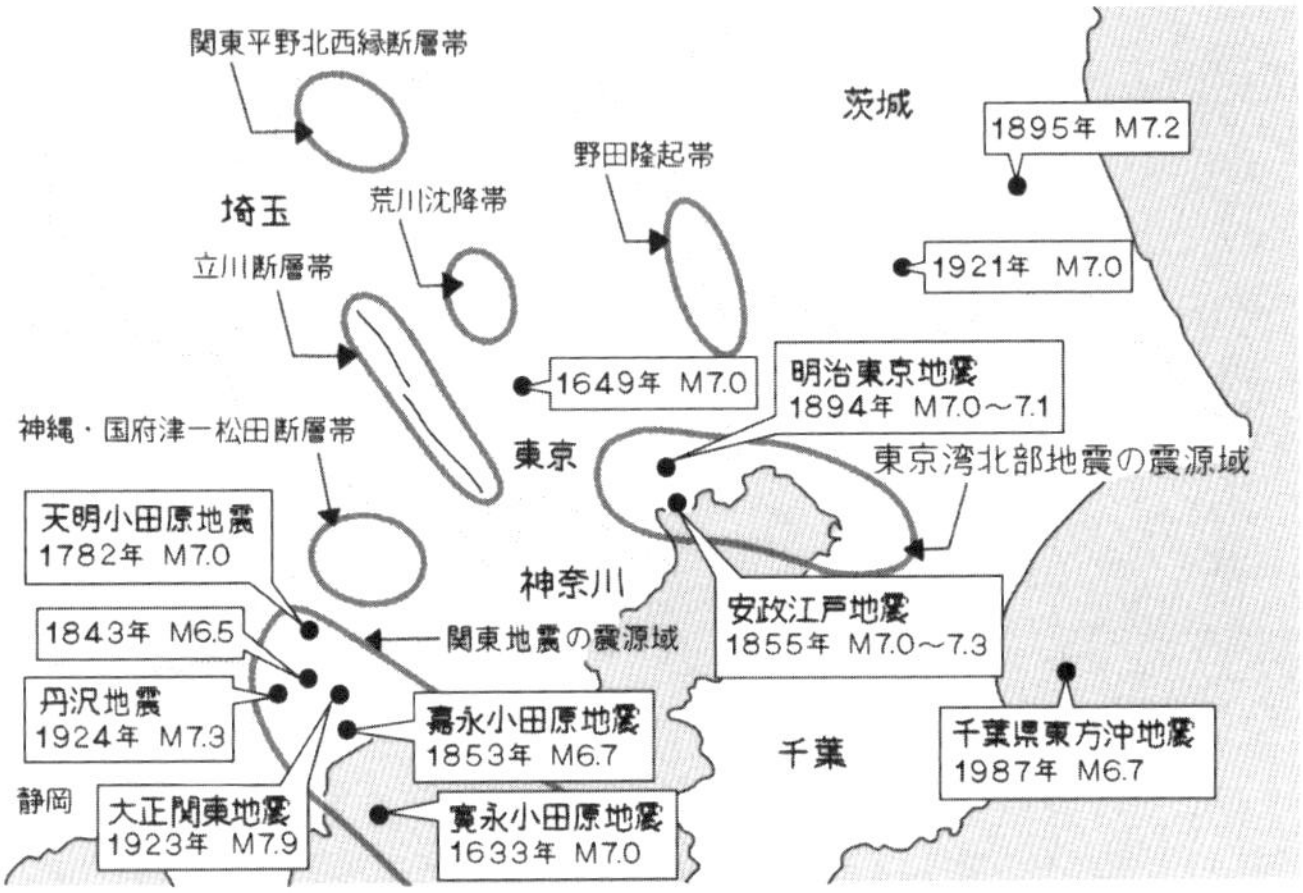

図6－6　首都圏周辺の活断層と震源

鎌田浩毅『首都直下　南海トラフ地震に備えよ』(SB新書)より

その主な原因となるのは活断層で、二〇キロメートルの長さの立川断層や二一キロメートルの伊《い》勢《せ》原《はら》断層のように実際に目に見えるものもあれば、地下に隠れているものもあります。

フィリピン海プレートの境目で起きても首都圏に大きな被害が及べば、首都直下地震に含まれます。エリアでいえば二〇二一年十二月の富士五湖の地下を震源とする地震も首都直下地震の範囲内だそうです。これには僕も「おおっ、ここも含まれるのか」と思ったけれど、これぐらいの広いエリアを想定しているんです。

関東在住の方にお伝えすると、首都直下地震でいちばん怖いのが東京湾北部地震です(図6－6)。それは東京湾の近くの隅田川の下流や中央区の月島あたりが震源域で、この地震が首都直下地震のなかでは最も被害が大きいと予想されています。

首都直下地震は規模については最大マグニチュード7・3で防災対策が立てられています。それが隅田川の真下で起きたら怖いですよね。

先ほども触れた二〇二一年十二月の富士五湖の地震はニュースにもなったし、なかには揺れを体験した人もいるでしょう。その地震はマグニチュード4・8で、マグニチュード7・3はその地震のおよそ一〇〇〇個分ですから、そう考えると首都直下地震の大きさのイメージが湧《わ》きますよね。

もう一つ、最近起きた地震とこれから起きることが予想されている地震を比較すると、富士五湖と同じ日に和歌山県で起きた地震はマグニチュード5クラスです。南海トラフ巨大地震はそれを一〇万個以上集めた規模なんですよね。

それから首都直下地震で怖いのが火災です。

首都圏にお住まいの方はあとで地図を見てください。道路の環状六号線と八号線の間は「木造住宅密集地域」（略して木密地域）に指定されていて、そこから出火すると「火災旋風《せんぷう》」が起こる可能性があります。この問題はまだ解決していません。

もう一つ大事なことは建築物の老朽化です。僕はこの警告を二十年ぐらいしているけれど、さらにこの二十年分、どんどん建物が古くなっているんですよね。それから橋や道路なども経年劣化で弱くなっている。

劣化したら補修をすればよいのですが、その予算が足りない。いま日本の経済は元気がないし、世界もそうだから、インフラに対する投資が少なくなってきているんです。するど、十年前、二十年前なら大丈夫だったかもしれないけれど、いまは同じ揺れで、橋が落ちるかもしれないし、ビルが壊れるかもしれない。

南海トラフ巨大地震は二〇三〇年代に起きると言われているけれど、それまでに都市のインフラはだんだんと古くなって弱くなる。メンテナンスしなきゃいけないけれど、そのお金がないから放置されたままという状況なんです。これも僕が心配する要素です。

この問題への対策をいまのうちに考えないといけない。国の予算もそうだし、個人としての対策もそうです。これも行政などの関係者やみなさんに広くお伝えしたいことです。

日本が直面する自然災害

ここまでの話を整理しつつ、地震で知っておきたい情報を追加すると、日本列島で起きる地震には震源域が海底にある海の地震と陸の地中にある陸の地震があり、東日本大震災は海の地震です。

東日本大震災では東日本が甚大な被害を受けましたが、今度は同じ海の地震が西日本を襲う恐れがあります。それがフィリピン海プレートの沈み込み地帯で起こる南海トラフ巨大地震で、発生するのは二〇三五年プラスマイナス五年と予測されています（図3－5、一三六頁）。

ただ、二〇三五年といっても、ピンポイントではなく、「二〇三四年十二月三十一日までは南海地震は起きない」という話ではない。それで、前後の五年を取って、わかりやすく二〇三〇年代と表現しています。そうすると国も自治体も動きやすくなりますからね。「二〇三〇年代に大きな地震が必ず起きるからいまから準備してください」という数字なんです。僕はほかの講演会でも、「その十年の間で確実に起きますよ」と説明します。

南海トラフ巨大地震の規模は東日本大震災がマグニチュード9・0で、南海トラフ巨大地震はマグニチュード9・1だから、ほとんど一緒か少し大きいぐらい。エネルギーの放出量は一緒だけど、多くの人が住んでいる場所というのが悪い。

被害総額はGDP（国内総生産）にすると約三〇パーセントで、東日本大震災はGDP三パーセントのところだったから一〇倍になります。いわゆる太平洋ベルト地帯で経済生産量が一〇倍なわけです。だから被害総額が一〇倍になると予想されるんです。

そして東日本大震災と同じように、南海トラフ巨大地震でも直後に津波がきます。最大で三四メートルと予想されるとんでもない津波です。いちばん早いところでは三分後ぐらいに陸に到達する。

東日本大震災は二〇メートルぐらいの津波が小一時間ぐらいでやってきたけれど、それよりも早く、しかも大きい。なぜなら震源域が陸に近いから。地震のエネルギーは同じぐらいの大きさですが、震源域、つまり地震が起きる場所が陸に近いから津波があまり減衰しないで陸を襲います。

その後は富士山の噴火です。前回は地震の四十九日後だったから、しばらく時間がかかるでしょう。メカニズムを見ても、マグマだまりが揺すられて不安定になり、水が水蒸気になって噴火するからすぐではない。でも、やがては起きます。

つまり地震、津波、噴火という三点セットを考えなくてはいけないのです。

そして、それとは別に東日本大震災で大陸プレートが引き延ばされたことから、陸の地震である首都直下地震がまさにいつ起きてもおかしくない状況になった。もとの状態に戻るにはだいたい三十年かかり、二〇二四年現在はまだ十三年しか経ってないから、あと二十年ぐらいは地震がとても起きやすい状態です。

ペースでいうなら、首都直下地震は百年に一回ぐらいは起きているんですが、ここのところは起きていないからエネルギーがたまっている。明日かもしれないし、三十年後かもしれない。

場所についても、一九か所も活断層があって、どこで起きるかわからない。これは防災上、非常に困るんですが、ただ、被害の規模はわかっている。地震のエネルギー自体は海の地震ほど大きくはないけれど、首都圏は人口が多いから被害は東日本大震災の五倍と予想されている。

そのほかにもこれから西日本で起きる地震は増えます。東日本は減っていくけれど、これから二十年ぐらいは活発な状態が続きます。

そういう土地に僕たちは住んでいるということです。だんだん怖くなってきたでしょう。でも、それでどう準備するかということが大事なんですよ。

日本人一億二五〇〇万人が直面している課題ですからね。でも、多くの人は他人事のように思っている。それをいま、我が事にしてもらうのが本書の目的の一つなんです。

地震の「静穏期」と「活動期」

南海トラフ巨大地震が起きる時期について、先ほど二〇三五年が発生のピークとお伝えしましたが、実は二〇三八年頃がピークという説もあります。

図6－7は南海トラフ巨大地震の発生前後の、日本全体の直下型地震の活動度を示したものです。縦軸は直下型地震の活動の頻度、横軸は時間です。言葉を換えると陸の地震の活動度で、先ほど陸には二〇〇〇本以上の活断層があるという話をしました。それが東日本大震災によって地震が起きやすくなったことも伝えました。この図を見ると一九四四年の南海トラフ巨大地震（昭和東南海地震）の前には陸の地震の頻度が高くなっているんです。増えていって最後にドンと海の地震が起きた。

いわば日本全体で地震の「静穏期」と「活動期」がある感じです。統計を取るとこうなるんです。

すると二〇二四年現在はどうかというと、陸の地震が少しずつ増えていっているところで、二〇三八年にピークがくることになります。この二〇三八年という数字は先ほどの二〇三五年の前後五年に入っていて、ここでも次の南海トラフ巨大地震が起きると予測されていることがわかります。

一つ地震の予測に関する興味深い情報を紹介しましょう。

南海トラフ巨大地震は海の地震で、海底で沈み込んでいたプレートがボンと跳ね返ることで起きる。そのときに海の深さが浅くなるんですね。海底が隆起するから。

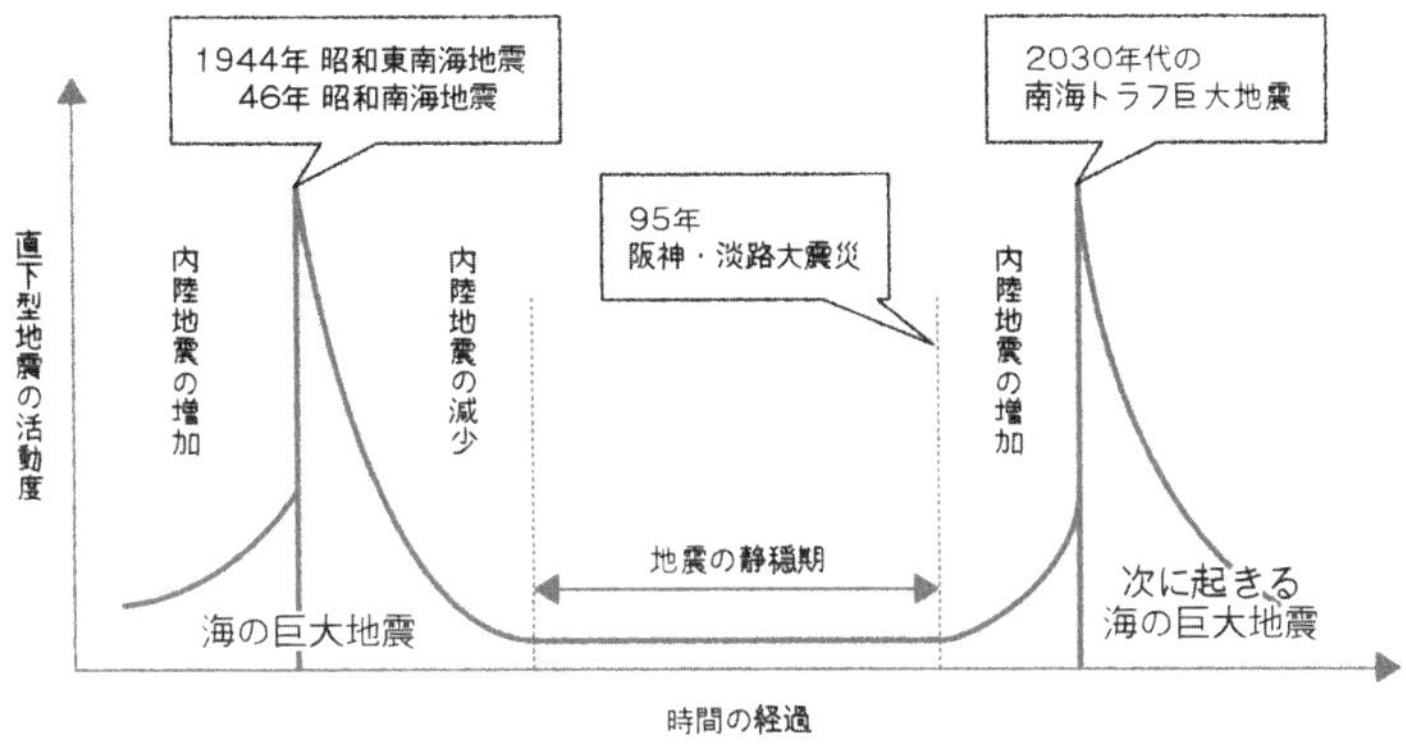

図6－7　南海トラフ巨大地震を挟む内陸地震の活動期と静穏期
鎌田浩毅『京大人気講義 生き抜くための地震学』（ちくま新書）より

こうしたことを遥か昔から知っていた高知県室《むろ》津《つ》港の漁師さんが漁港の水深を計測していた。地元の漁師さんは地震の度に浅くなることを知っていました。浅くなると船が出せなくなることもあるから大問題なんですね。

データによると一七〇七年の宝永地震の隆起量は一・八メートルだったそうです。隆起したあと、プレートはまたゆっくりと沈み込んでいくので、一定の速度で海底は沈降していきます。それで起点に戻るとまた地震が起きて隆起すると。これは、どれぐらい隆起するかはわからない。隆起が大きいと、それだけ起点に戻る時間がかかります。

一八五四年の安政南海地震は一・二メートル隆起したそうです。次の一九四六年の昭和南海地震は一・一五メートル。

すると予測としては、水深が起点に戻ったら、また次の地震が起きることになる。これは時間予測モデル、英語でタイム・プレディクタブル・モデル（time predictable model）といい、これに基づくと次は二〇三五年なんです。この数字は僕たち地球科学者にとっては「虎の子」と言ってもよい情報で、ここからも二〇三〇年代ということがわかるんですね。「何年何月何日」という具体的な日にちこそ予知はできないけれど、だいたいの目安はわかります。

「失われた三十年」と震災

南海トラフ巨大地震以外の地震も含め地震が起きる時期について、大事なことに触れておきましょう。

二十世紀の半ば以降、一九六〇年代から一九九五年まで、日本列島は大きな地震があまりない、地震の「静穏期」でした。一九九五年は阪神・淡路《あわじ》大震災があった年で、そこから日本列島、特に西日本は「活動期」に入ってしまいました（図6－7）。実際、二〇〇〇年十月には鳥取西部地震、二〇一八年六月には大阪府北部地震などがありました。二〇一六年四月の熊本地震もそうですよね。

その静穏期に日本になにがあったかというと高度経済成長をとげたんです。つまり、日本が高度経済成長できたのは、たまたま地球科学的に地面が静かだったからで、とてもラッキーだったんですね。戦後、復興するときに地震が少なかったから、日本はこんなに豊かな国になったんです。

そこで阪神・淡路大震災があった一九九五年です。バブルの崩壊がはじまったとされるのが一九九一年で、それから日本は「失われた三十年」と言われることもあるほど停滞しています。

つまり日本は社会の変動期と地球の変動期が一致しています。

経済の成長期は地震が少なく、経済が停滞すると地震が増えるということです。日本人にとっては「大変だ」という時期が一致しているんです。

前回の地震の活動期のピークが太平洋戦争中と終戦直後、その前の一八五四年は幕末です。社会の変動期に地震が起きている。

ある意味でこれはいいことでもある。だからこそ僕たちはこの事実を知って、「さあ、どうやって日本を立て直そう」ということですよね。

つまり日本が変革するときに、地面も変動して、すべてをリセットするんです。

たとえば幕末を考えると、幕府が崩壊して、まだ若い人たちが活躍していました。二十〜三十代の薩摩藩、長州藩の若い人材が日本をつくった。終戦直後もそうで、当時は松下幸之助さんや本田宗一郎さんや盛田昭夫さんなどががんばって技術大国となった。

だから僕は次の二〇三〇年代もそうだろうと思っています。特に若者に期待しています。

地球科学的には、大きな地震は百年に一回、もっと大きな地震は千年に一回起きる。だからといって日本人は全部絶滅するわけではありません。揺れる大地にしぶとくというか、しなやかに生き延びて次の世代にバトンタッチして新しい社会をつくってきたのです。「地震ルネッサンス」と言ってもいい。

僕は自分の専門である地球科学から導かれる、こうした「レジリエンス」（resilience＝直訳すると「回復力」）を大切にしたいと思っています。

千葉県の沖合は地震の巣

ここまでは南海トラフ巨大地震や首都直下地震を中心に見てきたけれど、ほかの地震はどうでしょうか？　千葉県沖の質問をいただいています。

——九十九里浜一帯に大津波があった痕跡があります。これは今後の地震と関係がありますか？

これはかなりマニアックな良い質問ですね。たしかに千葉県の沖合は地震の巣です。茨城県の沖合もそうですね。マグニチュード8クラスの地震が起きている。

九十九里浜の大津波の痕跡は一六七七年の延宝《えんぽう》房総沖地震でできたものです。マグニチュード8・0という大地震が起きて、陸に到達した津波の高さは最大一七〜一八メートルだったと言われています。堆積物を調べたら何と一七メートルだったという論文があるんですね。とにかく少なくとも一〇メートルクラスの津波だった。

ちなみに地理的には、これは東日本大震災に関わるもので、南海トラフ巨大地震とは直接的な関係はありません。

ここでお伝えしたいのは、〝東日本大震災はまだ終わっていない〟ということです。地震後三十年ぐらいは地震を起こしたり、津波を起こしたりします。まだ、あと二十年ぐらいありますからね。

実際、直下型地震は最近増えた気がしませんか？　茨城県沖や宮城県沖でも地震があるでしょう。

そして、いま問題になっているのは北海道沖です。東日本大震災の起こった三陸沖の北側は北海道の千島列島にかけてマグニチュード9クラスの震源域があります。

そのエリアは日本列島の太平洋岸の北側ですが、同様のことが南側に起きても不思議はないし、規模も同じように大きなものになります。すると地震が起きるのは房総半島、九十九里浜沖です。ただ、そこは延宝房総沖地震の発生以降、大きな地震が起きていない。起きる可能性はあって、いつ起きるかはわからないという状況です。

未来に起きる二つの地震

千葉県から北上して東北地方、北海道も確認してみます。いま、そのエリアは想定外になっていますが、想定外をできるだけ想定内にしたいのです。

実はこのエリアでも想定されている地震があって、それは日本海溝地震と千島海溝地震です。

まず二〇一一年の東日本大震災は図6－8の東北沖で起きました。それで次に起きると想定されている日本海溝地震の震源域はその北側にある日本海溝、千島海溝地震はさらにその北にある千島海溝の一部です。

規模は東日本大震災よりちょっと大きい。日本海溝地震はマグニチュード9・1、それから千島海溝地震がマグニチュード9・3です。津波は岩手県宮古市で高さ二九・七メートル。南海トラフ巨大地震は高知県で三四メートルとされているから、ほぼ同じ規模の高さ三〇

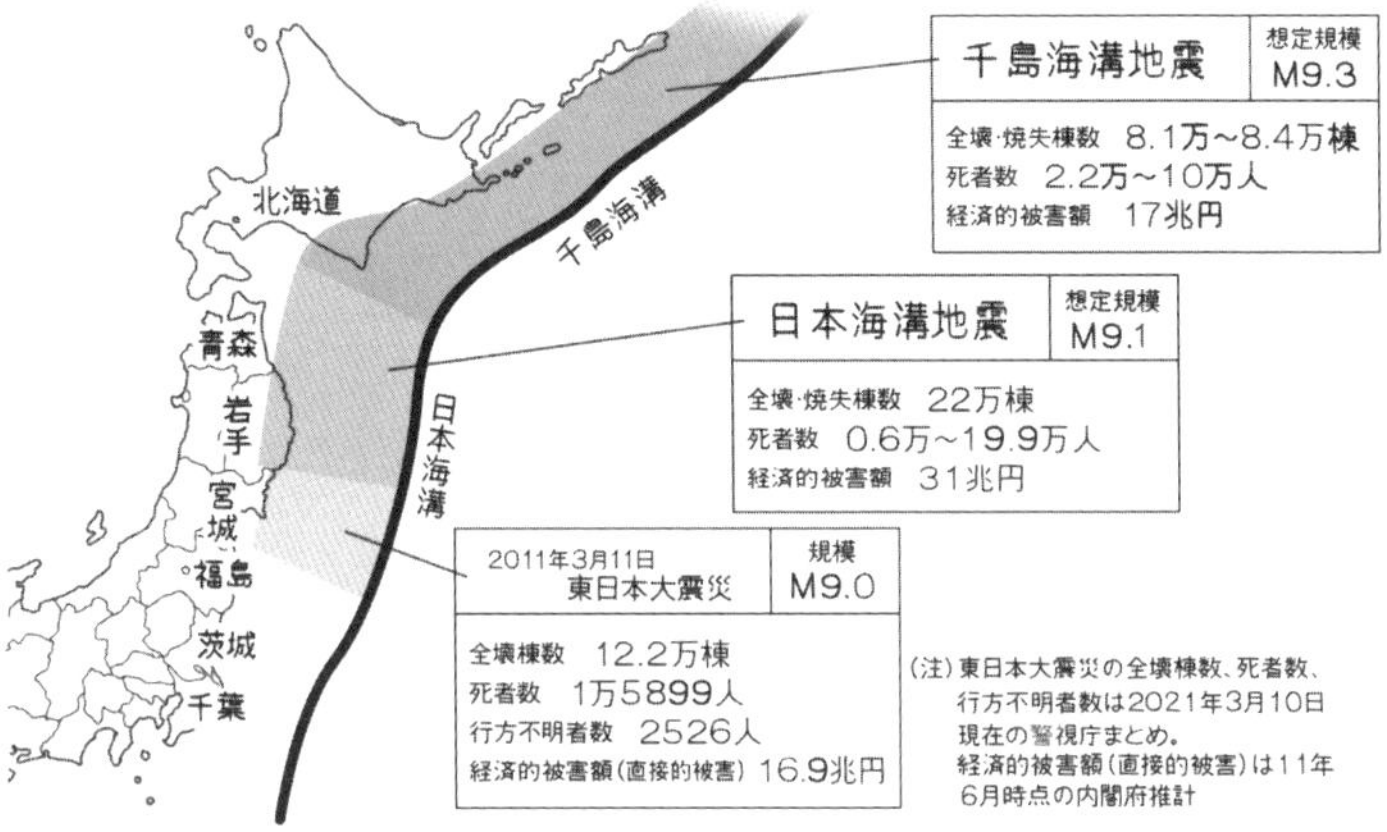

図6－8　日本海溝・千島海溝巨大地震の震源域と被害の想定
内閣府、警察庁の資料より筆者作成

メートルに近い津波がくるわけですね。

経済的な被害はそれぞれ三一兆円、一七兆円と予想されています。ちなみに東日本大震災の直接的な被害は一六・九兆円です。僕たちは間接的な被害を考慮して約二〇兆円としているけれど。日本海溝地震はその五割増し、それから千島海溝地震はほぼ一緒です。

これだけ大きな規模の地震、それに津波がくるということは、きっとみなさんは知らなかったと思います。研究者以外はあまり知らない情報ですが、これらの地震に関しても被害のシミュレーションをして、概要の把握はだいたい終わりました。

あとはどういうふうに災害対策をするかで、いまはそのステージにあります。多分、立法化して、南海トラフ巨大地震と同じような災害対策をすることになると思います。ただ相対的な人口が少ないから、そういう意味で予算としては少ないでしょうね。でも、やはり起きる災害で、地面の揺れや津波は半端ないので、十分な警戒が必要です。

日本海溝地震、千島海溝地震に相当する前回の巨大地震は慶長三陸地震で、発生したのは一六一一年で東日本大震災のちょうど四百年前です。もう四百年以上経過しているから、やはり警戒してくださいということです。

ちなみに東日本大震災は千年ぶりと言っているけれど、最近の研究では、二〇一一年の大震災の前にも大きな地震があった可能性が示唆されています。だから千年ぶりじゃなくて五百年ぶりかもしれない。これからも歴史的に大きな地震があったという事実が見つかる可能性もあります。

でも、このエリアで有史上の最大の地震は、やはり千年前の貞観《じょうがん》地震であることは変わらないでしょうね。貞観地震は平安時代前期の八六九年に日本海溝付近の海底を震源域として発生しました。大規模な津波を伴った巨大地震で、規模はマグニチュード9クラスと考えられています。なお延喜《えんぎ》元年（九〇一年）に成立した史書『日本三代実録』には地震災害に関する詳しい記述があります。

それから、このエリアでの地震はどのような被害があるかというと、基本的には南海トラフ巨大地震などの大きな地震と同じですが、さらに気候を考慮する必要があります。寒冷地だから、雪に対するリスクが増えるんです。

たとえば冬は雪が積もることで、共振動による家屋の全壊率が高くなる。わかりやすく言うと雪の重みのぶん建物が壊れやすいというわけです。

ちなみにこれは火山の噴火も同じで、火山灰の上に雨が降ると、漆喰《しっくい》のように屋根や壁にベタッとくっつきます。そうすると屋根にそれだけの重みが加わるので、木造家屋が倒壊するケースが増えるわけ。これは実際にフィリピンのピナトゥボ火山の一九九一年の噴火で起きました。

ということで、南海トラフ巨大地震については直接的な被害がない東北地方や北海道に住んでいる人も地震に対する準備が必要ということです。

一回割れると立て続けに割れる

――二〇一六年の熊本地震の前震、本震のことをもう少し詳しく教えてください。

まず大きいストーリーとして、二〇一一年に東日本大震災が起きました。それで日本列島は大地変動の時代に入ってしまった。だから、最近は地震や噴火が多いわけです。この十年の間にたくさんの地震が起きました。

そのなかで震度七の熊本地震が発生しました。

震度は地震による揺れの強さを表す指標の一つですが、その指標のなかで震度七は最大震度です。震度七だと、一九八一年までにつくられた建物は約六割が倒壊するとされています。だから耐震補強をしなくてはいけない。震度七ともなると人間は部屋にいても無重力のような状態になって壁に叩《たた》きつけられることがあります。そのようなすごい揺れなんですね。

そういう地震が熊本でも起きました。

地震は前震、本震、余震という流れで進みます。熊本地震でいう震度七は本震です。

それで、大きい地震の前に小さい地震があると、それが前震だとわかるのですが、実際はなかなかわかりません。だいたいは最初に大きな地震がボーンと起きて、その後に減るんです。余震はけっこう続くことがあります。

熊本地震が少し違ったのは、本震の後でまた大きな揺れがあって、震度七が二回あったんです。すると、混乱が生じますね。それだと定義的には一回目の震度七は前震になるのではないかと。それで気象庁も困って、一般の方が混乱するだけだから、こういう表現をやめようとなりました。

僕はこの問題の答えを知っています。まず熊本地震が起きたのは普通の場所じゃないんですね。大分から熊本まで「大分−熊本構造線」があって、それが関係する地震なんです。この地震は一回の本震が起きて終わるという一個の岩石が割れたようなものではなくて、そのゾーンの全体が割れた。一か所が割れたら隣も割れるという状況です。それは一九八七年に僕が博士論文としてまとめた内容でもあるのですが、一回割れると立て続けに割れる。

ゾーンは大分から熊本まででではなくて福岡のほうまでの縦四〇キロメートル、横七〇キロメートルぐらいです。その広い範囲がすべて、いわば地震の巣なんです。だから前震の次に本震、その次に余震という基本的な流れではなくて、ゾーン全体が活動期に入ったからイレギュラーなことが起きたということです。

これは重要な話で、九州だけではなくて、これからの日本列島の地震の予測にも関わります。

まず熊本地震が起きた場所は熊本県を流れる布田川《ふたがわ》のあたりで、そのゾーン全体が大分−熊本構造線です。図6−4に位置関係が載っています。熊本県から大分県にいき、さらに四国の愛媛県の松山市までつながっています。これは実はその先の近畿地方、和歌山県に上陸して奈良県の五條市あたりまで伸びる「中央構造線」につながっています。というよりも大分−熊本構造線は中央構造線が九州に上陸したもの、と言ったほうがよいですね。

図6−9はその大分−熊本構造線の地下の断面図です。この場合の断面とは地球を輪切り

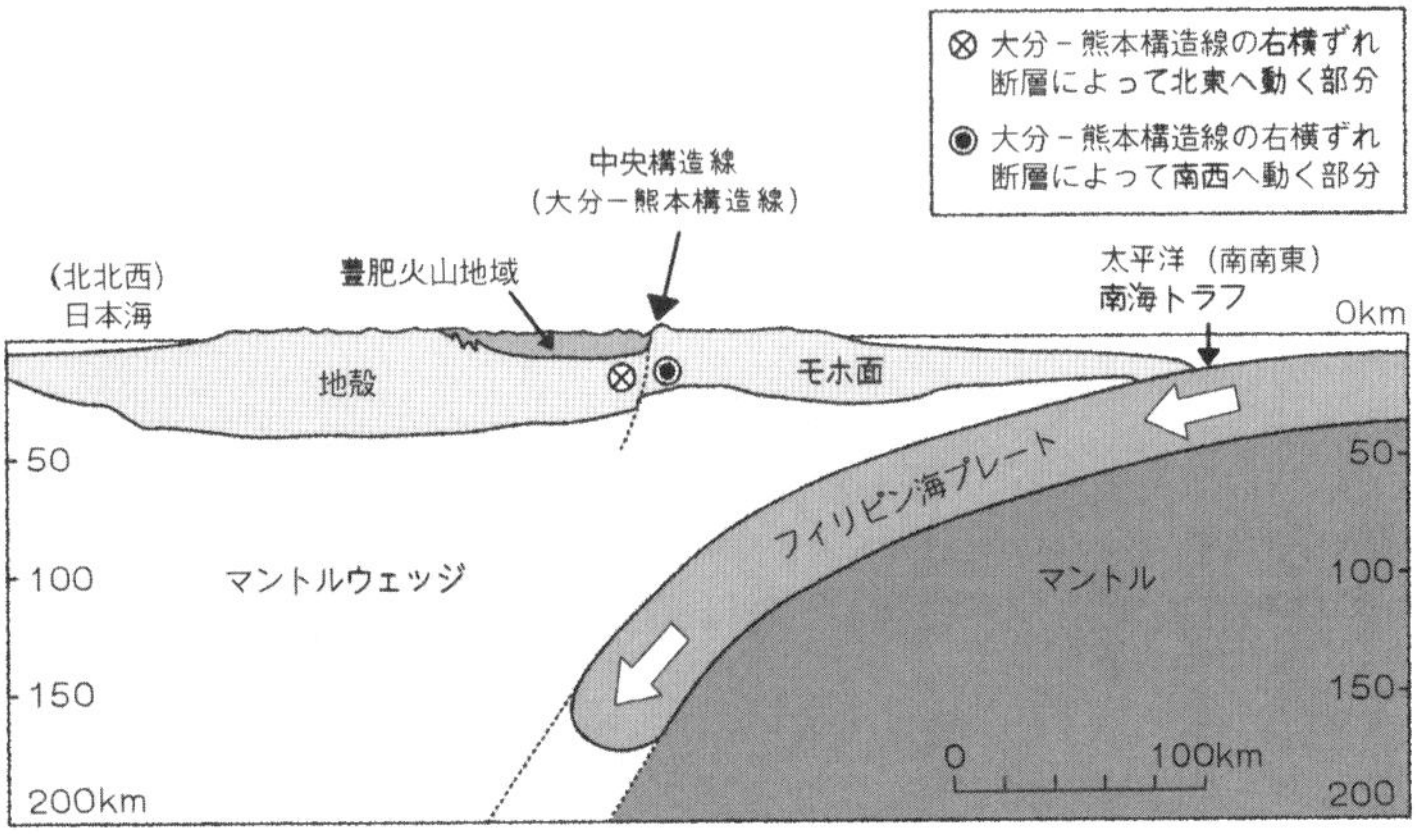

図6－9　豊肥火山地域・大分－熊本構造線とフィリピン海プレートの断面
筆者作成

にしたもので、僕たち地球科学者は平面で見たら、次に断面でも見ます。そうすると仕組みがわかります。

平面は「どこでなにがある」ということで、早い話が科目でいうところの「地理」です。一方、断面はメカニズムがわかるから科目でいうところの「地学」なんです。この平面の地理と断面の地学で見ると立体的に状況を理解できます。

それで、図を見ると豊肥《ほうひ》火山地域の右側に大分－熊本構造線があるでしょう。

二〇一六年の熊本地震では、その大分－熊本構造線が動いたんです。先ほど縦四〇キロメートル、横七〇キロメートルとお話ししたけれど、そのゾーンに豊肥火山地域があるのです。

豊肥火山地域は、六百万年という長い時間をかけていまのかたちになったもので、そこでついに熊本地震という大きな地震が起きて、そのおよそ半年後には阿蘇山の噴火が起きたんです。

これは僕の予想の範囲内のことで、一回起きたら、ずっと続くだろうと思っています。どれぐらい続くかというと百万年ぐらいかな。それはちょっと長すぎるかもしれないけれど、とりあえず十年や百年は続くと思います。ここはそういう場所であり、単発の地震が起きては止むところとは違います。このような場所は「火山構造性陥没地」と言います。

それから、阿蘇山が大分−熊本構造線上にあることも重要なポイントです。熊本地震でもマグマが揺すられたから噴火して、その噴火活動はまだ終わっていない。

つまり、大分−熊本構造線が大きな地震のスタンバイ状態にあり、阿蘇山もまた大きな噴火のスタンバイ状態であると言えます。

それだけではなく、一九八七年に僕がまとめた学位論文では、地震と噴火がペアで起きることを想定しています。その地域は南北に引っ張られているから、隙間ができて地面がガバッと落ちやすいわけです。

地震はその落ちるときの現象で、つまり岩石が割れる。そして、その落ちたところに隙間があるから、そこを埋めようと下から割れ目を伝ってマグマが上がってくる。この周辺は世界的に見ても特異な地域なんですが、だからこそ火山構造性陥没地として説明が付くんです。ということで、この震度七が前震か本震かという話は時を超えて六百万年前につながっているんです。

二〇二一年の「異常震域」

――花折《はなおり》断層で地震が起きる確率はどうですか？

花折断層は福井県から滋賀県を通って京都府京都市に到る活断層です。約二千五百年前に一回動いています。だから、地震を起こす可能性があるのですが、災害対策の面では頻度と規模で考えたいと優先順位をつけています。

すると第一位が南海トラフ巨大地震、第二位が首都圏を含めた直下型地震、第三位が富士山の噴火になるんです。後の七章でも詳しく触れますが、我々はすべての自然災害に対して完璧に準備することは不可能で必ず順位づけが生じます。

花折断層も含めて、ほかの地震や噴火はもちろん起きないわけではありません。ただ、準備をするとしたら、いまから約十年後に必ずやってくる南海トラフ巨大地震に資源も人も予算も集中してほしいと思います。

――先日、東海道沖で震源の深さが四五〇キロメートル、日本海で震源の深さが四〇〇キロメートルの深発地震がありました。普段の震源一〇〇キロメートルまでのプレートの地震との違いはなんでしょうか？

二〇二一年九月に日本海のど真ん中で地震がありました。震源が日本海なのに、北陸や山陰はあまり揺れずに北関東の茨城県などで震度三を記録した。このように震源と揺れた場所が通常とは異なる傾向を示す地震を「異常震域」といいます。

僕が何度も警告している南海トラフ巨大地震、あるいは二〇一一年の東日本大震災などは、プレートが沈み込んで地震が起きる。それで質問の深発地震が起きたのは、そのプレートの沈み込みの延長線上で、そのずっと先で起きました。日本海までいってしまった場所で、深さが四〇〇キロメートルを超えたところです。

プレートは深さ六七〇キロメートルまでつながっているから、深さ四〇〇キロメートルのところで地震が起きることもあるだろうし、いつもとは違うところが揺れたといっても、プレートのなかの硬いところなどの揺れが伝わりやすいところが揺れただけです。メカニズムは一緒で、不思議なことはありません。

このような地震はそれほど陸地を揺らさないし、災害としては気にしなくていい。震源が深い地震が大災害を起こすことはない。それより、いま住んでいるところの真下で起きるマグニチュード7クラスの地震のほうがはるかに大災害につながるので意識しなくてはいけません。

学術的には面白いし、異常震域は揺れが伝わりやすいところがわかるなどの興味深いことがある。地球科学者なら論文も書けるでしょう。でも、防災という意味では心配がない。そのような感じです。

――岐阜県と長野県の県境周辺で二〇二三年から地震が多くなっていますが、今後も断続しそうでしょうか？

あそこは群発地震が起きる可能性のある地域です。ただ、僕がほかの専門家の方に聞いても明確にはわかりませんでした。

でも、〝わからないこと〟は山のようにあるんです。

逆に言うと、群発地震のなかでいくつかわかった例もあって、たとえば昔、地下深部の水が群発地震を起こすということが明らかになりました。それは僕の師匠の中村一明《かずあき》先生が論文にまとめています。

舞台は長野県の松代《まつしろ》というところで、一九六五年ぐらいの話です。「松代群発地震」という地震があり、何年にもわたって家が壊れたりして大変だったんですね。中村先生は水が動くことで、すべり面をつくっているんじゃないかという新しい発想で調査して、結局その説が定着しました。具体的には、地下深部で水が急に移動すると地層や岩石のなかに微小なすべり面をつくります。これが一気に動くと地震を起こすのです。

たくさんある群発地震のなかでわかった例ですが、あとはよくわかっていないんです。地球科学とはそういうものです。みんな注視しているし、災害が起きないように地元の方はがんばっているけれど、こういう現象がいちばん難しくてよくわかりませんね。

――過去の南海トラフ巨大地震は、秋から冬の時期に起こっていたようですが、これから起きる地震も秋や冬ですか？

季節が関係するとは思いません。これは偶然でしょう。というのは因果関係がないからですね。統計をとるとこのようなことがときどき出てくるんですね。これで商売をしている人もいます。

でも、これは根拠がないというか、物理モデルがないというか、季節の変化と南海トラフ巨大地震が起こるメカニズムがまったく違うというか、季節がどうということはないと思います。

その前にまず南海トラフ巨大地震が、なぜ静岡沖、名古屋沖、四国沖で起きるのかというような基本的なことを理解したうえで、そのうち季節や気候の問題にも取り組むとよいでしょう。

二億年のスパンで考える

――津波を引き起こす地震の規模はどのようなものでしょうか？　首都直下地震では発生しないのでしょうか？

首都直下地震では津波は発生しません。規模も含めていうと、いま警戒している津波は海溝で起きるマグニチュード9クラスの地震で起こるものです。具体的には東日本大震災がマグニチュード9・0で、津波が二〇メートル弱ぐらい。南海トラフ巨大地震はマグニチュード9・1で、津波が最大三四メートル、いちばん早いところで三分で到達すると予想されています。

首都直下地震は震源地が陸だから津波は起きないんです。陸で起きた地震に津波は関係なく、ほとんどの津波は海溝を震源とする地震で起きます。しかもそのような地震は陸で起きる地震の一〇〇〇倍以上の大きな規模です。

――二〇二一年末のトンガの海底火山の大噴火が国内の地震に連動する可能性はどのぐらいありますか？

可能性はありません。八〇〇〇キロメートルも離れているからまず関係ない。トンガの海底火山、そして日本も乗っている太平洋プレートが活発であることはたしかです。ただ、それも特別なことではなくて、統計を取ったらこんなもんなんです。太平洋プレートは二億年ぐらい動いていて、そのなかでは、活発な時期とそうでない時期を繰り返している。

僕たちの時間の尺度で、今年とか十年前とか二十世紀は大変だというけれど、実は二億年ぐらいのスパンで考えると噴火や地震が起きることもあれば、静かなこともある。つまりはそれが普通ということです。

二〇二二年一月にもトンガの北のほうでマグニチュード6・6という大きな地震がありましたね。また、日本人にとっては福徳岡ノ場《ふくとくおかのば》と西之島《にしのしま》新島の噴火の問題のほうが大きいわけです。だけど、それは普通に起きるものです。

あとは繰り返しになりますが、火山については単純に三〇キロメートル離れると、もう互いに関係ないということがあります。富士山と箱根、九州でいうなら阿蘇山と九重山《くじゅうさん》、阿蘇山と霧島山、霧島山と桜島などの距離が三〇キロメートルほどで、それぐらい離れると、もうそれぞれ別個にマグマが上がってきて活火山をつくるということです。それより遠いと直接の関係はない。

ただストレスはかかっているから、たとえば南海トラフ巨大地震でマグマが揺すられて富士山が噴火するということは起きます。直接の連動はないけど、間接的に連動するということです。そのような一つのストーリーとして、そもそも東日本大震災によって日本列島の地盤が不安定になり、地震や噴火の頻発を招いているということがあります。

――地震の震度について、ある本では基盤岩の上の堆積層《たいせきそう》のクッション効果で震度が軽減するとあります。またある本では新生代、特に沖積層《ちゅうせきそう》では増幅効果で震度が大きくなるという真逆のことが書かれています。どちらかが正しいのでしょうか？

よく勉強されていますね。質問の答えはどちらも成り立つので決まりません。そもそも、よくわかっていないのですね。

一般に、基盤岩の上に堆積している層は「堆積層」として一括されますが、これは基盤と比べるとはるかに柔らかい。よって、硬いものの上に柔らかいものが載っている「クッション効果」が生じるのですね。

堆積層の代表的なものは「沖積層《ちゅうせきそう》」ですが、現在の河川や海の働き（堆積作用）により形成された最も新しい地層です。この沖積層がクッション効果を持った場合には震度が軽減されることがある。

たとえば東京の下町、隅田川や荒川、江戸川などは土砂が堆積しています。低地だし、その土砂は泥なんですね。そこは大きな地震が起きたら、地盤が悪いから震度が増幅されるという話があります。質問の後半部分のように一般的にはそのように言われています。

でも、質問の前半部分は逆にそのような堆積層があるとクッション効果で、下からの波が軽減されて弱くなっていくということです。おそらく両方あるでしょうね。

冒頭に「わからない」と言いましたが、実はちょっとは知っています。クッション効果があるかどうかは、波の周波数によるんです。それは震源が遠くにある場合の高層ビルの揺れと同じで、波の周期によって共振したり共振しなかったりします。

だから下の座布団、そう、堆積層は座布団と言ったらいいかな。これは、その座布団があることによって、上に座っている人が下からツンツン突き上げられても痛くないのか、それとも座布団があるからユラユラ揺れてこけるのかという話です。ツンツンだったら痛くなくて、ユラユラだったらこけてしまう。そういうことでいいと思います。

スーパーカミオカンデで地震が起きたら……

——日本列島は地震と火山の国ですが、今後、岐阜県にあるスーパーカミオカンデに影響はありますか？

スーパーカミオカンデとは宇宙からくるニュートリノの性質の全容解明を目的とした巨大な観測装置ですね。こちらは古い地層を、地下深くくり抜いてつくったのですよね。本当に古い地層で、たしか五億年ぐらい前の地層でしたかね。

ここは地震も噴火も少ないということで選ばれました。まず活火山はないし、地盤も安定しているからね。だから、今後も影響はないでしょうね。

ただ、大きな地震があると揺れます。揺れるけれど地下だし被害は比較的少ない。地震があったときに地下鉄の駅の構内のほうが地上より揺れが少ないのと同じです。その意味では、スーパーカミオカンデのなかに住むのはいいかもしれない。家をつくって住めるなら日本で最も安全かもしれませんね。

日本列島では地震と火山の噴火がどこでも起こります。地震については、日本列島には二〇〇〇本以上もの活断層があるし、火山については、一一一個の活火山があって、そのうち二〇個がスタンバイ状態です。それに火山灰はどこにでも降ってきます。

話は飛ぶけれど、六二頁で紹介したように地球には地磁気の逆転という現象がある。地球の地磁気の逆転はだいたい数万～数十万年に一回で、前回は七十九万年ぐらい前に逆転したわけです。それがこれからの未来に起こる予定で、あと二千年ぐらいしたら逆転するかもしれない。

そのときに、宇宙からの放射線に注意が必要なんですね。地磁気のバリアが宇宙からの放射線を止めていたんですが、地磁気が逆転するときには一時的にバリアがゼロになる。その間の千年ぐらいは、大量の宇宙線が降り注ぐということです。そんなときに地上にいると危険かもしれません。

7章

これからを生きるために大切な「長尺の目」

千年時計と百年時計

これまで、地震や火山の脅威について詳しく説明してきましたが、忘れてはいけないのは、地震や火山から私たちはさまざまな恵みを受けていることです。日本列島の居住や農業に適した平野や盆地は、それらの縁の部分に地震を起こす断層があり、それがときどき動くことにより山ができたことで形成されてきました。つまり、長い時間をかけて、山から流れてきた土砂が平坦な土地や豊かな土壌をもたらしたのです。

見方を変えれば、私たちは地震がくるところに好んで住んでいるのです。こうした土地は、人間にとって住みごこちがよく、利便性もよいため、私たちは何千年も「地震の巣」の上に住み着いてきたのだといえるでしょう。

活断層に沿って山越えの街道になる谷もできますし、温泉や湧《わ》き水をもたらすのは、岩盤を割る断層のおかげでもあるのです。数千年に一度、直下型の地震という災害がくること以外の長い期間、私たちは恩恵を受けて暮らしているのです。

このように、長いスパンで自然現象をとらえる見方は、地球科学的な視点で見ることで、僕は「長尺《ちょうじゃく》の目」と呼んでいます。さまざまな現象を人間の一生を超えた長いスケールのマクロな視点・長尺の目で見ることで、物事の異なった面や意外な面など、それまで思いつかなかったような顔が現れてくることがあるのです。

二〇一一年三月に発生した東日本大震災はとても大きな規模の地震です。前回、同じような大地震が起きたのは平安時代八六九年の九世紀で、貞観《じょうがん》地震といいます。

ちなみに八六九年は京都の祇園祭《ぎおんまつり》がはじまった年です。貞観地震という天変地異が起きて非常にたくさんの人が亡くなったのです。その当時、亡くなった人々の鎮魂を担うため祇園祭がつくられたといわれています。

そして、そこからはまるでピアノのCoda（コーダ）のように日本列島で地震が増えたんです。大きなものとしては九年後の八七八年に関東地方南部で相模《さがみ》・武蔵地震が起きました。さらに相模・武蔵地震の九年後の八八七年にはまた仁和《にんな》地震という海の巨大地震が記録されています。日本列島の大きな地震は東からはじまって首都圏に立ち寄り、それから西へ移動しているんですね。

九世紀と最近の日本の比較をしてみると、重要なことに気づきます（図5－16、二九九頁）。九世紀の状況はいまの二十一世紀によく似ています。貞観地震は東日本大震災、その九年後の相模・武蔵地震は首都直下地震、さらにその九年後の仁和地震は南海トラフ巨大地震と対応します。

つまり、千年ぶりの大きな地震が十年前に起きて、地盤は不安定になり、地震や噴火などが起きやすい大地変動の時代の時計の針が進みはじめた。これを「千年時計」とでも言いましょうか。

ちなみに相模・武蔵地震は貞観地震の九年後に起きたけれど、それを現代で考えると二〇一一年に九年を足して二〇二〇年です。二〇二〇年はオリンピックが開催される予定だったから、僕たち地球科学者はそのタイミングで首都直下地震が起きるんじゃないかと心配していたんですよね。幸い起きませんでしたが。

でも、「もう起きないってことですよね?」と聞かれたら答えはわかりません。ただ、まだ誤差の範囲だし、首都直下地震はもうスタンバイ状態でエネルギーをため込んでいるというのは間違いない。また、仁和地震が起きたのは相模・武蔵地震の九年後です。こちらもいまの時代に当てはめると二〇一一年プラス九年プラス九年で二〇二九年です。誤差を考慮すると、おおむね二〇三〇年代です。

一方、千年時計とは別に百年ごとに動き出す百年時計もあります。

それは南海トラフ巨大地震の周期で、この周期はけっこう規則正しく、次はちょうど三回に一回の三つの地震(東海地震、東南海地震、南海地震)が連動する番にあたります。

千年時計を見ると、やはり内陸地震は東日本大震災の前よりも五倍ぐらいに増えています。

その後、直下型地震はだんだんと減ってはいるけれど、それでも茨城県や千葉県などで地震が多い。長野県も多いし、地域でいうと北陸地方も多いですよね。この状況は起点の東日本大震災から三十年ぐらいは続きます。なにより、エネルギーをため込んでいる首都直下地震がまだ起きていない。

その一方で、百年時計の南海トラフ巨大地震の予測があって、それに向けて西日本は直下型地震がだんだんと増えていく。だいたい二〇三八年がピークになるというデータもあるけれど、僕はわかりやすく二〇三〇年代としています。

だから千年時計の地震は、これから減ってはいくけれど、まだ首都直下地震を含めて地震が起きやすいという話と、百年時計の地震がこれから増えていく話の両方があって、それが二〇三〇年代に重なるということです。日本列島がほんとうに大変なことになる。

ご理解いただけましたでしょうか？

僕たちはまさに「大変動の時代」に生きているということですね。

増えて、増えて、増えて解放される

百年時計が関係する例として、近年起きた地震の話をしましょう。

二〇二一年十二月三日に紀伊水道を震源とする地震と、富士五湖の地下を震源とする地震という二つの地震がありました。どちらも震度は五弱で、三時間ほどの時間差で発生しました。ちなみに紀伊水道は和歌山県、徳島県、兵庫県淡路島《あわじ》によって囲まれる海域で、紀伊水道を震源とする地震のほうは和歌山県を中心に揺れました（図7－1）。

地震というと、どれも同じように思うかもしれませんが、この二つの地震はちょっと性格が違う。和歌山県のほうはプレートがずれたもので南海トラフ巨大地震も関係する可能性がある。だから注意が必要です。

一方、富士五湖のほうは活断層地震です。

富士五湖のほうを詳しく見ると、震源地は海洋プレートのフィリピン海プレートの上ではある。ただ、さらにその上に大陸プレートのユーラシアプレートがあるんですよね。二つのプレートがギュウギュウと押し合うような状態で、どちらにもストレスがかかっているから、それを解放したかたちです。

どこで解放したかというと、この地震が起きた場所は深さ一九キロメートルぐらいのところの、プレートの沈み込み境界付近です。富士五湖の地震は和歌山の地震のように南海トラフ巨大地震につながる可能性はありません。

しかも幸いなことに、富士山のマグマだまりから三〇キロメートルも離れていたので、富

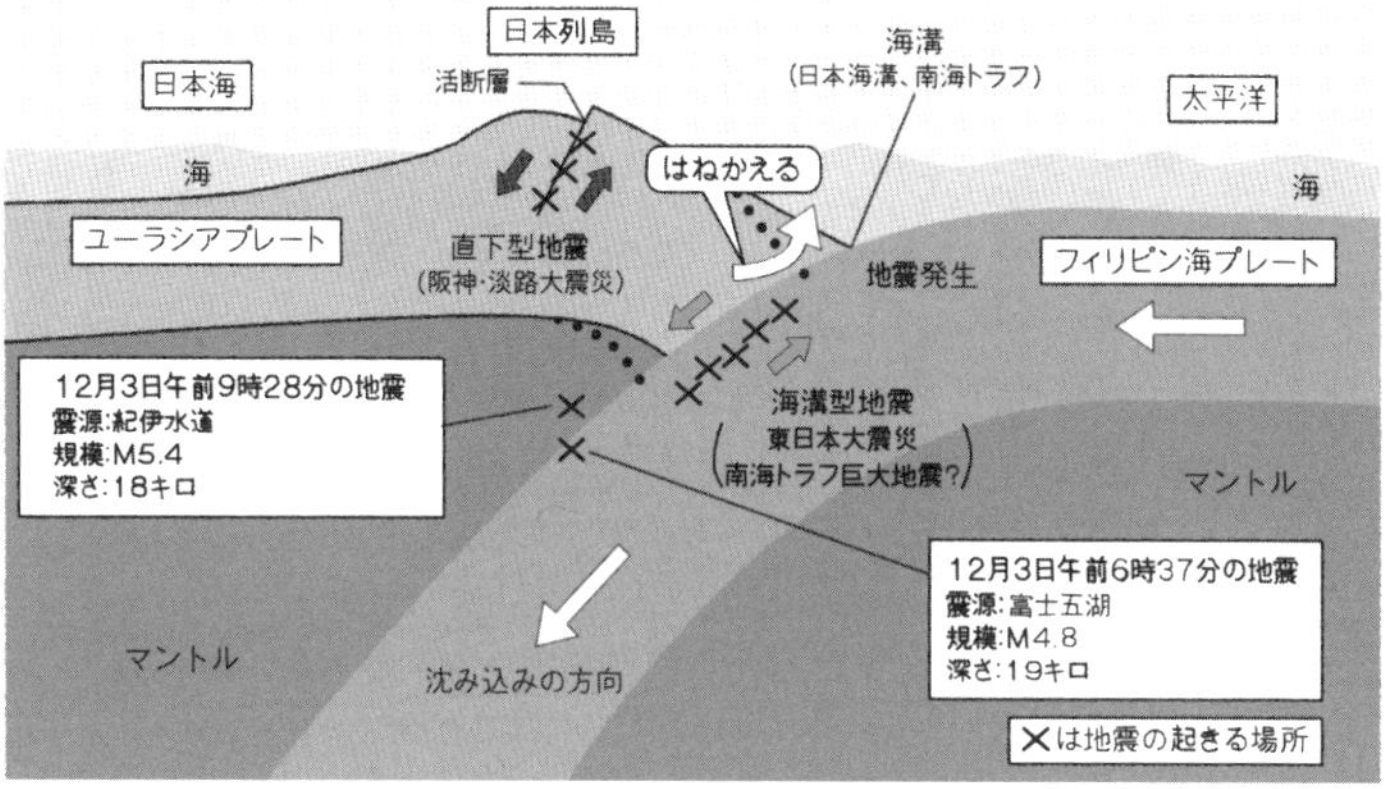

図7－1　2021年12月3日に相次いだ地震の震源
鎌田浩毅『知っておきたい地球科学』(岩波新書)より

士山への影響はありませんでした。

紀伊水道のほうは、震源の深さ一八キロメートルで、フィリピン海プレートの真上にあるユーラシアプレート内部で起こった地震です。こちらは百年時計の地震で、このような内陸地震が二〇三〇年代に向けて増えています。増えて、増えて、増えて、最後に海溝型の巨大地震で一挙にストレスが解放される。

南海トラフ巨大地震は、フィリピン海プレートとユーラシアプレートの境界が激しくすべることで起こるマグニチュード9規模の巨大地震です。南海トラフ巨大地震が起こってしまえば、陸の直下型地震は減っていきます。

減っていって静穏期になり、静穏期になって四十年ぐらいしたら、また活動期がはじまります。これが百年ぐらいの周期で繰り返しているということですね。

現在進行中の百年時計は、活動期が一九九五年の阪神・淡路大震災ではじまって、二〇三五年のピークに向けて西日本の内陸の地震が増えています。富士山あたりまでは南海トラフの延長線上だから、このストーリーの領域です。

東は千年周期、西は百年周期の地震の活動期ですが、富士山は東日本と西日本の境界あたりで、両方が重なります。だから大変なのです。

三つのデータから予測する

ここで一つ、みなさんからの質問を紹介します。

――京都市にある鞍馬寺《くらまでら》にパワースポットがあると知り、訪れたいと調べたところ、二〇一八年九月に上陸した台風で被害を受け、長いあいだ復旧されなかったそうで驚きました。最近特に多い、大きな被害をもたらす自然現象はサイクルとして一般的なものでしょうか？

先ほど千年周期と百年周期の話をしましたが、台風やほかの異常気象と呼ばれる現象も一定の周期があるのかというご質問です。

まず基礎知識として、「異常気象」とは、最近の三十年以内には起きていない現象、逆に言うと以前に起きたのが三十年以上前の現象と定義されています。

たとえば「三十年ぶりの大雨」といった場合、「三十年」はサイクルとしてあるのかどうかはわかりません。「三十年ぶり」と表現すると、「ではまた三十年後に同じことが起きるのだろう」と思う人もいるかもしれないけれど、気象庁にはその意図はなく、事例を見て、そのようなことが起きたから、事実として発表しているだけなんです。

僕たち地球科学者は、異常気象をサイクルとしてはあまり考えていません。サイクルは未来に対して予測できるからサイクルなんです。

南海トラフ巨大地震はだいたい百年に一回のサイクルで起きていて、前回が一九四六年だから、次は九十～百年後ぐらいの……と考えます。

あとは、これまでに起きた回数が少ないとサイクルとは呼べなくて、南海トラフ巨大地震は過去八回ぐらい起きているから、サイクルとして次の予測を立てることができるわけです。

その意味ではすべての予測が立つわけでなく、たとえば始良《あいら》カルデラは二万九千年前の噴火でできたけれど、その前は四～五万年前に噴火があったぐらいのことしかわかっていません。だから、サイクルで考えるというところまでいってないんです。

まとめると、地球のことはわからないことが多いけれど、地球科学としては、わからなければサイクルとは言わない。事実としてこういうことがありましたと言うだけです。

もう少しサイクルと未来の予測の関係の話をすると、僕たち地球科学者は、未来の予測はサイクルも含めて、だいたい三つのデータがあれば立てられると考えています。南海トラフ巨大地震も三つのデータから予測しているんですね。

ちなみに数学や物理学の人たちは、たった三つで予測するなんてけしからんといって怒るわけ。数学や物理学は、「もっと完璧なデータがなければ皆が納得しないんです」と。完全主義の数学者や物理学者と、複雑系の地球を扱う地球物理学者とで議論をしてもしょうがないと僕は頭を搔いています。

地球科学に完璧はない。ですから、予測の可能性が六割あれば議論を展開します。五割だとトントンで、当たるも八卦《はっけ》当たらぬも八卦ですが、六割だと相手が四だからこっちのほうが勝っているぞっていう感じです。僕たちはだいたい六割主義なんです。

時間的で空間的

未来に対しての予測の話をしましたが、ここであらためてもう一つ大切なキーワードを紹介したいと思います。

それはこの章のはじめに紹介した「長尺《ちょうじゃく》の目」です。

やはり「過去は未来を解くカギ」で、未来のことを予測するためには古い時代から、百年、千年、一万年、さらには地球が誕生した四十六億年をとおして見る必要がある。これは「時間的な長尺の目」です。

それから日本列島だけじゃなくて、トンガの噴火はどうか、アイスランドの動きはどうかなど、地球全体を見る。だって、大きな噴火が起きて地球が寒冷化したら、もう地球全体の問題ですからね。これは「空間的な長尺の目」です。

つまり、時間的な長尺の目と空間的な長尺の目の両方が必要なのです。

あとは僕を含めた地球科学者は、すべて事実に立脚してほしいと思っています。

事実は変わらないですからね。たとえば玄武岩《げんぶがん》という岩石であれば、いつでもどこでも玄武岩であることは変わらない。

ただ、難しいのは、事実は見方によって変わることがあることです。

事実は一つですが、これはこう見ると決めつけるのではなくて、見方はたくさん持ってないといけない。たとえばプレート・テクトニクスがそうで、昔は「地面は動かざること山のごとし」と考えられていた。そういう考えの時代が長かったけれど、プレート・テクトニクス理論が登場して、地面は水平に動くことがわかった。コペルニクス的な転換をしたわけですよね。

だからまず事実をコツコツ集めることが重要で、それと同じぐらい柔軟に事実を見ることが大切だということです。

あるときに適切な見方が現れて、それまでの見方がひっくり返ったら、すべて見方を変えないといけないんですよ。それで見方が変わると、事実の評価が変わります。ここが大事で、常にそれまでの事実の評価を変えていけるような柔軟性が必要なんです。

それともう一つ大事なものがあります。それは政治や経済といった社会との関係性です。地球は生きている。地震も火山の噴火も生きた現象ですが、社会も人間がつくったものだから当然生きている。

僕にとっては、政治や経済は魑魅魍魎《ちみもうりょう》の世界ですが無視はできません。社会についてもていねいに情報を集めて、柔軟に見てその構造と推移を勉強しなきゃいけない。だって地震や噴火の予測はみなさんの命、財産を守るために、ひと言で言うなら社会のためにやっているわけだから。だから、社会の流れを無視したものでは意味がないですよね。

ただ、社会の求めるものに無理に合わせるのもダメで、やはり言うべきことは言わないといけない。そのバランス感覚も大事という感じですかね。

地球温暖化問題と長尺の目

いまの地球で最も大きな問題となっているのが地球温暖化です。

僕の講座に参加なさっている聴講生の方からも地球温暖化に関する質問をたくさんいただいています。

いま世の中では、カーボンニュートラルや脱炭素に躍起になっています。たしかに二酸化炭素が温暖化の原因で、二酸化炭素が増えると温室状態になる。夏に自動車の車内でエアコンを使わずにいると、窓ガラスを通じて入った熱がこもってカンカンに熱くなるでしょう。基本的にはそういうことが地球でも起きています。化石燃料を燃やして、二酸化炭素が徐々に増えてきて、それに比例するように地球の平均気温が上がった。これは事実です。

ただ、長尺の目で見ると、知っておきたいこともある。それは前に話したけれど、大きな規模の火山の噴火で地球は一気に寒冷化に向かうし、太陽の黒点が関係しているかもしれないし、すごく長い目で見ると地球は「氷河期」に向かっています。実際、地球科学者のなかには地球温暖化に懐疑的な意見の人が少なからずいます。

しかも、地球には非常に長いスケールで見ると、炭素の循環システムができ上がってい

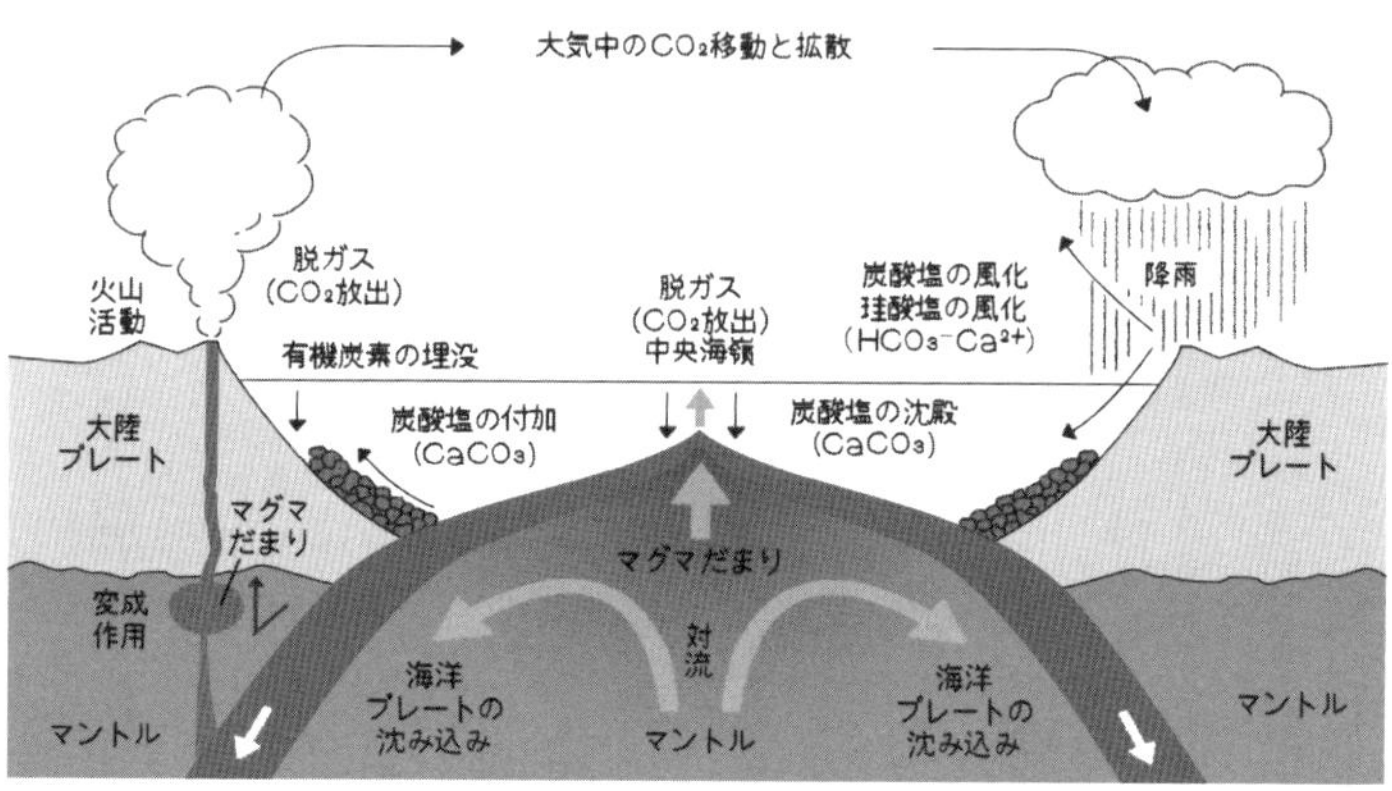

図7－2　長期的な炭素循環システム
田辺英一氏による図を一部改変

ます（図7－2）。このシステムのなかで炭素（二酸化炭素）は循環、移動、拡散をしていますが、人間の出す二酸化炭素とは比べものにならないほど大量なのです。

地球全体で炭素量を見てみます。まず地球上には活火山が一五〇〇ほどあります。現在の大気中の二酸化炭素の量は、一五〇〇の活火山が一万年かかって排出する量に匹敵します。また現在の海水に含まれる二酸化炭素の量は、同じ一五〇〇の活火山が約五十万年かかって排出する量に等しいといわれています。

現在、地殻上にある炭素の割合は、①海洋（八割）、②生物（二割弱）、③大気（数パーセント）になっています。地球全体で見ると、炭素はマントルや核に多く含まれており、地殻部分にあるのは全体の五パーセント以下といわれています。

ただ、このまま気温がどんどん上昇して大変なことになるという説も間違いとは言いきれないし、すでにその兆しはあるわけです。

だから両方とも必要なんですよ。地球はわからないことが多くて、たとえば富士山が噴火しても、地球規模でどのように影響するかはわからない。首都圏にとっては大変な災害なんだけど、地球全体で考えるとなにも変わらないかもしれない。

僕はこの問題については、どちらかに振られるのではなくてニュートラルです。つまり温暖化対策として二酸化炭素の削減はいらないというのではなく、できるところはやる。ただ、いついつまでに二酸化炭素の排出量をまったくのゼロにするなど、極端な目標を設定すると、それに縛られて失われるものが多いということも伝えたいわけです。

温暖化と寒冷化の両方に目を配って、常に情報を更新して、どっちになってもいいようにしておく。

こういった分散は、リスク回避の基本なんですよね。たとえばいまの日本は首都に機能が集中しています。人も物もお金も国の機関も東京に集中している。それは首都直下地震一発で崩壊するからもっと分散しておいたほうがいい。

それは昔から言われていることで、きっと多くの方も同様に思っていることでしょう。実際にデジタル化による首都機能移転という構想があって、物理的な首都の移転は難しいけれど、デジタルでできることはやっていますよね。文化庁はデジタルではなくて、物理的に京都にきました。

だから、リスク回避という意味では地球温暖化の対策も同じように考えたいと僕は思っています。脱炭素が世界中で大きな流れなんだけど、そのためにものすごい苦労をしないといけないですよね。日本の産業は、コスト的な大改善というか、場合によってはほとんどやり直しを強《し》いられる。まずエネルギー問題が解決できないという意味でも大変です。しかもそこに大規模な火山の噴火があると、一気に地球は寒冷化してしまい、いままでの地球温暖化の議論が根底からひっくり返るということが抜け落ちているんです。

どちらかというと社会は近い過去と未来を見ていて、脱炭素に寄っている傾向がある。だから現状、僕は「百年、千年、ときには一万年の過去と未来を見ないといけないですよ」という働きかけをすることが多いんです。

ミリオン、ビリオンの感覚

もう少し地球科学が関係する地球温暖化について見てみますね。質問を紹介します。

――地球温暖化は地球内部の熱のこもりと関係がありますか？　火山の噴火待ちの状態が続いているため、大気が熱せられると考えることはできますか？

この質問の答えは、「マグマが大気を直接的に温めることはない」ということです。地球内部の熱と地球温暖化は規模が違うんです。西之島新島《にしのしま》が噴火して新たに大陸をつくるぞというような規模の大きいものが、この地球内部の話なんです。

これは六五頁で紹介した固体地球と流体地球の違いです。

固体地球は、火の玉だった地球が持っている熱を四十六億年かけて放出しています。それに対して地球温暖化は主に流体地球のストーリーで、ざっくり言うなら、雨が降って、その水が蒸発して、また雨雲になって、という地球の表面上の水の対流と同じジャンルですよね。それは固体地球に比べると、ずっと速くて小さな現象です。

僕たち地球科学者は地震や噴火をデータとしてとらえるのにミリオン、ビリオンという言葉を使います（一七七頁参照）。これは一〇〇万オーダーかな、いや一〇億オーダーかな、と考えたりするわけ。オーダーは数量の大まかな違いを表現する言葉ね。

だから、もう桁がぜんぜん違うわけです。これも長尺の目だから、この感覚も身につけていただきたいと思います。

ほかにも質問がありました。

――成層圏に炭酸カルシウムの粉末を気球でばらまいて太陽光を遮《さえぎ》り、地球を冷ますという研究があるようですが、このようなことを人間が行ってもよいものでしょうか?

これを読んで僕がどう思ったかというと、まず、「なるほど、そういうことがあるのか」でした。

そして次に思ったのが、「これは無理だろうな」です。

地球科学を四十年以上もやっていると、だいたい直感的に判断できるんです。人間がこういうことをやっても、本当に微々たる影響力しか及ぼせない。太陽光を遮るなんてほんとに微小な部分しかできなくて、ほぼ徒労に終わるでしょう。人間が地球に対してできることは、それこそ一〇〇万分の一とか、一〇億分の一なんです。

たしかに規模によってはできないことはない。たとえば以前、オリンピックの開会式で雨を降らせないようにする人工消雨に成功したというニュースが取り上げられたこともあります。

ただ、それにしたって、費用対効果はわからないし、そもそもたまたま晴れただけで、人間がしたことに効果があったわけではない、という説もあります。それぐらい地球がすることと人間がすることの規模は違うのです。

ちなみに近年、「ジオエンジニアリング（geoengineering）」という言葉をよく見かけます。「気候工学」とも呼ばれますが、気候変動の影響を緩和するため気候や大気や海などの気候システム自体を意図的に改変する手法や技術です。技術のイノベーションが将来の経済成長につながる希望もありますが、環境を改変することから生じるマイナスを指摘する批判も数多くあります。これは人類全体を巻き込んだ大きな課題だと思います。

もう一つ、逆の発想の興味深い質問もあります。

――二酸化炭素が温暖化の原因の大きな要素とのことですが、将来起こるであろう火山の噴火による寒冷化の対策に温暖化は使えないのでしょうか？

アイデアとしてはいいんです。これはとてもクリエイティブな発想ですが、地球科学で考えると実証できない。まず噴火を人間がコントロールできませんよね。それから、噴火したらその後どうするか、という災害対策の問題もあります。大量の火山灰を処理しなくてはいけないけれど、それは決してスムーズにはできない。

それと「火山が噴火して災害を起こす前に、地面に穴を開けてマグマを出せばいい」という意見もよく耳にしますが、それもできない。そもそも穴を開けられないし、できたにしても、それがきっかけで大きな噴火となったら、もう手が付けられません。

アイデアとしては面白いし、こういうアイデアを出すこと、クリエイティブな議論をすることはとても大事です。だけど実証できるかも考えなくてはいけない。それに、最終的にどのように実践するかが大きな問題です。特に環境に負荷をかけないように気をつけなくてはいけません。

たとえば、いま、脱炭素で太陽光発電の施設をたくさんつくっています。太陽光パネルをよく見かけますよね。でも、あれは時間が経ったら劣化するし、壊れることもある。いまはいいけれど、十年後はどうするんでしょう?

広大な土地に敷き詰められていることもあるけれど、全部ゴミになるんですよね。いまはよくても、長期的に継続できなければ意味がない。だから長い目で見る実証が大事で、それはみんなが一緒に考えていかないといけません。

この項目の最後は南極の氷についての質問です。

――温暖化が進んで南極大陸やシベリアの氷河が溶けていると聞きますが、海水が増えると、地震活動になにか影響が出てくるのでしょうか?

こちらも僕がよく聞かれる内容ですが、結論から言うと海水が増えても地震活動への影響はありません。

これもやはり固体地球と流体地球の話です。

地震活動は固体地球の話で、つまり地面を動かすには、とても大きな力が必要なんです。時間軸を見ても、とても長い期間にわたって受けたストレスを千年おき、あるいは短くても百年おきに解放して、というスケールです。

一方、地球温暖化は、先ほども触れたように流体地球の話です。海があって大気があって流体だからビュンビュン動いています。固体地球も動いているけど、マントルの対流は一億年の尺度です。

それが流体地球でいうと、たとえば大きな規模の循環として海の太平洋、大西洋、インド洋とグルッと一周するものがあるけれど、その周期が二千年です。これが最も長いぐらいで、ほかの現象、たとえば台風の寿命は平均で五日強です。

話を戻して、海水の増加と地震の関係はどうかというと、水蒸気が増えて大雪が多くなったといっても、数週間の話ですよね。程度としては、たとえば「今年の二月は雪が多いです」といった感じです。やはり時間の尺度でも規模が違うんです。

だから流体地球の現象が固体地球に影響を及ぼすことはありません。一〇〇パーセントないとは言いきれないけれど、基本的にはない。

ちなみにここからは余談ですが、むしろ僕たち地球科学者が気にしているのは月の存在です。月は地球を引っ張って、潮の満ち引きをつくるでしょう。それが、マグマだまりの圧力にちょっとした影響を与えるのではないか、という研究があります。ただ、この説はそれに反対する論文が出てきて決着がついていません。

あなたが生き残るために

では、これから起こると予想されている自然災害について、どうすればよいのかという話に移りましょう。

まず国の取り組みですが、僕は高く評価しています。たとえば内閣府と文部科学省と気象庁が発表する南海トラフ巨大地震の情報はとても役立ちます。オールジャパンのすぐれた地球科学者が集まっているのだから、科学的にも間違いはなく、とにかくよくできています。僕がとやかく言う筋合いはありません。

ただ、印象としては「遠くで役に立つ」という感じです。間接的とでも言いましょうか。まず、国が出す情報だから、誰かが困るような尖った情報は出せない。だから個々で調整をしながら考えて決めると、結局どうしていいかわからないことがある。それと、あまりに信じすぎるのもよくなくて、すべてを鵜呑みにすると「想定外」のことが起きたときの対応が遅れてしまうこともあります。

自然界では予測と違うことが起きるもので、よくできているストーリーが一分後もそうであるとは限らないでしょう。僕たち人間はすぐれたものが瓦解《がかい》するところは見たくないから、そういうことにフタをしてしまいがちですが、現実はそうとは限らない。だから頭の片隅に国が言っていないことが起きるということも意識しておいたほうがいいんです。

とにかく具体的な防災計画についても国は一生懸命やっています。

ライフラインの整備など、個人ではどうすることもできなくて、国や自治体にがんばってほしいこともたくさんあります。それでもやはり最終的には「個人」なんですね。

だって南海トラフ巨大地震では日本国民一億二五〇〇万人のうちの六八〇〇万人が被災すると予測されているんですよ。国に任せきるには多すぎる数字です。国に頼れないところはいくらでもあるので、国は国、個人は個人という発想が大切です。

個人では水や食料、医薬品、簡易トイレなどの備蓄が大事ですし、自宅の耐震補強をしておくこともできます。自分が助かる、家族が助かる、親戚が助かる。みんながそう思ったら、結局、それで六八〇〇万人が助かるんです。誰かに助けてもらおうと思うと、助けようとした人も一緒に倒れてしまうこともあります。

個人ではどうしようもないことが多いのも事実なんですが、どうにかできることはあるわけで、それを積み重ねるしかないんです。

これは不確定な時代、想定外の時代を生き残るコツだと思うんです。

もちろん国や自治体もしっかりと対策を講じなければいけないけれど、それと並行して、個人でもどうにかすると頭を切り替えることも大切ということです。

いざというときのために試しておきたいこと

二〇一八年九月に北海道胆振《いぶり》東部地震が起きて北海道の全域で停電が発生しました。北海道は千島海溝を震源とする地震が発生する可能性があるけれど、南海トラフ巨大地震とは異なる心配が必要なんです。北海道は寒冷地なので季節によっては雪を考慮しなくてはいけないし、それから過疎というか人が少ないところがあって、助けに行くのにかなりの距離を移動しなくてはいけないこともある。

それと、ここで考えておきたいのが電気の使用です。いま、「持続可能な社会」という言葉をよく耳にするけれど、電気を使用して持続可能というのは本当はあり得ないんです。そのところを多くの人が誤解しています。

だって地震でも、火山の噴火でも、極端な寒冷化でも、まず電気が止まるんですよ。ライフラインは電気がいちばん大切ですよね。身の回りのこともそうですが、いまは農作物の生産にも電気を使用しているし、運搬もそうだから物流も止まるわけでしょう。そう考えると、電気なしでどれだけ暮らせるかはとても重要なんです。

そこで、僕が提案したいのは、一日に三時間は電気なしで暮らすことです。僕の友達が夜九時から午前〇時まで電気を消して生活しているんですね。テレビを見ない、といったちょっとしたことではなくて、メインブレーカーをバチッと落とす感じで、基本的には全部止める。スマートフォンのバッテリーもその三時間は使わず、スマホ自体も使わない。寝室の目覚まし時計の電池はどうかとかの細かいことは抜きにして、電気に頼らない生活ということです。

暗ければろうそくをつければいいし、寒ければ火鉢を使えばいい（ただし火災と換気には注意してください）。ただ、石油ストーブは点火時に電池を使うからダメね。とにかく三時間、電気を使わない暮らしをしてみる。そうすると電気なしの生活というものがわかるんですよ。

それからもう一つ、家庭なら二日間、一人暮らしの学生なら五日間、食べ物の買い出しに行かない暮らしも実践してみてほしいのです。電気や水道、ガスはいいけれど食べ物は冷蔵庫にあるもので暮らしてみる。

そうすると、インスタントラーメンや缶詰が重宝するな、といった具合に非常時になにが必要かわかります。同時に普段、僕たちが無駄のある生活をしていることに気が付くわけですね。

この要素を抜きにして、持続可能な社会は考えられない。だって僕たち日本人は豊かな生活をしているけれど、海外にはそうではない人がたくさんいて、地球全体の寒冷化があったら、その人々がまず飢え死にするわけです（七〇頁）。それに対してどうするかがグローバルな問題なので、それを解決しなくてはいけない。

電気に頼らない生活、食べ物の無駄を出さない生活を知り、その感覚や知識を活かすことが持続可能な社会をつくることだと僕は思っています。

富士山のハザードマップ

防災が関係する話題として、二〇二一年に富士山のハザードマップが改訂されました。そもそも火山のハザードマップとはなにかというと、溶岩流や火山灰などの被災想定区域や避難場所、それに避難経路などを示したカラーの地図です。

富士山はこれまでに何回か噴火していて、いままで僕たち地球科学者は江戸の町に五センチメートルの火山灰を積もらせた一七〇七年の宝永噴火を想定していました。

ただ、宝永噴火よりも八六四年に起きた貞観噴火のほうが大きいんです。倍近く大きな規模で青木ヶ原《あおきがはら》溶岩も貞観噴火でできたとされています。それで二〇〇四年には貞観《じょうがん》噴火を考慮して改訂し、さらに今回の十七年ぶりの改訂で、溶岩流がより早く遠くまでいくことを想定して被害が及ぶエリアが増えました。

ちなみに、次の富士山の噴火で、溶岩が出るか、火山灰が出るかは実際に起こってみないとわかりません。「過去は未来を解くカギ」だとして紹介するなら、歴史的には噴火口の北側が溶岩流、南側が火山灰です。

現在、富士山のマグマは地下二〇キロメートルあたりに大量にたまっています。しかも、そのマグマだまりのすぐ上の地下約一五キロメートルのところでは、ユラユラと揺れる地震（低周波地震）がときどき発生しています（図7－3）。

ここで質問を紹介しましょう。

――自然災害の脅威は人間の知力をもってしても及ばないものです。それでも、たとえば河川耐震対策の技術革新は進んでいるようです。火山の噴火について予測は進んでいるようですが、ハード面はどうでしょうか？

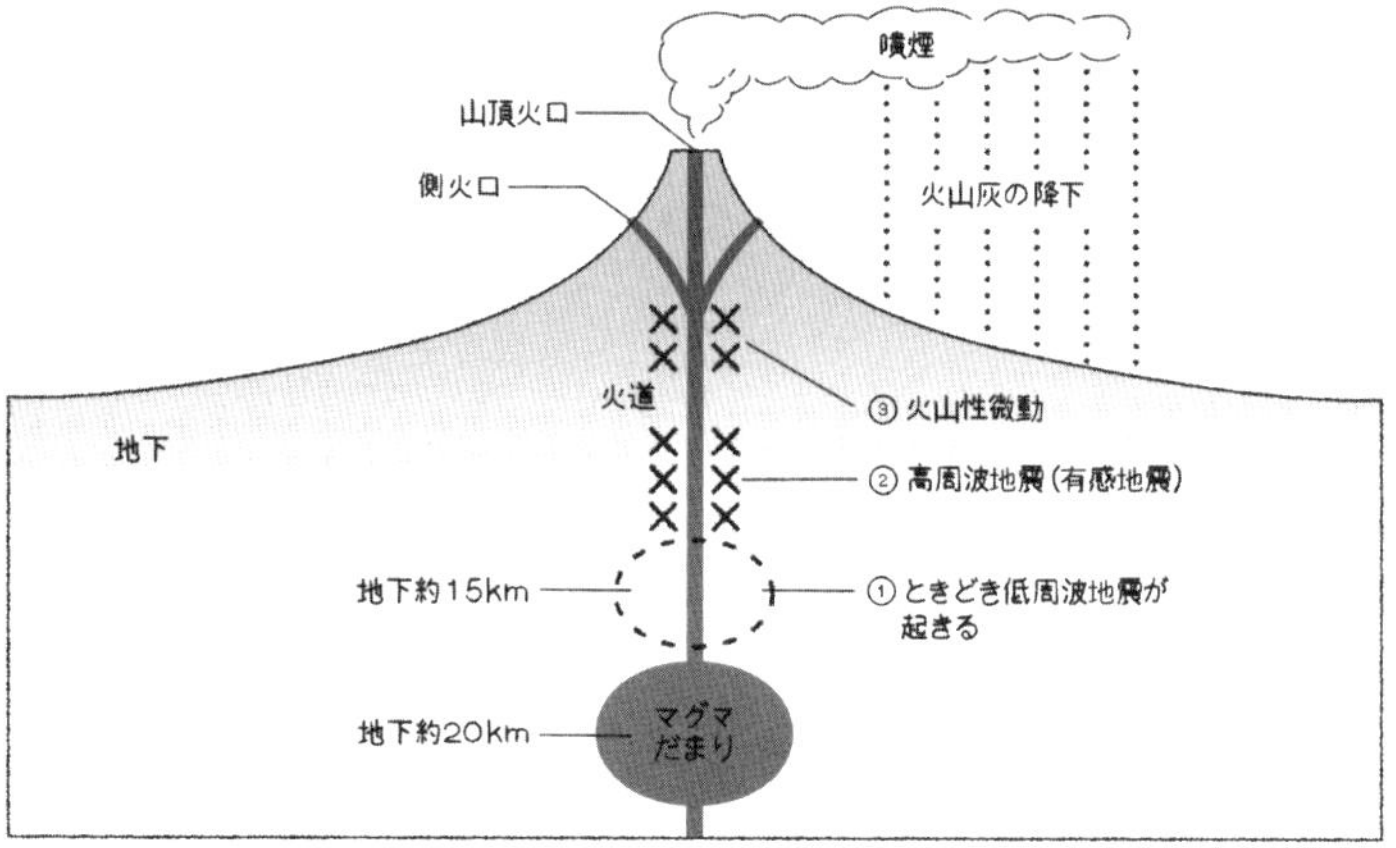

図7－3　富士山の地下構造と活動
鎌田浩毅『富士山噴火と南海トラフ』（ブルーバックス）より

火山の災害対策のハード面は難しくてあまり進んでいないのが実情です。

地震の対策はだいたい一様で比較的しやすいんです。現象としては地面が揺れるだけだから、基本的にはインフラに対して耐震補強することになる。河川の氾濫《はんらん》も同様で、まず氾濫しないように堤防をつくるということです。

一方、火山はそうはいきません。国内には一一一個の活火山があるけれど、すべてに違う対策が必要です。人間には個性があって食べ物の好みが違いますよね。誰もがラーメンが好きというわけではなく、フランス料理が好きな人もいれば、和食が好きな人もいる。火山もそれと同じで、地盤が異なるし、歴史が違うし、噴火したときのハード対策も個々に対応する必要があります。

だから、まず各火山のハザードマップが重要だということです。たとえば先ほどの話にあった富士山のハザードマップなら溶岩流、火砕流《かさいりゅう》、融雪型火山泥流、大きな噴石、降灰、降灰後土石流という六つの項目ごとに被害が及ぶ範囲などを記しています。

富士山はいわば「噴火のデパート」で多くの災害が想定されているけれど、たとえば鹿児島湾の南方にある鬼界《きかい》カルデラならまた違って、海のなかだからマグマ水蒸気爆発や津波を考慮しなくてはいけない。火山の噴火の防災対策は単にこれをやればよいというのではなくて、個々に応じて対策を立てなくてはいけない。そこが難しいのです。

地震や噴火は止められないが……

防災について僕が伝えられることとして、科学技術で克服できるのは実はごくわずかしかない、ということ。これはみなさんに知っていただきたい。だからといって地学は無力じゃなくて使えるものはたくさんあります。

端的にいうと地震と噴火と地球温暖化は人の力では止められません。しかし、なにもできないかというとそうではなくて、できることに限りがあるということなんです。たとえば火山の噴火を止めることはできない。一方、一〇〇パーセントではないけれど噴火の予測はできる。

だからしっかりと情報をキャッチして溶岩が流れる前、火砕流がくる前に避難してください。その意味では科学は必ず役立つからぜひ使ってほしい。

一つの火山は一度大きな噴火をすると、そのあとは少なくても数十年から百年ぐらいは噴火しないのだから、一度起きてしまえば長い恵みがくるんです。

地震も同じで地震を止めることはできない。だってプレートが、もっというと地球が動かしているんだから。

でも、「地震が起きても家が壊れないように、科学の進歩でより強度が大きくなった耐震補強をする」「精度の高いハザードマップで、津波がくる場合の避難経路をちゃんとチェックしておく」ということはできるわけです。地震と津波、それに火山の噴火は止められないけれど、行動することで自分の命は守ることができるんです。

あとは今回、地球温暖化の話をしたので、そちらにも触れておくと、地球温暖化に関係する要素は二酸化炭素だけじゃないし、いまの世界の政策は絶対に合っているという確証がないままに脱炭素とカーボンニュートラルへと走っています。でも、一つの大きな火山の噴火ですべてが振り出しに戻る可能性もありますしね。そこは地球科学者としては、「長尺の目」

で判断してほしい、是々非々《ぜぜひひ》であってほしいと思っています。

いずれにせよ、「知識は力なり」で、勉強した人は自分で自分の身を守ることができるということです。結局、いちばん大事なのは情報だと思うんですね。そして、情報は仕入れて終わりではなくて、自分のなかで我が事として残すことも重要です。適切な情報をもとに、どうすればいいかをしっかりと考えていくということで、具体的にどうすればいいかはたぶん僕も答えられないと思うんです。

南海トラフ巨大地震については、六八〇〇万人の被災者が出て、そのなかの三二万人が犠牲になる。お金は全国民が納める税額の三年分にあたる二二〇兆円が消える。このような大きな災害が二〇三〇年代に起きる可能性が極めて高いことがわかっています。

これが二〇二四年現在の情報です。その情報を知ったうえで、自分、家族、仲間の命や生活を守るためにどうするかを考えてほしいのです。そうすれば六八〇〇万人、三二万人、二二〇兆円という数字はどんどん減っていき、それが新しい情報となります。

大地変動の時代の日本で生きる

日本政府は二〇二一年からの五年計画で一五兆円の国土強靱化《きょうじんか》基本計画をはじめました。

それに合わせて、京都大学でも「レジリエンス実践ユニット」という組織を立ち上げて、五年計画で多面的な研究を進めています。それは僕の定年と同じタイミングで、二〇二一年四月からレジリエンス実践ユニットの特任教授を務めています。レジリエンスとは強靭さや回復という意味で、巨大自然災害や世界的経済金融危機などの危機に対するレジリエンスをいかにして確保するのか、を実践するユニットです。

僕の特任教授就任はたまたまタイミングが合ったということですが、いまからしっかりと準備して、二〇三〇年代の南海トラフ巨大地震を迎えましょうということですよね。いや、これは南海トラフ巨大地震だけではなくて、首都直下地震もそうだし、富士山の噴火もそうです。

しっかりと準備したら、災害の被害はインフラで六割ぐらい減らすことができ、また災害による犠牲者は八割も減らせます。そのための準備はハードとソフトの両面が必要で、ハードは建物の耐震強化など、ソフトはまさにこうやって、いま話していること。つまりは教育であり、意識の改革です。結局は生き残る人が一人でも増えることが大事で、人が生きてさえいればすべてはなんとかなります。

ちなみに僕は、命さえ助かるのなら建物などは壊れてもよい、とも思っています。それは極論ですが、壊れないと新しくならないですからね。

幕末もそうですし、終戦直後もそう。たとえば渋沢栄一なんかも映画やドラマなんかで見ると、幕府の人だったから幕府がなくなることに悩んだり怒ったりしているでしょう。でも彼がすごいのは、そこでパッと切り替えて近代日本の経済の基礎をつくったことです。

だから、壊れるということは基本的にはネガティブなことですが、そこで切り替えて、特に若い方には古い体制を壊して新しいものをつくることにがんばってほしい。

いまは大地変動の時代ですが、「困った、困った」で頭を抱えるんじゃなくて、それによって社会が変わるし、新しい人が出る場が生まれることも知ってほしい。

ポジティブにとらえることもできるし、僕は講義で京都大学の学生に、知識を持ってどんなことがあっても生き残ってたくましく生きなさいよ、と伝えてきました。

「地震ルネッサンス」とも言いましたが、ここで一度リセットして、新しい人、新しい発想、新しい社会が生まれるということなんです。そう考えてほしい。これも僕からみなさんに伝えたい、とても大切なことです。

「石油の埋蔵量」が変動する理由

――石油の起源はなんなのでしょうか？　また埋蔵量はあと何年ぐらいもちますか？

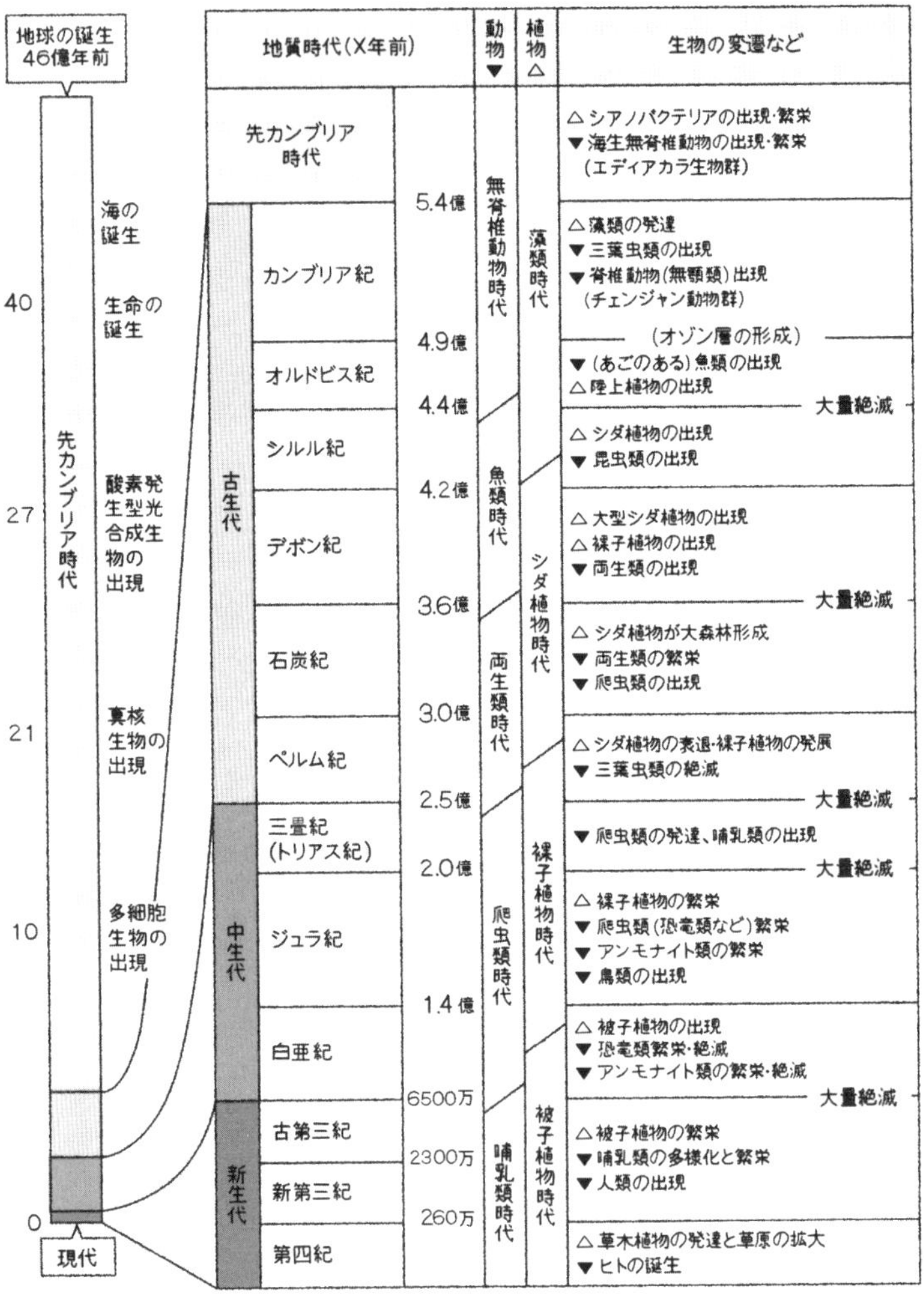

図7－4　地質時代の区分と生物の変遷

筆者作成

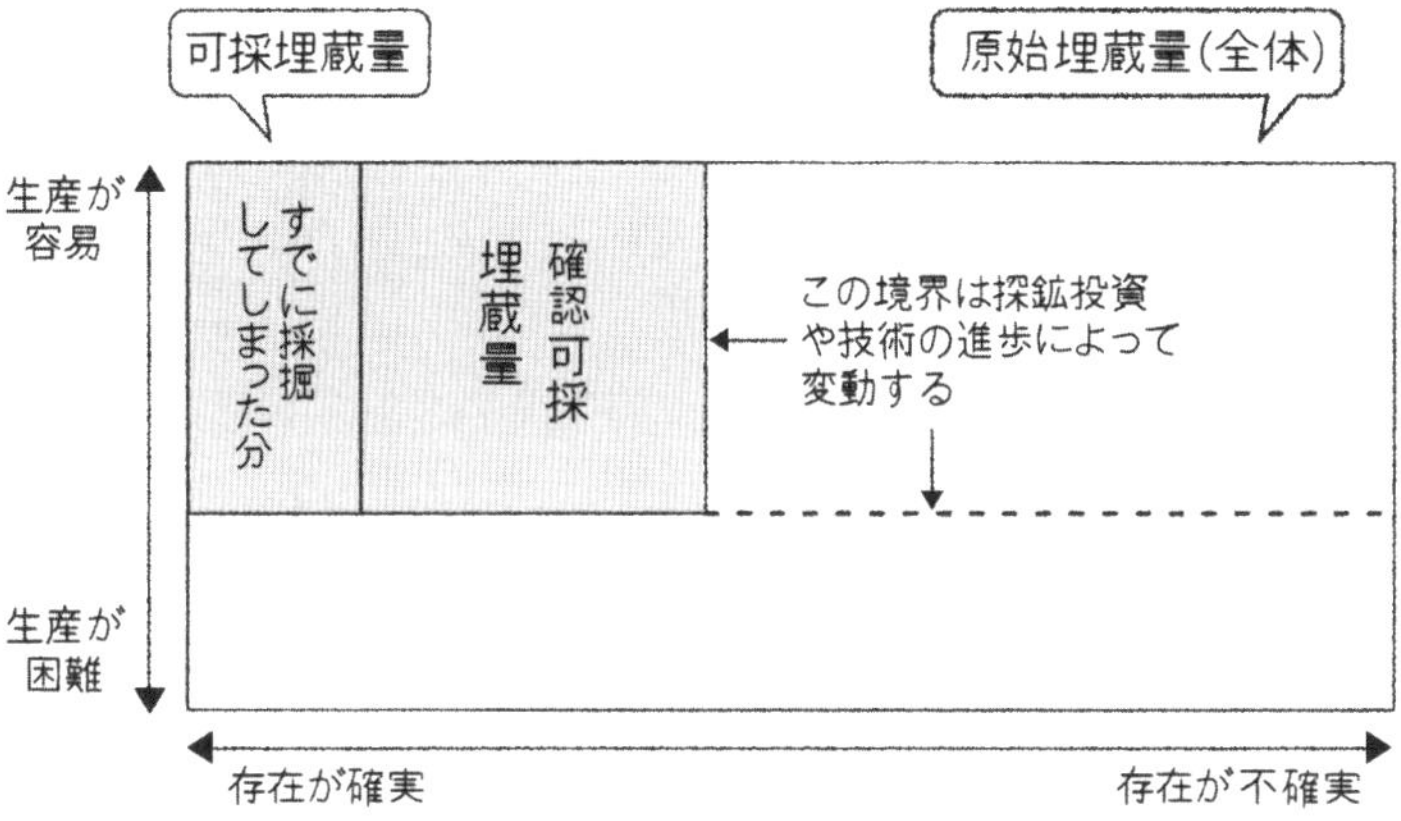

図7－5　石油の埋蔵量が決まる仕組み
鎌田浩毅『世界がわかる資源の話』（大和書房）より

簡単に言うと石油は植物をはじめとする有機物の化石です。一億年以上昔の中生代の産物です（図7－4）。それで、「埋蔵量はあと何年ぐらいもちますか？」については四十年ぐらいと言われています。

ということは「四十年後はゼロになるのか？」と思ってしまいますが、それは違います。きっと四十年後も「あと四十年です」と言っているでしょう。これは埋蔵量と消費量から計算しているのですが、常に枯渇までの期間は四十年なんです。面白いでしょう。

石油はどんどん使われる一方でどんどん新しく見つかっています。一年分使うと一年分新しい油田が見つかる。これは石油だけじゃなくて、天然ガスなどの地下資源も同じです。埋蔵されている石油は、すべて採掘できるわけではありません。コストを考え、採算のとれるものだけを採掘しています。石油の埋蔵量は、採算のとれる石油の量を言っているにすぎません（図7－5）。そのため、原油の値段が上がり採掘にコストをかけられるようになったり、技術の進歩や石油探査の投資圧によっても変化するのです。

科学技術の進歩で見つかっていくということですよね。「石油は四十年でなくなる」は戦前からで、八十年ぐらいはその状態が続いています。でもどこかで打ち止めになるとは思います。

——浅間山《あさまやま》はよく噴煙を上げていて、近くにシェルターもあり、防災予告が進んでいます。二〇一四年の御嶽山《おんたけさん》の噴火で火山弾《かざんだん》が襲ってきたことについてはまったく予想できなかったのですか？

予想できなかったのかと聞かれると、当時はできていない状況でした。富士山の噴火への対策のように、基本的に火山の噴火への対策はハザードマップをつくり、噴火が起きたら、そのハザードマップにしたがって安全なところに逃げるということになります。

火山の噴火では最初に岩石が降ってくることがあります。噴石といいますが、その御嶽山の噴火は爆発力の強い水蒸気噴火で、想定外にまず火口付近の岩石を遠くまで飛ばしたんです。

たいへんに運悪く、秋の紅葉シーズン、土曜日、快晴、お昼の十二時頃と、火口近くにたくさんの人が詰めかける条件が整っていました。たしか二〇〇名ぐらいいて、六〇名ぐらいの人たちが亡くなりました。

地球科学で予測できることと予測できないことがあります。

これまで虎の子の予測できることはすべてお話ししました。これ以上の予測をしてほしいと言われてもありません。もともと「何月何日の地震」の予知はできませんから。

ただ、「科学はその程度か」とネガティブにとらえるのではなく、発想の転換で「そこまではわかるのか」と、ポジティブに切り替えてほしい。いざというときに備えて準備することはできますから。

いまは大地変動の時代がはじまってしまいましたが、日本列島はこれまでも自然の変動によって、「四季折々の変化がある」「作物が育つ」というすばらしい環境が整ったと思うんですよね。同様に人間も非常に柔軟にしなやかに生きてきた。日本人はいろんな変化に対応できるんですよ。だって京都なんて、夏はとんでもなく暑くて冬はとんでもなく寒いでしょう。こんなところに千年以上にわたって、たくさんの人が住んでいるのですから。私も含めて。

だから、きっとこれからもなんとかなるでしょうし、私は強い希望を持ってみなさんに、

「がんばれ！」と言っています。

――浜松市の中学校で教師をしています。授業で、ここは必ず津波にやられると生徒に説明したら、保護者の方にだいぶ怒られました。伝え方も課題だと思いました！

そうなんですよね。富士山のハザードマップについても、二十年ぐらい前に山梨県側から、「それは出さないでください」と言われたことがあります。なぜかというと、山梨県には富士五湖などの観光地がたくさんあるでしょう。それで観光客がこなくなると困るという理由でした。「でも噴火したらどうするんですか？」と制作に携わった僕たちは全員で説得した記憶があるんですよ。

その後山梨県も了解してくれて、山梨県と静岡県で共同でハザードマップをつくりましたが、この質問の内容もそれと一緒なんでしょうね。

伝え方が難しいのは、話を聞いている人のなかで、これらの話が命につながっていないと思う人がいることなんです。津波でも同じです。津波という現象がどれぐらい怖いか、ということだけで終わっていてはダメで、その先に「生きる」と「死ぬ」があるわけでしょう。

未来には生きるという希望があって、そのために知識が役に立つ。その知識として、ここは海抜が三メートルで、地震が起きたら四・五メートルの津波がくる、などのお話をするわけ。

だからみなさんも未来から現在へと順番を付けて説明してほしい。それが伝え方だと思うんですよ。

単純に「津波がくる」と言うと、「怖い。そんな話は聞きたくない」「いまの仕事に差し障る」「観光客がこなくなる」となってしまうことがある。現在しか見ていないからです。そうじゃなくて長尺の目で未来の姿まで考えてほしいんです。

これは、特に小中学生など、これからを担う若い世代のためです。もちろん、被災すると大変なことがありますが、基本的には親御《おやご》さんよりも子どものほうが長生きするんだから、子どものことをまず考えてほしい。ぜひ未来から説明してほしいと思います。

過去は未来を解くカギ

——東日本大震災について質問です。私は港区在住ですが東日本大震災の前に飼っているペットの様子がちょっとおかしい、また今まで見たことのない雲が浮かんでいるなど変わった現象が見られました。東北の震源域でない都内で、しかも限られた地域の話です。大きな地震の前には、前兆のような自然現象は観測されるのでしょうか？

いわゆる「宏観《こうかん》異常現象」ですね。

変わった雲が見られるなど、こうしたものはたくさんあって、インターネット上にも数多くの情報が公開されています。ただ、地球科学の観点からいうと、メカニズムが地震とつながらないんです。現象としてはたくさんあるし、かつて大阪大学理学部の教授が「地震の前に金魚がある方向を向く」ということで、それを論文にまとめたこともあります。たしか国際的な科学ジャーナルの『Nature（ネイチャー）』に掲載されたんじゃないかな。もちろん、それはきちんとデータを取ったものです。

でもメカニズムとの関連が実証できないわけです。だから地震の学会でもテーマに上がらないんですが、僕はこれらも大事な観測の一部だと思っています。

ただ、まだ地球科学がそこまで追いついていない。

いまわかっているのは、ここまで紹介したように地震は陸プレートがボンッと跳《は》ね返ることで起こり、日本列島では二〇三〇年代にとても大きな地震が起こるというところまでです。このレベルまででも達するのが大変だったし、それをみなさんにお伝えして、みなさんが行動に移すのはもっと大変です。

いわゆる地震雲の存在は否定されていますが、生物などと地震との関係はまだ完全に否定されるものではない。よって、そこも含めて地球科学に興味を持ってほしいと思います。

――大発見や大発明は思いもよらないところから生まれるものだと思います。地震の予知も地球科学以外の他分野との連携はないのでしょうか？

あります。「過去は未来を解くカギ」は歴史学の手法でもあるんです。地震はいま起きているでしょう。だから「動詞」なんですね。地球物理学者は現状を観測して、そこから未来を予測する。これは全部、動詞です。でも「名詞」としての地震もあって、それは貞観地震や宝永噴火など、古文書に記録として残っているものです。

たとえば江戸時代中期の学者・新井白石《はくせき》（一六五七〜一七二五）が一七〇七年の宝永地震と宝永噴火を『折《おり》たく柴《しば》の記』という随筆に記している。これは名詞ですよね。僕たち地球科学者は古文書を読めないこともあるけれど、歴史学者と組むと、いろいろな書物を読んでくださって、「何年になにがありました」ということがわかります。そして、それに基づいて発掘して、それをいまや未来の防災に活かす。そうしたら、もう動詞ですよね。

新井白石

東京大学出版会から出版されている『歴史のなかの地震・噴火』という本があって、それに僕は書評を書きましたが、その本は歴史学者が地球科学者と組んで名詞を動詞にしたすぐれた本です。

ということで、地球科学と他分野の連携はあります。

南海トラフ巨大地震と地球科学者

――二〇二一年に放送された『日本沈没』のドラマでは学者と政治家が近しく話をしているところが描かれています。実際の災害時も学者が政治の指揮の中心部に入れるのでしょうか?

残念ながら、入れません。これは日本とアメリカで国力というか知識力の差を反映している部分でもあります。

『日本沈没』というドラマは、いろいろなことを僕たちに教えてくれました。まず一つ、僕が思ったことは、最後は学者が首相や官房長官と一緒に指揮しないとダメだということです。大臣や局長が途中に入るのはよくない。

アメリカには大災害に対応するアメリカ合衆国連邦緊急事態管理庁(FEMA《フィーマ》)という政府機関があります。それは大統領の直属で、ハリケーンなどの大きな災害のときに対応するのです。

南海トラフ巨大地震については、和歌山県の熊野灘《くまのなだ》の地震が引き金になるのではないかという研究をしている地球科学者がいて、論文も発表されています。すごくいい研究だけど、確定的ではなくてわからないことが多く、とりあえずの事実として報告しています。

それも情報の一つで、もし、その研究内容が正しいのなら、その研究をしている地球科学者が災害時の指揮系統に入ったほうがよいかもしれません。

いずれにせよ、二〇三〇年代までまだ少し時間があるけれど、それが本当に近づいたときにどうするかということを今から考えておく必要がある。

最後に決めるのは首相だから、いろいろな情報が首相に届くまでに時間がかかるのは望ましいとはいえない。だから僕はアメリカのＦＥＭＡのような機関やそれに相当するシステムをいずれはつくらざるを得ないと思っています。

二〇〇六年公開の映画『日本沈没』では危機管理担当大臣（大地真央さん）と学者（豊川悦司さん）が深海掘削船に乗って指揮をしますよね。そういう機会があれば、僕も司令塔となる艦船に乗りたい。それは冗談としても、やはり優秀な学者はぜったいに乗るべきですよね。

――兵庫県神戸市や大阪府の海沿いの地域は大きな津波に襲われる可能性は低いと考えてい

いでしょうか？　インターネット上では大丈夫となっているようですが気になります。

インターネットを利用するなら、まず公的なサイトの防災情報、津波のハザードマップを確認してみてください。正確で細かい情報が掲載されていますから。

ちなみに南海トラフ巨大地震では大阪に高さ五メートルの津波がきます（図7－6）。でも、大阪には津波の到達が地震発生から二時間ぐらいかかるので、逃げる時間は十分あります。ただ、地下街などにいて、そこが停電になってうろうろしていたら危険です。それから津波以外にも淀川などの大きな川が決壊したら、十五分ぐらいでビルの一階部分が水没するという研究報告もされています。

いろいろ危険なことがあるので、「津波は二時間後だから……」と油断することなく、五メートルだから急いでビルの三階までは上がってほしいです。

なお、二時間で五メートルは大阪の話で、神戸はもう少し時間がかかります。基本的に南海トラフ巨大地震の津波は瀬戸内海を回ってくるので、岡山県なら三時間、広島県なら五時間というように時間はかかる。高さは時間に比例して低くなりますね。逆に言うと広島県、岡山県、兵庫県の方々は助けに行く立場に回ることができるということです。

――九世紀の地震や噴火の活動の歴史など古文書が残っているのであれば、もっと前から、

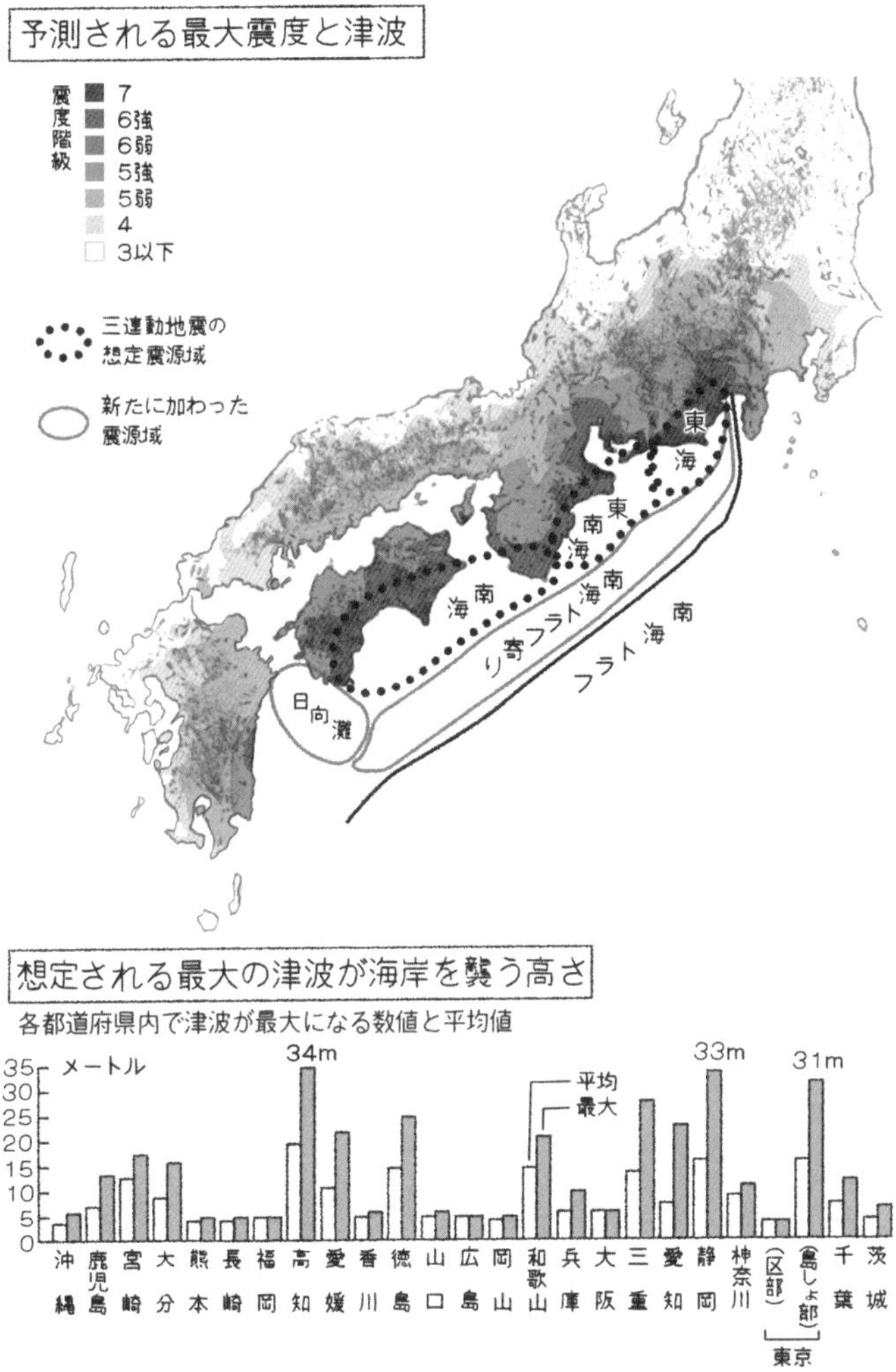

図7－6　南海トラフ巨大地震の地震と津波の被害
中央防災会議の資料を一部改変

自治体がまとめあげて事前に知る方法はなかったのでしょうか?

これは現在進行形でやっています。だいたい四十年ぐらい前、一九八〇年代の僕が新米の研究者になった頃にはじまったのですが、地球科学者が歴史学者に「観測は、せいぜい百年前の記録しかないから、その前の千年前、二千年前の地震や噴火については古文書などで確認したい」と働きかけるようになりました。

いまは自治体を中心に地元の郷土史家が活動していて、新しい発見があると、そこに地球科学者が呼ばれることがあります。

面白いエピソードがあります。たとえば作物の収穫量を見た場合、地球科学者はすぐに地震や噴火、あるいはその場所の地質などと結びつけて考えるのです。一方、郷土史家は「いや、ここは年貢を下げてもらうためにかなり少なめに申告しているのですよ」と冷静に見ることがある。

先ほどもお話しした新井白石は正直だから、全て正確に書いたけれど、全員がそうではないそうです。そもそもなぜ作物の収穫量を記録するかというと、それを代官に出して援助してもらったり、年貢を減らしてもらうためなんです。だから災害の被害を三倍ぐらいに増やすのは当たり前だそうです。だからそのへんはちゃんと見て、見破らなくてはいけない。

地域差もあるようで、過去の記録には正確なものと正確じゃないものがあるけれど、いずれにせよ、ある程度の歴史は見えてくるので、この作業も大事ですよね。このような活動を古地震学や地震考古学というのですが、いまは全国的に広がっているし、これから事例が増えていくと思います。

南海トラフ巨大地震の次にリスクが高いのは……

――津波で話題になるのは太平洋側です。日本海側は完全に安心できるものなのでしょうか？

いいえ安心できません。

実際、一九八三年の日本海中部地震では一四メートルの津波が襲ってきて日本海側が被害を受けました。

だから安心はできないのですが、リスクは災害の規模と頻度、それから人口や経済活動なども含めて考える必要があります。

それで繰り返しになりますが二〇二四年のいま、日本列島のなかで優先順位をつけると第一位が南海トラフ巨大地震で、第二位と第三位が首都直下地震と富士山噴火になるということです。もちろん、日本海の津波や京都の花折《はなおり》断層が震源となる地震も無視できるわけではありません。

東日本大震災の次は南海トラフ巨大地震。それから海の地震でいうと、北海道に大きな被害を与えることが予想されている日本海溝と千島海溝を震源とするマグニチュード9クラスの地震があります。順番はだいたいわかっていて、その次は沖縄のほうの琉球海溝の巨大地震です（『M9地震に備えよ』PHP新書にくわしく解説しました）。太平洋ベルト地帯に比べれば人口が少ないから、あまり話題にはなってないけれど、そこも過去にかなり大きな地震が起きていて、いずれまた大きな地震が起きるのです。

その次が質問にある日本海側でしょうね。北米プレートとユーラシアプレートの境の糸魚《いとい》川《がわ》―静岡構造線があって、そこは沈み込みではなく横ズレというかたちで日本海中部地震のような地震を起こします。

――釧路《くしろ》の街中では、ひと月に一度ぐらい起こる震度四の地震は、特別な出来事ではありませんでした。地震が増えるということで、大きな地震があったらどんなものなのか？　いろいろ考えてしまいます。

ひと月に一度ぐらいの震度四の地震が、特別な出来事でなくなったのは最近十年ぐらいなんですよ。二〇一〇年代になってからといいますか。それより前は特別な出来事でした。それは釧路だけではなくて関東も関西も同様です。

ただ、もっと前はやはり特別な出来事でない時期もあって、これは考える時間を十年、百年、千年と広げていくと正しい把握ができます。

それでも、「慣れっこ」になるのは悪いことではない。震度二の地震でもとてもおびえて、「明日、成田から帰国する」と言いだした海外の研究者がいましたから。

最近では、震度三は普通、震度四も平気。震度五弱も、まぁなんとかなるでしょう、本棚が倒れて困らないように位置をちょっと変えよう、という感じで、みなさん、しなやかに暮らしている。危険性を知ることは大切ですが、おびえてばかりでは意味がないから、それはいいことです。

でも震度七をみくびるのは危険です。震度七はすべてが空中にふっ飛んで無重力状態になり大怪我をしますから。ときには家具が倒れるなどして命を落とすこともある。だから首都圏では震度七がくるかもしれないということで準備をしていただきたい。

具体的には、まずとにかく家具は固定する。それと食料や水、医薬品、簡易トイレなどの備蓄をしておく。これから新しくマンションを買う人は、最近は発電機や非常用給水システムが設置されているマンションがあるから、それもマンション選びの要素の一つとしてもいいでしょう。

一人ひとりがそういう方向で考えると、大きな災害があっても命を落とさない確率、そのままの生活を持続できる確率が高くなります。巨大災害は想定外もあるけれど、慣れていいことと慣れてしまうと怖いことの両方があるということです。


――ロシアの永久凍土が温暖化の影響で溶けたため、そこに閉じ込められていた炭疽菌《たんそきん》が地表に現れて、トナカイや人間が死んだケースがあると聞きました。なぜそのようなことが起こるのか、教えてください。


これは地球科学じゃなくて、生物学の話ですね。炭疽菌、要するにバイ菌が出たという話ですが、地球環境的には、寒冷化時代にいろいろなものが閉じ込められたということですね。そのような時代を経て、生命は生き延びているんです。

環境については温暖化や寒冷化、それから水の多い少ないという極端な変化はすべて生物にとっては害悪です。生物はいまの状態にあったつくりをしているから。

でも、応々にして想定外のことが起きてしまう。炭疽菌の話もそうで、そこにいたトナカイにとっては想定外です。いま生きている生物は、そうやって想定外のことでふるいにかけられて生き残ってきたということです。

でも、環境、違う表現をするなら地球にとっては、そのようなことは別に想定外でもないし、生物が生き延びようが絶滅しようが関係ないわけです。

人間は、そういうことだと理解したうえで次の持続可能な社会をつくらないといけないと思うんです。温暖化で南極の氷が溶けたからけしからんと言うけれど、もしかしたら大きな噴火で寒冷化が起きて、世界の食料の五割が減り、二〇億人以上が餓死するかもしれない。そのほうがよほど重大ですよね。

先ほども話したけれど、いまの脱炭素が意味がないというのではなく、時間的にも距離的にも長尺の目で見てほしいということですね。

あとは総量です。細かいこともちろん大事ですが、やはり種の数がたとえば一万が八〇〇〇に減る、五〇〇〇に減るというのはよくない。シロクマの数が減っているというと、そのシロクマという一種だけに目が行きがちですが、ではほかの種はどうなのかと、生物全体で見てほしい。一つの種、一つの事象だけを注視していると見誤ると思うんです。

――荒牧重雄先生の『噴火した！　火山の現場で考えたこと』を読みました。火山噴火の予測はなかなか難しいとのことですが、南海トラフ巨大地震のような大規模な地震の予測もやはり難しいのでしょうか？

『噴火した！』は東京大学出版会が出版したものすごくいい本です。荒牧先生は僕の火山学の先生で、一九八六年の伊豆大島の噴火のときにもご一緒しました（二三五頁）。

さて、地震の予測については、繰り返しになりますが、「何月何日という短期的かつ具体的な予知」はできません。ただ、できないとはいっても、まだ十年ぐらいあるから、新しいことが見つかって、みなさんに「この日に地震が起きるから、待ち構えていただく」という状態になるかもしれない。そのために学者たちは日夜がんばっています。

だけど現時点では、できると思わないほうがいいと思います。それに、たとえできたとしても、仕事やお店を休んだり辞めたりすることや、交通機関や工場をストップして、全員が高台に移って、というのは難しいでしょう。ピッタリのタイミングでこなかったら、一週間でも一日でもロスが出るわけで、いまはそれに対するプランがなにもないんです。

仮に津波がくることが予想されるから新幹線を止めたとしましょう。本当にきたら、何百万人の人が助かるけれど、こなかったら、補償はどうしますか？　という話なんです。シミュレーションができていないし、どうすればいいか、今まさに検討中なんですね。

これも繰り返しになりますがおおまかな地震の予測はできています。これは目安としてみなさんの手帳に書いておいてください。そして、二〇三〇年版になったら、「いよいよ、ここからの十年間で大きな地震がくると鎌田先生が言っていたな」と思い出してください。それはあなたの身を必ず守ります。

どんな時代にも「知識は力なり」なのです。

おわりに

地学という教科はミクロの鉱物からマクロの宇宙の果てまで、極めて広範囲の自然現象を扱います。具体的には「固体地球」「岩石・鉱物」「地質・歴史」「大気・海洋」「宇宙」という五つのテーマで構成されますが、それらの知識は互いに関連しています。

その地学がいまブームになっています。さほど人には知られていないけれど、けっこう役に立つ地学が、です。ここには複雑な事情があるのです。かつて私がテレビに出演した経験からお話ししましょう。

『情熱大陸』というTBS（毎日放送）系の全国ネット番組があります。一風変わったことに情熱を傾ける人を追うのですが、私も二〇一五年に出させていただきました。そのなかで京大生に説教している場面が映し出されました。激烈な入試を突破した彼らは、しかし、受験科目以外のことはほとんどなにも知らないのです。たとえば、「近頃こんなに地震が多いのはなぜか?」という質問に答えられないのです。

そこには深いワケがあります。現在、高校生の大部分は「地学」を学んでいないのです。以前の高校理科では、物理・化学・生物・地学が全生徒の必修科目でした。よって、地震や噴火や気象災害に関する最低限の知識は、誰もが教わっていました。

ところが、大学入試の受験科目から地学が外されてから、地学を開講しない高校が次第に増えてきたのです。その結果、地学のリテラシー(読み書き能力)は中学生のレベルで止まったまま、という日本人が激増してしまいました。よって私は京大生に「地学的には君たちは義務教育を終えただけの中卒だから、高校からやり直してほしい」と毎年宣言したのです。

六八〇〇万人を巻き込む巨大災害

お気づきのように、最近の日本では地震や噴火がとても多い。皆が不安を抱いている一方、これが二〇一一年に起きた東日本大震災(いわゆる「3・11」)と関係があることを知る人は少ないのが実情です。

本文でも解説したように、地震と噴火が頻発するのは「3・11」によって地盤に加えられた歪みを徐々に解消しようとしているからです。日本列島は千年ぶりの「大地変動の時代」がはじまったため、今後の数十年は地震と噴火は止むことはない、というのが私たち専門家の見解なのです。

これに加えて、近い将来に六八〇〇万人を巻き込む激甚災害が控えています。首都直下地震、南海トラフ巨大地震、富士山など活火山の噴火が、いずれもスタンバイ状態にあります。こうした喫緊《きっきん》の事実を高校で学ぶ機会がなくなったことは、国民的損失以外のなにものでもないのです

そこで私は「いまからでも決して遅くない」と説きます。それには先達がいたのです。約百五十年前の明治初期、福沢諭吉は『学問のすゝめ』を刊行しました（初版一八七二年）。欧米の近代的思想を身につけ、自覚ある市民として意識改革することを力説した名著ですが、文章は平易にして情熱に満ちており全国民の一〇人に一人が買ったといいます。

私の気持ちも福沢とまったく同一で、かつて彼にならって『地学ノススメ』（講談社ブルーバックス）と題名を付けたことがあります。すなわち、いまから約十年後に迫る南海トラフ巨大地震＝「西日本大震災」から、「地学」の力で一人でも多くの命を救いたいからです。

もう一つ、地学は「おもしろくて、ためになる」科目でもあります。このフレーズは

戦前に雑誌『キング』『少年倶楽部』を出版した講談社がつくったものです。私もその方針で本書を執筆し、文系読者が苦手な数式や化学式をほとんど用いませんでした。

実は、世の中にはためにはなっても面白く読めない理系本が多いのですが、そもそも学校に憂鬱《ゆううつ》な思い出しかないのは、「たしかにためにはなるかもしれないが、全然面白くなかった」からではないでしょうか。

ここを打破しようと、私は教室で真っ赤な革ジャンを着てマグマを語り、横書きの学術論文から縦書きのサイエンス入門書へと発信メディアを変えました。通例、大学の理系科目では数式が並ぶ横書きの教科書を使いますが、それでは初学者の興味をつなぐことは難しいからです。

結果は上々で、閑古鳥《かんこどり》が鳴いていた講義は立ち見が出るまでになりました。そして自称「科学の伝道師」が誕生。京大で教えるようになってから二十四年間、「ヘンな教授」で押し通してきたのです。その記録が先の番組『情熱大陸』でも語られました。

とはいえ、私はなにも使命感に燃えているだけの地学者ではありません。そもそも私が地学に惹《ひ》かれたのは、二十五歳の駆け出し研究者のころ、地球の美しさに心底、感動したからです。広々とした九州の火山で、風を感じ、土の匂いを嗅《か》ぎ、大地を直接肌で受けとめながら山をひたすら歩きまわっていました。

五感のすべてを使いながら地球の成り立ちに考えをめぐらすことには、なにものにも代えがたい心地よさがあったのです。「地学を一生続けていきたい！」と思った瞬間でもあります。そうした地学という学問そのものの魅力も、本書でみなさんに伝えたいのです。

地球は美しい

地学がサイエンスとして知的な面白さに満ちていることも、本書でぜひ伝えたい内容です。私はいつも「地球の美しさ」に惹《ひ》きつけられてきました。地球上の現象にはビジュアル的な美しさが溢《あふ》れているからです。たとえば、ハワイ島のキラウエア火山から噴出する溶岩流の美しさは、比類のないものです。極地の夜空を染めるオーロラも、地学を代表する美しい「光景」ですね。

こうした数あるなかで、私が十五年もの歳月をかけてつくった一枚の地図があります。一二色刷の地質図なのですが、視覚的にもきわめて美しいものなので紹介しましょう。

地質図とは、地表の岩石や土を表現した色刷りの図面のことです。すなわち、地上に露出した岩石がいつの時代のもので、どういう順番で積もって地層となったのか、といった事実をカラーで表現した図面です。一目で何十万年、何億年という時を見詰めることができる鮮《あざ》やかな地図です。なお、「産業技術総合研究所の地質図」で検索すると最新の地質図がダウンロードできます。

地質図では地下の構造が読みとれるような工夫もされています。たとえば、断層や褶《しゅう》曲《きょく》などが書きこまれ、地層がどういう変形を受けてきたのかがわかるのです。

また、地面を縦に輪切りにしたような断面図が、地質図には必ず添えられています。これらをうまく使うと、地下の構造を立体的に頭のなかに描くことができます。

地質図の作成は、国家的な事業として進められてきました。世界各国には「地質調査所」(Geological Survey)と名づけられた機関があり、継続的に実施されています。日本では一八八二年に創立された地質調査所と、現在これを引き継いだ産業技術総合研究所が行っています。

地質図は知的であるだけでなく、実に華やかなものです。しかし、その製作には途方もない時間と労力がかかるのです。地質図をつくるために半生を費やして野山を歩く研究者が今でもたくさんいますが、私もその一人でした。

縮尺五万分の一の地質図を一枚つくるために、十五年間も没頭していたのです。大分・熊本県境の宮原《みやのはる》地域にあるすべての尾根みち、沢一本にいたるまで、私は歩きまわりました。来る日も来る日も地層を観察しながら、隅々まで歩いて地形図に色を塗っていきます。コツコツと手作業を繰り返す職人のような日々でした。

私は京大に移籍する前の十八年間は通商産業省（現・経済産業省）地質調査所の研究員でした。そして移籍した一九九七年の春に、十五年を費やしたこの地質図（宮原図幅《ずふく》と呼びます）が一二色刷の美しい地質図として印刷・刊行されました。これは私にとって地質調査所の「卒業論文」と言っても良いものでした。

地質調査では自らの五感を用いて作業します。そこでは自分の感性を頼りに、地表に露出する岩石ごとに色わけする面白さがあるのです。岩石の種類を表す色を自分で指定する作業は、芸術家とまったく同じです。言い換えれば、「自分色に染める」と言っても良いでしょう。私にとって最もこだわりを持っている世界とは、何と言っても愛着のあるこの宮原図幅なのです。

「科学の知」を活きた知識に

地学の教育では、自然現象に関する基本的な法則や概念を得ることにとどまらず、自然界の多様性を理解するという大きな狙いがあります。さらに地球と宇宙の理解を通して科学的な自然観や宇宙観を身につけることも達成目的とされています。

私が地学で学んでほしいと思う第一のテーマは、「人類の存立基盤について知ること」

です。これを一言で表すと、「我々はどこから来て、我々は何者で、我々はどこへ行くのか」を知ること、となるでしょう。

このフレーズは、フランス印象派の画家ポール・ゴーギャン（一八四八～一九〇三）が一八九七～一八九八年に描いた大作絵画のタイトルで、私たち地球科学者が最も好きな文句でもあります。

一番大事なことは、自然現象をどのように見るかであり、この過程で考える作業が必要になります。つまり、地球や宇宙について、個々の現象をバラバラに暗記することではなく、こうした現象がどのように、なぜ起きるかを理解することがポイントなのです。

たとえば、本文で解説したプレート・テクトニクスでは、「なぜプレートが動くのか？」を考えることで、地上と地下の運動がスムーズに理解できるようになります。

このときに、地学では図や表に表して、さまざまな現象を考えます。たとえば、地質図は地表に残された物質を時間的・空間的に把握する地学独特の方法です。これを読み解くことで、ある地域の地球の歴史がたちどころにわかるのです。本書でもたくさんの図表を用いて理解の助けにしようと試みました。

こうして地学で出てくる図や式は、ただ眺めたり覚えたりするのではなく、自分でその意味を考えながら描いたり計算してみましょう。地学の勉強は頭のなかだけでするのではなく、実際に手を動かしてみると理解度が格段に上がります。

特に地学では、地震、火山、気象など日常生活と関わりの深い現象も学習するので、日々のニュースや天気予報からも多くの地学的な情報が得られます。そのほか、地球や宇宙を扱ったテレビ番組を見たり、自然の不思議を紹介する科学雑誌に目を通したり、地学にはたくさんのアプローチがあります。

さらに、岩石や地層を実際に観察したり地学で使われる実験の目的や結果を考察したりすることによって、自然現象を考える力が身につきます。たとえば、各県にある科学館や博物館を見学し、講演会に出掛けてゆくのも大変役に立つでしょう。いずれも地学の背景をつくっている活きた知識が得られるはずです。

ひとことで言うと地学では、「地球の歴史」のなかで自分を位置づけることがとても大切です。地学には、人類が四千年もかけて築き上げてきた「教養」と「実学」の両方が詰まっています。「大地変動の時代」に突入した日本で、しかしこよなく美しい自然に囲まれた日本で、これからも生きていこうと決心した人にこそ、地学の面白さを知ってほしいと思います。

最後になりましたが、企画から文章表現から完成に至るまで大変にお世話になりましたダイヤモンド社の田畑博文さんと、ブックデザイナーの鈴木千佳子さん、素晴らしい図を描いてくださったイラストレーターの田渕正敏さんに厚くお礼申し上げたいと思います。

ほかにも、校閲の神保幸恵さん、ＤＴＰの宇田川由美子さん、原稿に感想を寄せお手伝いくださった菱沼美咲さん、秋岡敬子さん、佐藤里咲さん、森遥香さん、加藤有香さん、水野昌彦さんにも御礼申し上げます。本当にありがとうございました。

二〇二四年十二月

知の殿堂、京都大学の地球科学研究室から

鎌田浩毅

索　引

※図版の説明文に記載されたものは斜体で示した

あ

か

さ

た

な

は

ま

や

鎌田浩毅

かまた・ひろき

京都大学名誉教授、京都大学経営管理大学院客員教授、龍谷大学客員教授。一九五五年東京生まれ。東京大学理学部地学科卒業。通産省（現・経済産業省）を経て、一九九七年より京都大学人間・環境学研究科教授。理学博士（東京大学）。専門は火山学、地球科学、科学コミュニケーション。京大の講義「地球科学入門」は毎年数百人を集める人気の「京大人気No.1教授」、科学をわかりやすく伝える「科学の伝道師」。「情熱大陸」「世界一受けたい授業」などテレビ出演も多数。ユーチューブ「京都大学最終講義」は一一〇万回以上再生。日本地質学会論文賞受賞。

「地《じ》震《しん》」と「火《か》山《ざん》」の国《くに》に暮《く》らすあなたに贈《おく》る

大人《おとな》のための地《ち》学《がく》の教《きょう》室《しつ》

2025年2月17日　第1刷発行
2025年4月 2 日　第4刷発行

著　者　鎌田浩毅
発行所　ダイヤモンド社
〒150-8409　東京都渋谷区神宮前6-12-17
https://www.diamond.co.jp/
電話／03・5778・7233（編集）
03・5778・7240（販売）
ブックデザイン　鈴木千佳子
イラスト　田渕正敏
ＤＴＰ　宇田川由美子
校　正　神保幸恵
製作進行　ダイヤモンド・グラフィック社
印　刷　勇進印刷
製　本　ブックアート
編集担当　田畑博文

ISBN 978-4-478-12102-3